U0142229

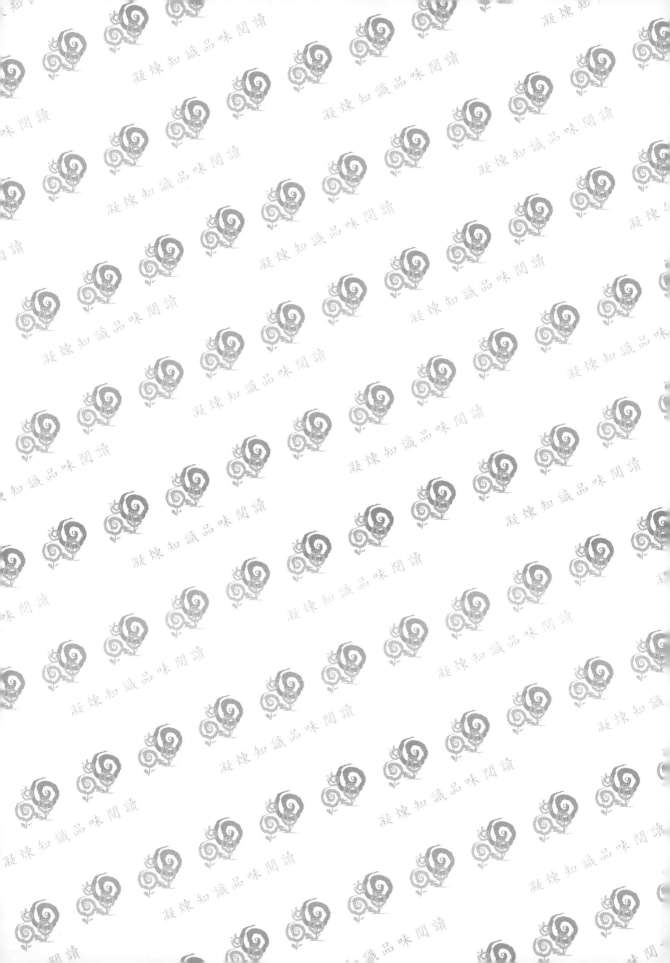

太陽能光電技術

Solar Photovoltaics Technologies

郭浩中　賴芳儀　郭守義　蔡閔安　◎編著

能源科技
永續發展
系列叢書

The Energy Science and Technology Contiues Forever the Development

五南圖書出版公司 印行

誌謝

　　本書從籌備、收集資料到完成歷時約一年半，期間藉由許多貴人的幫忙才能順利完成此書。作者在此要感謝交通大學的余沛慈教授及林建中教授，國家奈米元件實驗室的謝嘉民博士、沈昌宏博士及黃文賢研究員，華盛頓大學的 L. Y. Lin 教授及杜長慶博士，工研院的謝東坡博士、趙主力博士及陳士偉博士，台積電的邱清華博士，崑山科技大學蘇炎坤校長、成功大學的李清庭教授、感謝他們寶貴的意見、研究成果的提供以及和本研發團隊長期的合作。

　　另外要感謝交大光電的研究生：張家華、陳信助、陳亭綱、王珣彣、廖佑廣、蔡育霖、韓皓惟、謝丹華、高名璿、陳仕誠、徐敏翔、晉良豪、曹庭耀、施懷翔等和半導體雷射技術實驗室的同學們、尖端奈米光子實驗室以及奈米太陽能光電實驗室的同學們，元智大學的研究生：林瑋婷、楊瑞福、胡毓杰、謝奇璋、胡純華、劉沛哲，長庚大學電子工程系先進光電實驗室的研究夥伴們及光電所廖祐廣，感謝你們幫忙收集、整理資料及在研究上的努力。

　　最後要感謝五南圖書出版公司董事長楊榮川先生與編輯群的鼎力幫忙。

　　要感謝的人實在太多，因此恐有遺漏之餘，敬請原諒。在此對所有與本研發團隊共同合作研究的伙伴、曾經幫助過我們的人以及長期默默在背後作為精神支柱的家人們致上由衷的感謝，因為有你們的幫忙，本團隊的研究才能持續精進，本書也才能順利完成，謝謝！

郭浩中　賴芳儀　郭守義　蔡閔安
二〇一二年十月

推薦序

　　自工業革命以來，由於動力機械造成生產效率的提升，加上二十世紀開始石化工業日漸發達，越來越多的民生物資、交通運輸、醫藥產品均仰賴石化原料，而自二次大戰以後開始發展的資訊電子產業也促使製造業能以前所未有的速度開發新產品並迅速普及到全球市場，充分體現了孫中山先生於民報發刊詞中所描寫的：『物質發舒，百年銳於千載』。但是活絡的製造業以及全球化經濟也造成了資源耗竭以及全球暖化等環境議題。因此如何減少石化燃料過度消費並減低碳排放量成為先進國家無可避免的重大課題，現階段的解決方案可以用很簡單的四個字總結：「開源節流」。開源就是尋找替代性與再生性能源，例如利用生長週期較短的植物像是芒草、稻稈甚至藻類，加上新開發的技術將這些有機物轉化為可供引擎或發動機使用的生質燃料；或者利用核能、水力、風力、太陽能、地熱以及潮汐等方式來取代傳統石化燃料發電，現階段替代能源當中以太陽能發電對環境影響衝擊較小，而且從大規模的太陽能發電廠到一般家庭住宅均可裝設，使用彈性相當高，因此先進國家大多投入資源從事太陽能發電的研究與設備建置。

　　除了「開源」以外，「節流」也是相當重要的議題，目前先進國家所消耗的能源以及電力有很高比例是應用在照明用途，傳統白熾燈泡的發光效率相當低，有許多能源都變成熱而浪費掉，採用日光燈管雖然可以有效提高電光轉換效率，但是一般螢光燈管大多含有汞等重金屬，廢棄燈管如果回收不確實很容易產生汞污染，同時螢光燈管壽命也相對較短，並且有閃爍的問題，如果能採用發光二極體（LED）固態照明技術，除了相同亮度下耗電量相對較低、壽命較長，同時也可以避免重金屬污染問題，預期將可以逐步取代效率較差的一些傳統光源，例如目前很多液晶顯示器背光源已經改用 LED，部分路燈與絕大多數交通號誌也已採用 LED，而這些努力都是研究人員針對環保節能議題所做出的積極回應。

　　郭浩中教授以及郭守義教授、賴芳儀教授長期投入 LED 及太陽能電池相關光電半導體材料的研發工作已經累積多年經驗，並且獲得許多優異研究成果，連續多年獲得國科會能源國家型計畫補助，從事太陽能電池材料及結構與特性改善相關研究。由於研究成果傑出、績效良好，郭浩中教授近年來陸續獲得國科會頒發吳大猷先生紀念獎、光學工程學會青年獎章、傑出人才發展基金會優秀學者獎。並在 2008 年領先世界其他研究團隊，率先開發出藍光面射型雷射（VCSEL）製作技術，並且獲得連續波操作電激發光的卓越成果。也因為在光電半導體材料及元件研究領域的傑出成果，郭浩中教授在 2011 年獲頒美國光學學會會士 OSA Fellow 榮銜，以表彰郭教授的卓越成就。

　　目前台灣在 LED 以及太陽能電池產業產值均已位居全世界第二，為了提高產品的附加價值，需要有更多高階從業人員投入研發行列，因此郭教授團隊除了專注於從事新技術研發工作以外，同時也積極培育新一代光電科技人才，近年來已經出版「LED 原理與應用」一書，廣受國內光電產業從業人員以及學術研究單位同仁採用。目前郭浩中教授、郭守義教授以及賴芳儀教授更進一步針對太陽能電池常用的材料以及結構、最新技術進展撰寫專書介紹，希望能讓更多光電領域相關產業研發人員以及學生更進一步暸解太陽能電池技術發展現況，這也是學術研究人員對於提升台灣光電產業競爭力的積極貢獻。因此本人很榮幸能有此機會為郭教授團隊的最新著作撰寫序文，並誠摯向各位讀者推薦。

國立成功大學名譽講座教授暨
崑山科技大學校長
IEEE Fellow
SPIE Fellow

蘇炎坤二〇一二年十月於台南

作者序

　　近年能源危機及二氧化碳溫室效應，世界各國莫不致力尋求潔淨之替代能源，以因應全球氣候變化綱要公約之國際潮流及傳統能源存量之嚴重短缺問題；在全球高度重視氣候變遷與節能減碳的趨勢中，綠色能源儼然成為全球科技發展新潮流。而綠色能源科技研發與應用，包含再生能源之應用、提高能源效率以節約能源、能源新利用技術之開發以提高能源有效利用率等；由於全球掀起再生能源發電熱潮，而太陽光電具備節能、安全、無移動組件、維修需求低，且發電　可依需求調整等特色，已成為世界各國全力開發與建置的綠色能源之一。目前全球前五大生產國依序為中國大陸、德國、台灣、日本及美國，佔全球產量的 80%，全球製造版圖重心已移往亞洲，台灣加中國大陸佔全球 > 50% 以上，因此更須著重於人才的培育。

　　本書共分為 9 章，從半導體基本原理到各種不同材料之運作原理和元件結構皆涵蓋在內。第 3、4 章以佔據市場率最高的矽晶太陽能電池為主；第 5章以效率接近矽晶而成本最低的 CIGS 薄膜太陽能電池為主；第 6 章介紹效率最高的 III-V 多接面太陽能電池。第 7 章著重尚以學術界研發為主的新穎太陽能電池技術介紹。最後第 8、9 章則讓大家了解太陽能電池的應用及目前高科技的奈米檢測技術。內容涵蓋範圍廣泛，適合有志從事太陽光電研發、生產和應用的工程技術人員閱讀，也可作為研究生和大學高年級學生固態照明課程的教科書或半導體物理、材料科學、照明技術和光學課程的參考書。

目　錄

第三章　單、多晶矽太陽能電池　　65

第四章　非晶矽薄膜太陽能電池　　　　　　　　　　105

第七章　新穎太陽能電池　　　　　　　　　221

第 **1** 章

太陽能電池導論

* 習題

　　隨著科技發展與技術的日新月異，人們對物質生活的要求也愈來愈高。雖然科技發展確實為人類生活帶來便利性，但同時也製造了許多問題。在1970 年代第一次能源危機爆發後，各國才開始認真思考對於石化能源過度使用與依賴所衍生的問題，並思考開發新的替代能源之方案。然而，在石油危機結束後，由於開發成本的考量下，新能源開發的計劃趨緩。1990 年代的波斯灣戰爭引發第二次石油危機，同時環保意識抬頭，再加以聖嬰現象的發生，促使人類再度重視石化能源過度使用的後果，以及新型能源取得方式的開發。已故的 1996 年諾貝爾化學獎得主 R.E. Smalley 曾在美國參議院委員會上發表聲明，指出未來五十年中，人類社會所遭遇的十大問題中，最迫切、最重要的課題便是能源問題。京都議定書的制定與實施，更讓各國紛紛尋找替代性能源，減少對高污染石化能源的依賴。美國再生能源實驗室（National Renewable Energy Laboratory, NREL）將太陽能、風能、地熱能、生質能以及氫氧燃料電池列為重點研究發展的再生能源。不同於水力、地熱、風力等會受到地形地物之侷限，太陽能的特性為：

1. 沒有可動部分：因為使用光電轉換之量子效應，為安靜的能源轉換，故不需要傳統發電原理上的可動機械裝置，因此無噪音與爆炸等危險，可說是安靜的能源。

2. 容易維修與無人化自動運作：因為沒有迴轉機械與高溫高壓裝置，亦不會產生機械磨耗，像人造衛星及無人看守燈塔之電源一般，容易維修且系統簡單自動化。

3. 無污染之能源：像傳統火力或核能發電，具有輻射洩漏及爆炸等危險，太陽能發電不會產生 CO_2 等造成溫室效應之氣體，是無公害之乾淨能源。

4. 構造模組化，具量產特性且易於放大，太陽電池系統為模組化構造，量產只是增加其串連電池數量，雖然會因串連阻抗而使效率稍微下降，但比其他發電系統模組放大的難度降低不少，且量產大時，容易用連續自動化製造來降低成本。

台灣本身為一海島型國家，天然資源匱乏，所使用的能源超過 98% 均須仰賴國外進口，故積極找尋一個有效的替代能源，才是長久之計。基於以上考量，太陽能電池便是新世紀能源的最佳選擇。

　　太陽能源取之不盡、用之不竭，不僅零污染而且供應給地球的能量充裕。依據統計，地球每年可從太陽獲取的總能量約 4×10^{24} 焦耳，而地球每年消耗的總能量，以 2001 年為例，約 4×10^{20} 焦耳，且以每年約 2% 的成長率持續增加中。倘若太陽能源能充分開採利用，不僅人類面臨的能源危機問題可獲得舒緩，而且溫室效應所造成的環境災害問題也可改善。

　　如圖 1.1 與圖 1.2 所示，太陽能電池的技術與種類繁多，依電池形態的不同，可分為已廣泛使用的晶圓型、正在發展中的次世代薄膜型及未來極具潛力的第三代有機型太陽能電池。如果依使用材料則大致可分為矽材（如單晶、多晶、非晶等）、化合物半導體（如砷化鎵、銻化鎘、硒化銅銦鎵等）及有機材料等。各類太陽能電池都有其優缺點，目前市場上絕大多數的太陽能電池是採用矽晶圓作為材料，主要是因為矽晶圓太陽能電池的製程技術和半導體產業相當接近，因此在半導體生產技術和設備都已經相當成熟，且人才眾多的情形下，矽晶圓太陽能電池具有轉換效率佳、設備成本低、產量大、良率高的優勢，因此預期至少十多年內，矽晶圓太陽能電池仍然會是市場上的主流。但是矽晶圓太陽能電池傳統的製造方法，約有 60% 以上的矽都在生產過程中浪費掉，而且矽晶圓太陽電池還有效能退化（self-degradation）的問題；薄膜太陽能電池由於選用光電轉換效率較高的材料，因此厚度僅有傳統矽晶圓太陽電池的百分之一，是許多廠商視為降低成本的另一選擇。太陽能市場每年以近 40% 比例成長，唯成本仍然過高，無法與傳統發電廠競爭，仍然需要政府補助。為達到太陽能電池大面積生產與低成本的理想目標，並降低對矽材的依賴，發展具低廉成本、大量生產、簡易製程等特性的薄膜太陽能電池，是不可避免的趨勢。目前薄膜太陽能電池的市占率雖然不到一成，然而薄膜太陽能電池具節省材料、可在價格低廉的玻璃或塑膠或不鏽鋼基板上製造、進行大面積與客製化製造、具可撓性與應用彈性大等優點，已廣泛被各太陽光電業者、研究機構所看好而紛紛投入資源研究發展，在 2010 年時，其市占率在薄膜太陽能電池的比重可由 3% 提升至 18%。美國再生能源實驗室的目標是在 2020 年時，將薄膜太陽電池成本降至每度電 5 到 7 美分；若與未來結晶矽太陽電池之發電成本每度電仍將高於 10 美分相比，薄膜太陽電池仍深具市場競爭力。其中硒化銅銦鎵（簡稱 CIGS）因具有高轉換效率潛力、穩定度佳、低材料成本、可製成薄膜，且在材料中可以不使用砷、鎘等污染等優點而倍受重視。

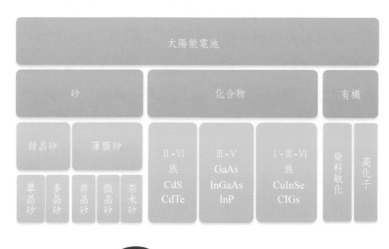

圖1.1　太陽能電池分類表

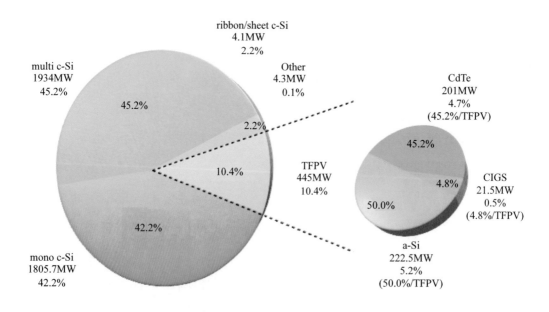

圖1.2　各式太陽能電池市占率

　　為因應能源危機，近年來太陽電池技術進展可謂與日俱增，如圖 1.3 所示。時至今日，各式各樣太陽能電池紛紛出籠：單晶矽太陽能電池效率可達 25%；多晶矽及非晶矽模組化效率也可以到達 21%；銻化鎘（CdTe）約 17% 的轉換效率與硒化銅銦鎵（Cu(InGa)Se₂）薄膜太陽能電池 20% 左右的轉換效率；有機太陽能電池轉換效率約 8%，而染料敏化奈米薄膜電池（Dye sensitized nanostructure materials）也有 11% 左右的轉換效率。此外，美國波音子公司 Spectrolab 公司利用三層串接（Tandem）磷化鋁鎵銦、砷化鎵與鍺（AlGaInP/GaInAs/Ge）的三五族化合物半導體集光型太陽能電池轉換效率已於 2006 年底創下超過 40% 的世界紀錄。目前，在實驗室聚光（concentrated sunlight）情況下，轉換效率最高的太陽電池為砷化鎵（GaAs）串疊型太陽電池。晶圓型太陽能電池應用目前雖相對而言較為普遍，主要原因為其發展歷史較長，轉換效率表現不錯所致。然而，近年上游原料短缺且價格波動劇烈，使得生產成本及產能發展不穩定；其中實驗室轉換效率最高的砷化鎵，更因成本高昂，導入量產不符實際。加上晶圓型電池可吸收光譜有限，整體發電時間較短，且有光衰竭現象，使得晶圓型產品優勢漸失，因此聚光型與高效率薄膜型太陽能電池技術發展，近年來吸引不少產研團隊注意。

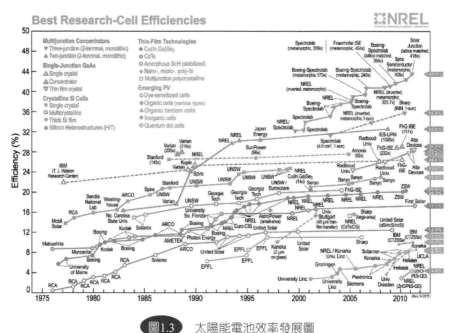

圖1.3　太陽能電池效率發展圖

聚光型太陽能電池（Concentrator Photovoltaic, CPV）配上高聚光鏡面菲涅爾透鏡（Fresnel Lens）和追日系統（Sun Tracker）的組合，其太陽能能量轉換效率可達 35% 到 46%，轉換效率高且向陽時間長，過去多用於太空產業，現在搭配太陽光追蹤器則可用於發電產業。電池主要材料是砷化鎵，也就是三五族（III-V）材料，由於轉換效率較高，適合發展大型電廠。若以多接面 InGaP/GaAs/Ge 太陽電池為例，可吸收寬域波長之能量，轉換效率因此大幅提高。目前業界最高轉換效率接近 40%。此外，搭配著菲涅爾透鏡與追日系統的設計，將可有效縮小太陽能電池之吸光面積、降低發電成本，加速相關應用面的推廣。長久以來，太陽能發電受限於條件，遲遲無法成為廉價電力來源，但此趨勢與龐大潛在商機確實存在，因此各國各廠競相投入，冀望透過新技術研發，能及早降低發電成本、提升普及率。成本是太陽能發電最重要的考量因素，目前發展中的太陽能技術，主要目標是將太陽能發電的成本能降到火力發電的水準。傳統太陽能業者面臨多晶矽原料的轉換效率無法有效提升，故發電成本一直無法有效降低，而聚光型太陽能電池的發電技術則是因擁有高轉換效率將能有效降低發電成本。

在薄膜型太陽能電池材料中，CIGS 是近年來具代表性的發展選項。它可噴塗在鋁箔及切成模組的尺寸上，雖然這個方法的效率僅約 9%，但是生產成本非常低，可達到 US$0.5/ 瓦。與上述的聚光型太陽能電池相較，它不需要高品質及直射的日光，而且不受到高溫的影響，適合用在拉丁美洲、加勒比海及東南亞地區。藉由 Cu（銅）、In（銦）、Ga（鎵）、Se（硒）四種原料的最佳比例，是組成太陽能板的關鍵技術。由於具備光吸收能力佳、發電穩定度高、轉換效率高，整體發電量高、生產成本低以及能源回收期間（energy payback time）短等諸多優勢，CIGS 太陽能電池已是太陽能產業明日之星，與傳統之晶圓型太陽能電池分庭抗禮。如同晶圓型太陽能電池產品應用於屋頂與電廠，CIGS 太陽能板亦可做相同使用。作為建築材料使用（Building Integrated photovoltaic, BIPV）。CIGS 亦可製成軟板，未來可發展可攜式個人使用發電裝置，解決目前 3C 商品電池續航力不足之問題。其他應用層面則涵蓋 LED 路燈、太陽能熱水器、大樓玻璃帷幕、太陽能電

廠、沙漠種電系統等

　　除了實際成本，還有能源回收期（Energy Payback Time）的概念來比較各項太陽能技術的成本，該指標以轉換效率表示利用太陽能發電回收太陽能電池製造及維護管理消耗能源的「回收期」。能源回收期對於太陽能發電非常重要，如果能源回收期長於太陽能電池系統的產品壽命，那麼製造太陽能電池就是浪費能源，對於能源問題的解決完全沒有意義。研究指出晶體矽太陽能電池的能源回收期約 1.5 年，CIGS 約 1 年，CPV 則為 8 個月。

　　過去 30 多年中，太陽能產業曾經歷了多次起伏。當石油價格升高時，大家就對新能源的開發應用多一層關注。然而與先前戰禍相關的能源危機不同，最近這次的石油能源危機應該說是影響最大的一次，使得太陽能等新能源產業得到各國政府的重視與支持，太陽能電池行業也得以蓬勃發展。另外，歐洲從環保的角度大力推廣太陽能電池產業，對太陽能電池的發展也產生推動作用。在全球日益重視環保議題的趨勢下，太陽能產業在未來幾年仍有機會繼續發展。近年快速成長的太陽能發電主要是用在家庭發電，其次則是商業及產業用裝置。2006 年全球的統計數字顯示裝置在住宅及商業建築上的發電裝置占 63%，可見真正大型的太陽能發電站數量並不大，所以未來成長的空間及應用範圍仍相當大。以日本及德國為例，政府為發展太陽能發電，以政策方式輔助太陽能產業的發展，其補助措施辦法通常分為補助設備安裝、低利貸款及以較優惠的價格收購多餘電力；日本為最早進行政府補貼的國家，最早補貼幅度為 50%，近幾年有逐年降低補貼比重之趨勢，即使如此，民眾對太陽能的接受程度已大幅提升，日本平均電價較高也是替代能源有機會普及的原因之一。至於在德國的部分，早在 2004 年便通過再生能源法，以現金獎勵方式創造誘因，希望藉此減少對石化燃料的依賴，以對抗氣候變化。太陽能發電僅占德國總發電量的 3%，所有再生能源占總發電量的比例也只有 13%，但德國政府希望藉由種種配套措施讓此比例在 2020 年底前上升至 27%，屆時太陽能電力比例預期將大幅上升。然而即使日本及德國已是最積極由政策面來鼓勵裝置太陽能發電系統的兩個國家，而且此兩國的裝置量也確實占了全球需求量的五成以上，但太陽能發電量占此兩個國家的電力來源均仍微不足道，所以我們更應該努力推廣太陽能產業，畢竟，這不僅可以保護我們的環境，還可以讓我們有足夠的潔淨能源可以使用。

在 2010 年之前，歐洲可說是全球太陽光電市場高度集中地；雖然期間遭遇 2008 年美國引發的金融風暴，由於歐洲各國政府政策的支持讓太陽光電產業安然無恙地度過了。另一方面，因為歐債危機的緣故，世界各國在太陽能電廠的投資腳步暫時放緩，但未來這種能源基礎建設的需求，每年投資的總金額將會超過 1,000 億美元的規模，屆時太陽光電市場會超過消費性的平面顯示器市場。然而 2011 年對於太陽光電產業來說，可說是震撼教育的一年。首先在年初時，目前太陽光電最大市場的歐洲地區，因為歐債帶來的後續影響，使得全球最大太陽光電裝置國家義大利，新的電價補貼政策受到了延遲；接著全球太陽光電最大市場國家德國，也宣佈了降低太陽光電補貼電價，使得超過一半的市場需求受到了影響，如圖 1.4 所示。圖 1.5 所示為 2011 年全球太陽光電產值規模，2011 年總產值達 1,355 億美金，年衰退率達 12%，其中下游太陽能系統產值則因跌價相對幅度較小，約略衰退 5%，而上游的矽晶材料部分產值較 2010 年衰退達到 21%，約 208 億美金。儘管有價格崩跌、供給過剩、歐美債信問題等不利因素影響，2011 年太陽能光電整體出貨量仍比 2010 年成長約 32%。因此，根據 PIDA 的預估，全球太陽光電與市電均價很有可能在 2013 年實現；目前全球太陽發電占比約只有 1.4%，國際能源署（IEA）預估至 2050 年，全球太陽發電占比將達 11%，需求將達 3,000 GW。因此如何走出此波低潮，迎向另一個太陽能市場爆發期，將會是全球政府與太陽光電產業目前最重要的難題。

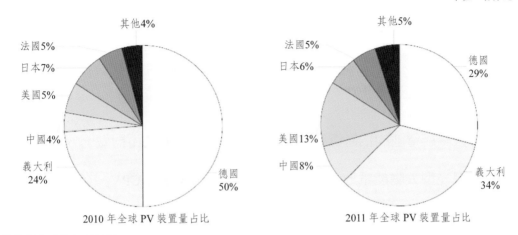

資料來源：PIDA, 2011/12

圖1.4　2010～2011 全球 PV 裝置量各國占比

單位：百萬美元

	2008	2009	2010	2011(E)	2012(F)	2013(F)	2014(F)
■ 上游太陽能矽材料	17,048	13,398	26,337	20,806	17,269	19,169	20,895
□ 中游晶片型太陽電池	21,243	16,240	31,924	26,870	22,840	25,809	28,389
▨ 下游太陽電池模組	22,408	20,232	36,732	32,010	28,169	32,394	35,634
▨ 下游太陽光電系統	43,122	29,674	59,044	55,823	50,241	59,786	65,765
▨ Tital	103,821	79,544	154,037	135,509	118,518	137,158	150,683

資料來源：PIDA, 2011/12

圖1.5　全球太陽光電產值規模

習題

1. 為減少對高污染石化能源的依賴，試列舉四項再生能源。

2. 不同於水力、地熱、風力等會受到地形地物之侷限，太陽能有何特性？

3. 太陽能電池的技術與種類繁多，請依電池形態的不同做一分類。

4. 聚光型太陽能電池（Concentrator Photovoltaic, CPV）在使用上有何優點？

5. 試說明太陽能電池成本考量中，能源回收期（Energy Payback Time）的定義與代表之意義。

第 **2** 章

太陽能電池原理

2.1 能帶

在近代物理中，單一原子的電子能量被量子化，並具有一特定不連續值，如圖 2.1 左方的鋰原子，鋰原子有兩個電子在 1s 能階和一個電子在 2s 能階。但當多到 10^{23} 個鋰原子緊密聚在一起時，則由於原子間的作用力，電子和電子間的能階互相重疊形成一電子能帶。此時 2s 能帶將由 10^{23} 緊密排列的能階所形成；相同地，如圖 2.1 中所示，其他較高的能階也會形成能帶。這些能帶彼此互相重疊形成一代表金屬能帶結構的連續能帶。

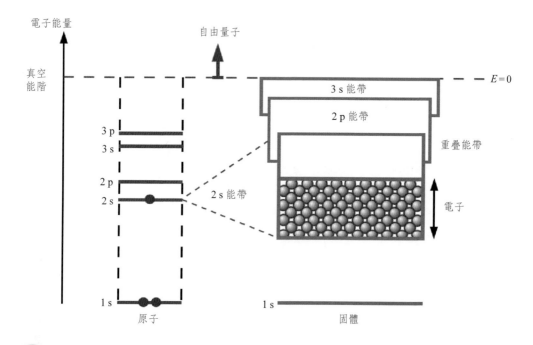

圖2.1 金屬中，不同能帶相重疊以得到特定的單一能帶，此能帶上只填滿部分的電子。當能帶高於自由能階時，電子是不受束縛而可自由移動的。

然而在半導體晶格中，電子能量和金屬有明顯地不同。圖 2.2(a) 為一簡化的矽晶體二維示意圖，每一個矽原子和四個鄰近的矽原子互相鍵結，每一個原子外的四個價電子都以這種方式形成鏈結。在相鄰矽原子和其所屬價電子相互作用下，晶體中電子能量會分裂成兩個可明顯區分的能帶，即所謂的**價電帶**（valence band, VB）和**導電帶**（conduction band, CB），兩者之間的差（間隙）即稱為**能帶間隙**（energy gap 或 band gap, Eg），如圖 2.2(b) 所示，在能隙中不容許電子存在。價電帶代表晶體中兩互相鍵結原子的電子波函數，而占據這些波函數的電子就稱為價電子。在絕對零度時，電子占據最低的能量態位，即價電帶，此時所有的鍵結都被價電子占據了（表示沒有懸鍵），因此在價電帶中所有的電子能階都將被這些電子所填滿；導電帶代表晶體中能量高於價電帶的能帶，正常狀況下，零度凱爾溫度下（K），這些能態是空的。價電帶的頂端能量標記為 E_v，而導電帶底部能量則為 E_c，所以能隙 $E_g = E_c - E_v$，其亦代表在價電帶的電子要躍遷到導電帶所需的能量。此外，導電帶的寬度稱為電子親和力（χ）。

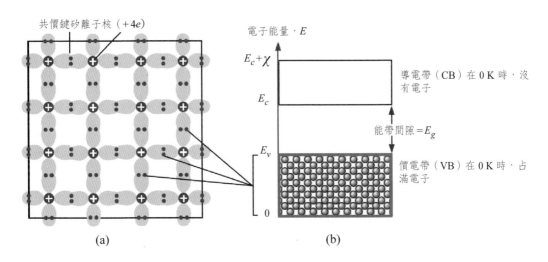

圖2.2 (a)簡化的矽晶體共價鍵之二維示意圖；(b)絕對溫度零度時，矽晶體的電子能帶圖。

當電子位於導電帶時，因為其周圍有大量空的能階，所以它可在晶體中自由移動，其行為類似自由電子，此時我們可視導電帶中的電子為一具有效質量 m_e^* 的粒子。圖 2.3 說明當入射光子能量 $h\nu > E_g$ 且和價電帶中的電子相互作用，電子吸收入射光子的能量，並獲得足夠能量以克服能隙 E_g 而躍遷至導電帶，因此在導電帶中產生一個自由電子，伴隨發生的是價電帶中遺失一個電子形成空缺，此空缺稱為**電洞**（hole），其有效質量為 m_h^*。因此，共價鍵中空的電子能態或是遺失電子，即可視為價電帶中的電洞。在導電帶中的自由電子（電荷 e^-），因為可在晶體中自由移動，因此當外加電場時，會產生導電的情形。而電洞（電荷 h^+）只要是呈自由形態的，亦可以在晶

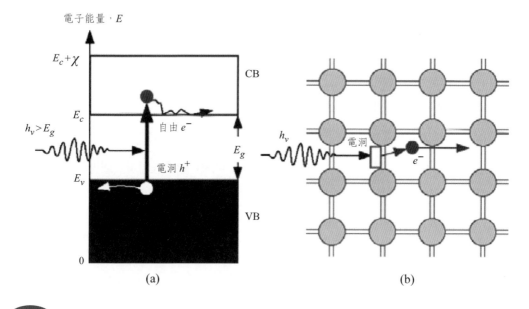

(a) 光子能量大於 E_g 時，會將價電帶中的電子激發至導電帶；(b) 在 Si-Si 原子間的線，表示共價鍵中的價電子。當光子將 Si 與 Si 間的鍵結打斷，則在 Si-Si 鍵結中將形成一自由電子和電洞。

體中自由移動。這是由於在鄰近共價鍵的電子會「跳躍」，亦即穿隧至電洞（空缺）位置以填滿空的電子能態，使得電子原來所在位置新生成了一個電洞，這等效於電洞移動至相反的方向。

　　雖然在光子能量 $hv > E_g$ 的特殊例子中會產生電子電洞對，然而其他不同形式的能量也會導致電子－電洞對的產生。事實上，在一缺少輻射照射下的樣品中，仍會持續著電子－電洞對的產生程序，這是「熱生成」所造成的結果。熱能會導致晶體中的原子不斷地振動，振動能量會將矽原子間的鍵結打斷，因此可激發價電帶中的電子至導電帶中，而產生電子－電洞對。

　　當在導電帶中移動的電子碰到價電帶中的電洞時，它會發現有一較低能量的能態出現，因此會占據它。例如：在 GaAs 和 InP 中，電子由導電帶中掉落至價電帶並將電洞填滿，這種現象稱為「復合」，這導致導電帶、價電帶中各消失一個電子、電洞，而多餘的能量會以晶格振動方式消耗掉（熱）。在穩定狀態下，熱生成速率將和復合速率相同，所以導電帶中的電子濃度 n 和價電帶中的電洞濃度 p 會維持一定值，同時，n、p 和溫度呈相依關係。

2.2 本質半導體

半導體中有兩項重要的概念，能態密度與費米─狄拉克函數。**能態密度**（density of states, DOS），$g(E)$，表示晶體中每單位體積、單位能量的電子能態（電子波函數）之數目，單位為能態數目／eV-cm^3。我們可利用量子力學考量晶體在一特定能量範圍下，每單位體積中有多少電子波函數來計算 DOS，圖 2.4(a) 和 (b) 顯示一簡單方法來表現 $g(E)$ 如何和導電帶及價電帶中的電子能量有所相關。根據量子力學，對於一個被限制於三維位能井中的電子，如晶體中的電子，其 DOS 隨能量增加的情形為 $g(E) \propto (E-E_C)^{1/2}$，其中 $(E-E_C)$ 為從導電帶底部算起的電子能量，DOS 只能告訴我們可用的能態，而非實際占據的情形。

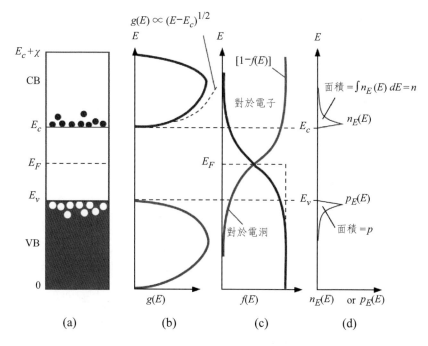

圖2.4 (a) 能量圖；(b) 能態密度（每單位體積與每單位能量的能態數目）；(c) 費米─狄拉克機率函數（可能占據能態的機率）；(d) $g(E)$ 和 $f(E)$ 的乘積為導電帶中電子的能量密度（每單位體積與單位能量的電子數目），在 $n_E(E)$ 對 E 下的面積是電子濃度。

費米─狄拉克函數 $f(E)$ 是一個電子占據能量 E 的電子能態（指一波函數）之機率。它定義為：

$$f(E) = \frac{1}{e^{(E-E_F)/k_B T} + 1} \tag{2-1}$$

其中 k_B 為波茲曼常數、T 是溫度（K）、而 E_F 為費米能量（Fermi level），即電子占據機率為 1/2 時的能量。圖 2.4(c) 顯示 $f(E)$ 的行為。假設費米能階是位於能隙間，則找到一個具能量 E 能態之電洞（失去一個電子）的機率為 1-$f(E)$。

　　雖然由（2-1）式可知，在 E_F 找到電子占據的機率是 1/2，但也可能沒有能態可供電子占據。最重要的是乘積 $g_{CB}(E)f(E)$，其為在導電帶中每單位體積、每單位能量下實際電子的數目 $n_E(E)$，如圖 2.4(d) 所示。因此 $n_E dE = g_{CB}(E)f(E)dE$ 為電子在能量範圍 E 到 $E + dE$ 間的數目，積分這個從導電帶底部（E_C）到頂部（$E_c + \chi$）可得到在導電帶中的電子濃度 n，即：

$$n = \int_{E_C}^{E_C + x} g_{CB}(E)f(E)\,dE \tag{2-2}$$

　　當 $(E_C - E_F) \gg k_B T$，亦即 E_F 至少略低於 E_C 下 $k_B T$，$f(E) \approx \exp[-(E_C - E_F)/k_B T]$，此時費米—狄拉克統計可用波茲曼統計來取代。這些半導體稱為非簡併（non-degenerate）半導體，其表示導電帶中電子的數目是遠小於在這一能帶的能態。對於一非簡併半導體，（2-2）的積分會得到：

$$n = N_c \exp\left[-\frac{(E_c - E_F)}{k_B T}\right] \tag{2-3}$$

其中 $N_c = [2\pi\, m_e{*}k_B T/h^2]^{3/2}$ 是和溫度相關的常數，稱為導電帶邊緣的有效能帶密度。公式（2-3）的積分結果為 $(E_C - E_F) \gg k_B T$ 時的近似形式。假如將導電帶中所有的能態，以有效濃度 N_C（每單位體積能態的數目）取代，並乘以波茲曼機率函數 $f(E_C) = \exp[-(E_C - E_F)/k_B T]$，則可得到在 E_C 的電子濃度，因此 N_C 是在導電帶能帶邊緣的有效能態密度。同樣地我們可得到價電帶中的電洞濃度，如圖 2.4(d) 所示，為：

$$p = N_V \exp\left[-\frac{E_F - E_V}{k_B T}\right] \tag{2-4}$$

其中，$N_V = 2[2\pi m_h^* k_B T/h^2]^{3/2}$ 為價電帶邊緣的有效能態密度。由（2-3）及（2-4）式可看出 E_F 的位置可以決定電子和電洞的濃度。

在一本質半導體中（一純的，未摻雜的晶體），$n = p$，由（2-3）及（2-4）式可看出本質半導體的費米能階 E_{Fi} 是高於 E_V 且位於能隙間，即：

$$E_{Fi} = E_V + \frac{1}{2}E_g - \frac{1}{2}kT\ln\left(\frac{N_C}{N_V}\right) \qquad (2-5)$$

由於 N_C 和 N_V 值是相似的，且兩者均有對數項，所以 E_{Fi} 是非常趨近於能隙的中間。由公式（2-3）和（2-4）np 的乘積可得到有用的半導體關係，稱為**質量作用定律**（mass action law）。

$$np = N_C N_V \exp\left(-\frac{E_g}{k_B T}\right) = n_i^2 \qquad (2-6)$$

其中 $E_G = E_C - E_V$ 是能隙能量，n_i^2 被定義為 $N_C N_V \exp[-E_G / k_B T]$ 是一和溫度及材料特性有關的常數，即和 E_G 相關，而和費米能階所在位置無關。本質濃度 n_i 相當於在未摻雜（純）的半導體（即本質半導體）中的電子或電洞濃度，即 $n = p = n_i$。當樣品處於熱平衡及不照光下，質量作用定律是有效的。在室溫下，砷化鎵的 n_i 為 2.25×10^6 cm^{-3}。

2.3 外質半導體

藉由摻入少量的雜質（impurity）至純晶體中，可得到半導體中有某一種極性的載子濃度會多於另一極性的粒子，這類半導體稱為外質半導體（extrinsic semiconductor）。這和純晶體的本質特性是相對的；例如，在 Si 中摻入五價雜質，如砷（As），其比 Si 多一價，則可得到一電子濃度大於電洞濃度的半導體，即 n 型半導體。相反地，如果摻入三價的雜質，如硼（B），比四價少一價，則可得到一電洞數多於電子的 p 型半導體。

如圖 2.5(a) 所示，當少量的砷摻入 Si 晶體中，每一砷原子將取代一矽原子，周遭被四個矽原子所圍繞；砷有五個價電子，而矽有四個，故當一砷原子和四個矽原子形成鍵結時，將遺留一個未被鍵結，它類似在 Si 周圍有一氫原子，可藉由使用游離氫原子（將電子從氫原子中移除）的計算方式來計算需要多少能量才能使砷離子外的電子脫離束縛。這能量大約是 0.05eV，相當於在室溫下的熱能（$1K_BT \approx 0.025\text{eV}$），因此第五個價電子很容易地藉由矽晶格的熱振動而被釋放，此時電子將在半導體中「自由」移動，或換句話說，它將在導電帶中，亦即將電子激發至導電帶所需的能量約為 0.05eV。如圖 2.5(b) 所示，摻入砷原子將因為第五個電子在 As^+ 的周遭有局部的波函數而在砷位置衍生出局部電子能態，這些能態的能量 E_d 低於 E_c，約為 0.05eV。故在室溫下，晶格振動所產生的熱激發是足夠將電子從 E_d 激發至導電帶而產生自由電子的。因為砷原子捐獻一個電子至導電帶中，稱為**施體**（donor）雜質。如圖 2.5(b)，E_d 是在施體原子周遭的電子能量且其低於 E_c ~ 0.05eV，假設 N_d 是施體原子濃度，如果 $N_d \gg n_i$，則在室溫下導電帶的電子濃度幾乎等於 N_d，即 $n = N_d$，電洞濃度則為 $p = n_i^2 / N_d$，並少於本質濃度，且維持 $np = n_i^2$。

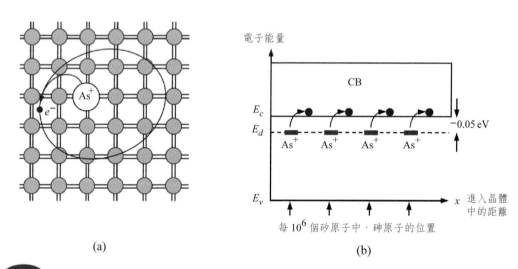

(a)　　　　　　　　　　　(b)

圖2.5　(a) 摻入砷的矽半導體；(b) 少量摻雜砷的 n- 型矽能帶圖。在砷離子（As^+）位置附近，施體能階恰比 E_c 低。

半導體的傳導係數 σ 是和電子、電洞有關，假設 μ_e 和 μ_h 分別為電子和電洞的漂移遷移率，則：

$$\sigma = en\mu_e + en\mu_h \qquad (2\text{-}7)$$

在 n 型半導體中，傳導係數表示為：

$$\sigma = eN_d\mu_e + e\left(\frac{n_i^2}{N_d}\right)\mu_h \approx eN_d\mu_e \qquad (2\text{-}8)$$

同樣也，在矽晶體中摻入三價原子，例如：硼，將形成 p 型矽，其在矽晶體中存在超額的電洞。考量在矽中摻入少量的硼，如圖 2.6(a)所示，因為硼只有三個價電子，當它和鄰近四個矽原子共享電子時，會因有一鍵結少了一個電子而形成一個「電洞」，此電洞受到硼離子（B⁻）束縛能的大小，可以前述 n 型矽例子中的方法來計算。這方式所得到的束縛能很小，約為 0.05eV，所以室溫下晶格的熱振動能讓電洞脫離 B⁻ 的束縛。就能帶圖來看，硼原子接受來自於鄰近鍵結的電子，即電子從價電帶中離開被硼原子接受，而在價電帶中留下一個可隨意移動的電洞，如圖 2.6(b) 所示。因此硼原子在此為一個電子受體（acceptor）雜質。

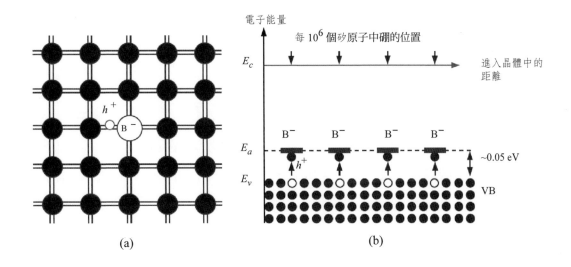

(a)　　　　　　　　　　　　　　　(b)

圖2.6 (a) 摻入硼的矽半導體；(b) 少量摻雜硼的 p- 型矽能帶圖。在 B⁻ 位置周遭有受體能階恰高於 E_v，這些受體能階從價電帶接受電子，因此在價電帶中產生電洞。

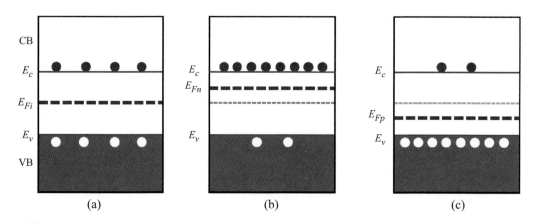

圖2.7 (a) 本質；(b) n- 型；(c) p- 型半導體的能帶圖，在所有例子中 $np = n_i^2$，其中受體和施體能階並沒有繪在圖上。其中 E_{Fi}、E_{Fn}、E_{Fp} 分別是本質、n- 型、p- 型半導體的費米能階位置。

　　假如晶體中受體雜質（N_a）的濃度遠高於本質濃度 n_i，則在室溫下所有的受體雜質將被游離，而 $p = N_a$，則電子的濃度遠小於 p，並可由質量作用定律 $n = n_i^2 / N_a$ 求得，所以傳導係數可簡化成 $\sigma = eN_a\mu_h$。

　　圖 2.7(a)-(c) 分別為本質、n- 型和 p- 型半導體的能帶圖示意圖，電子和電洞的濃度可由公式（2-3）和（2-4），利用 E_F 到 E_C 和 E_V 間的能量差來決定。

2.4 簡併半導體

　　當半導體摻入大量的雜質時，會造成一非常大的 n（或 p），這個值會等於或高於有效態位密度 N_C（或 N_V），對於 $n > N_C$ 和 $p > N_V$ 的半導體稱為簡併半導體。此時需考慮包利不相容原理，並使用費米－狄拉克統計。在這樣的半導體中，其特性較像金屬，故電阻係數約略正比於絕對溫度。

　　在簡併半導體中，由於重摻雜造成其具有大量的載子濃度，例如：當 n- 型半導體中的施體濃度增高到一定程度時，會造成施體原子彼此很靠近，而使得他們的外圍軌道互相重疊形成一狹窄的能帶，這重疊區域也會成為導電帶的一部分。來自於施體的價電子會填滿 E_C 上的能帶，就如同在金屬中，價電子會填滿其重疊的能帶。因此在簡併 n- 型半導體中的費米能階是位於導電帶之間，或是高於 E_C 的，如圖 2.8(a) 所示，此時導電帶會向能隙延伸，而形成帶尾（band tail），因而產生**能隙窄化效應**（bandgap narrowing effect）。圖 2.8(b) 為 p- 型簡併半導體的能帶示意圖，其費米能階位於 E_v 下的價電帶中。要注意的是在簡併半導體中，不能簡單假設 $n = N_d$ 或 $p = N_a$，因為此時施體或受體的濃度大到足以造成彼此發生作用，且並非所有的施體或受體都可以游離，而載子的濃度最後會到達一飽和值 $\sim 10^{20}\text{cm}^3$，而且對簡併半導體來說，質量作用定律 $np = n_i^2$ 是不適用的。

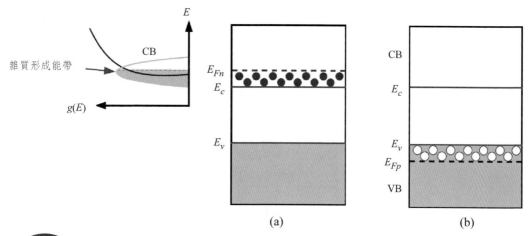

圖2.8　(a) 簡併 n- 型半導體，大量的施體形成一能帶，並重疊 CB；(b) 簡併 p- 型半導體。

2.5　外加電場下的能帶圖

　　圖 2.9 為在一載有電流之 n- 型半導體外加電壓 V 的能帶圖，費米能階 E_F 是高於本質狀態（E_{Fi}）且較靠近 E_C，外加電壓降均勻地加在半導體上，使得半導體中的電子被加上一靜電位能，在愈靠近正極時其值會愈小。因此造成整個能帶結構導電帶和價電帶因此歪斜，當電子由 A 漂移至 B 時，它的靜電位能因愈趨近於正極而減小。

　　對處於不照光的半導體，在熱平衡且沒有外加電壓或沒有 e_{mf} 產生下，因為 $\Delta E_F = eV = 0$，所以 E_F 必定均一的跨過整個系統。但當電功加在系統上時，即當電池連接到半導體時，E_F 的改變量 ΔE_F 會等同於每個電子的電功或 eV，因此費米能階 E_F 會跟隨著靜電位能的行為。E_F 從一端到另一端的改變量 $E_F\,(\mathrm{A}) - E_F\,(\mathrm{B})$ 恰為 eV，此能量可讓電子在半導體中移動，如圖 2.9 所示。由於半導體中的電子濃度是均勻的，所以 $E_c - E_F$ 在各處必須維持一定值，因此導電帶、價電帶和 EF 的彎曲量是相同的。

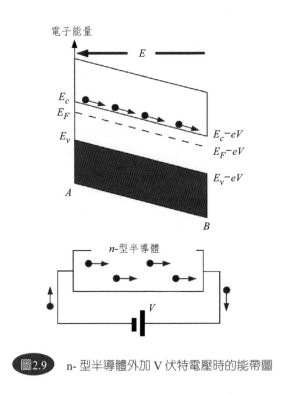

圖2.9　n- 型半導體外加 V 伏特電壓時的能帶圖

2.6 直接和非直接能隙半導體

由量子力學可得知當電子位於一寬度 L 的無限高位能井中，其能量為量子化，表示為：

$$E_n = \frac{(\hbar k_n)^2}{2m_e} \tag{2-9}$$

其中 m_e 是電子的有效質量，k_n 為波向量，本質上是量子數，可表示為 $n\pi/L$ 其中 $n = 1, 2, 3 \ldots\ldots$，能量會隨波向量 k_n 呈拋物線地增加。在 2.2 中，我們根據三維位能井問題，來計算能態密度 $g(E)$；然而，這個模型並沒有考慮到晶體中電子位能（*PE*）的實際變化。

電子的位能和它在晶體中的位置相關，且由於原子規則的排列使電子的位能呈週期性的變化。它將不再只是簡單地 $E_n = (\hbar k_n)^2/2m_e$。為了尋找晶體中電子的能量，則必須去解三維週期性位能的薛定格方程。首先考慮一維晶體如圖 2-10 所示，全部的位能函數 $V(x)$ 為每個原子的電位能相加所得，即為其在 x 方向以晶體週期為 a 的電位函數，$V(x) = V(x + a) = V(x + 2a) = \cdots$，接著求解薛定格方程，

$$\frac{d^2\Psi}{dx^2} + \frac{2m_e}{\hbar^2}[E - V(x)]\Psi = 0 \qquad (2\text{-}10)$$

其中位能 V(x) 的週期為 a，即：

$$V(x) = V(x + ma); \; m = 1,2,3, \ldots \qquad (2\text{-}11)$$

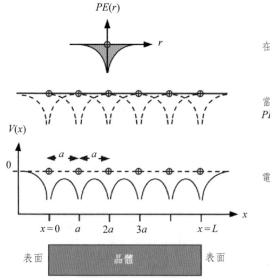

在獨立原子周圍的電子 *PE*。

當 N 個原子排列形成晶體，則有一重疊的個別電子 *PE* 函數。

電子的 *PE*，*V(x)*，在晶體中呈週期性並有一週期 *a*。

圖2.10 電子位能（*PE*）在晶體中呈週期性，並具有和晶體相同的週期性 *a*，定體外之遠處 *v* = 0（電子是自由的及 *PE* = 0）。

由（2-10）式的解可得到晶體中的電子波函數和電子能量，由於 $V(x)$ 是週期性的，所以其解 $\Psi(x)$ 也是週期性的，方程式（2-10）的解稱為**布洛克波**

函數（Bloch wavefunctions），其形式為：

$$\Psi_k(x) = U_k(x)\exp(jkx) \qquad （2\text{-}12）$$

其中 $U(x)$ 為具有和 $V(x)$ 相同週期 a 的週期性函數，且和 $V(x)$ 有關。$\exp(jkx)$ 項代表一波向量為 k 的行進波。

　　對一維晶體有很多像布洛克波函數的解，每一個解和特定的 k 值有關聯，所以每一個 $\Psi_k(x)$ 解對應一特定的 k_n，並代表具能量 E_k 的能態。圖 2.11 為 E-k 圖，顯示能量 E_k 在波向量 $k = -\pi/a$ 到 $+\pi/a$ 的關係圖。在較低能量的 E-k 曲線中的能態 $\Psi_k(x)$，是由價電子的波函數所構成，而上方的 E-k 曲線則是由具有較高能量的導電帶中的能態所組成。在 0K 下，所有的電子會填滿低 E-k 曲線的能態。值得注意的是，E-k 圖中的曲線是由許多分離的點組合而成，每個點對應於晶體中可允許存在的能態、波函數，這些點非常靠近，導致於一般見到的 E-k 關係圖為一連續曲線。在 E-k 圖中有一能量區間，從 E_v 到 E_c 之間並沒有薛定格方程的解 $\Psi(x)$。圖 2.11 的 E-k 圖為

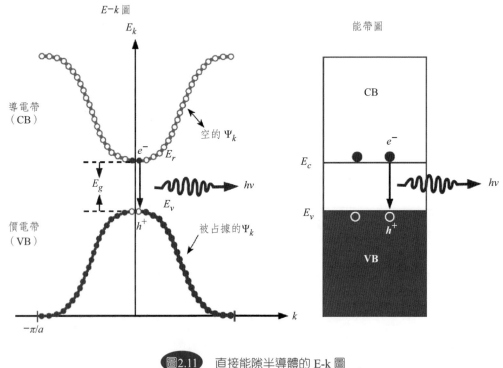

圖2.11　直接能隙半導體的 E-k 圖

一直接能隙半導體的 E-k 圖，在直接能隙半導體中，當電子和電洞復合，電子將從導電帶底部掉落至價電帶的頂部，而沒有任何的 k 值改變。

圖 2.11 為一一維晶體之簡單的 E-k 圖，實際的晶體中是具有三維規則的。圖 2.12(a)為具有一特別的特徵之 GaAs 的 E-k 圖，GaAs 為一個直接能隙半導體，其電子、電洞會直接復合，並釋放出一個光子，不需經動量轉換。

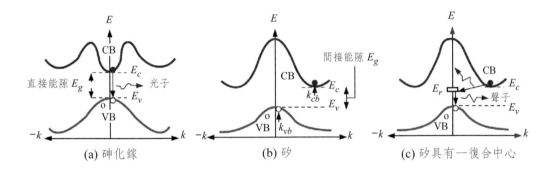

(a) 砷化鎵　　　　　　(b) 矽　　　　　(c) 矽具有一復合中心

圖2.12 (a) 在 GaAs，導電帶的最小處和價電帶最大處有相同的 k 值，因此 GaAs 為一直接能隙半導體；(b) 矽為一間接能隙半導體，其導電帶的最小處和價電帶的最大處錯開；(c) 矽中電子和電洞復合會牽涉到一復合中心。

在矽的例子中，導電帶的最小處，並非位於價電帶最高點的上方，而是在 k 軸上有一位移，這類的晶體稱為間接能隙半導體，如圖 2.12(b) 所示。位於導電帶底部的電子，無法和價電帶頂部的電洞直接復合，因為電子在掉落至價電帶的頂部時，它的動量必須改變，這樣並沒有遵守動量守恆定律。因此，在間接能隙半導體如矽和鍺中，電子－電洞直接復合的情形是不會發生的。復合過程的發生，須經由能隙中的復合中心，如圖 2-12(c) 中的能階 E_r，這些復合中心可能是晶體的缺陷或雜質所造成的；經由補捉過程，造成電子能量和動量的改變，並轉移到晶格的振動，即聲子。在 E_r 被補捉到的電子，就能容易地掉入價電帶頂部空的能態，而和電洞復合。

一般的光電半導體元件主要是利用直接能隙半導體做為發光層或吸收層（即主動層），因為間接能隙半導體的電子－電洞復合需要做動量轉換，因此將電能轉為光能（或光能轉為電能）的效率會很差。但有一些特殊例子是以間接能隙半導體做為主動層，如 GaP，其特意將氮加入 GaP，使其在 E_r 處產生一復合中心，而使電子和電洞在復合中心結合，釋放出光子。

2.7 pn 接面理論

2.7.1 無外加偏壓（開路）

n- 型矽和 p- 型矽接合在一起形成 p-n 接面，以下在平衡狀況下 (亦即沒有外加偏壓，沒有光激發，在任何地方 $pn = n_i^2$) 以步級接面模型（step junction model）或稱陡變接面（即 p-n 接面突然改變），來討論 p-n 接面在平衡狀態下的電荷移動情形。如圖 2.13(a) 所示，當 n- 型矽和 p- 型矽接合在一起時，有一陡的不連續冶金接合面 M 位於 n- 型與 p- 型區域間。圖中顯示出了不可移動之離子化的施體和自由電子（在導電帶，CB）位於 n 區，而不可移動之離子化的受體和電洞（在價電帶，VB）位於 p 區。

由於接合前，n- 型半導體中具有多數的電子濃度 n_{no} 和少數的電洞濃度 p_{no}，相反地，p- 型半導體中具有多數的電洞濃度 p_{po} 和少數的電子濃度 n_{po}，因此當些兩種材料接合時，接面會有很大的載子濃度梯度，所以會有載子擴散的情形產生，此時電洞會向右邊擴散進入 n 區，所以電洞濃度會從 p 側 $(p = p_{po})$，傾斜到 n 側 $(p = p_{no})$，同時在 n 區和電子（主要載子）復合，因此在接近接面的 n 側，會有多數載子被復合，同時曝露出濃度 N_d 的正施體離子（As^+）。同樣地，電子濃度梯度會驅使電子向左邊擴散，電子擴散進入 p 側和電洞（主要載子）復合，並在此區曝露出濃度 N_a 的負受體離子（B^-），在接面 M 兩側的區域和遠離接面的 P 及 n 塊材區相比，因此成為自由電子空乏區域。

因此在 M 週遭會有空間電荷層（space charge layer, SCL）或稱**電荷空乏區**（depletion layer），如圖 2.13(b) 所示。圖 2.13(c) 說明在 M 周圍的空乏區之電洞和電子濃度分布情形，其中垂直的濃度刻度為對數。

由於空間電荷層的存在，所以會產生一內建電場 E_o，方向為從正離子到負離子，即 −x 方向；如圖 2.13 (b) 所示，此電場會驅使電洞以和擴散方向相反的方向移動，所示會使電洞及電子漂移回到 p 區和 n 區。E_o 施以電洞一在 −x 方向的漂移力，對抗電洞在 +x 方向的擴散流，直到最後「平衡」的到達，即電洞向右邊擴散的速率，恰好被因電場 E_o 驅使而漂移回左邊的電洞所平衡。相似的情況也作用於電子，在平衡狀態下，電子的擴散和漂移通量也將被平衡。對均勻摻雜的 p 及 n 區，圖 2.13(d) 顯示了半導體的淨空間電荷密度 $\rho_{net}(x)$；在 $x = -W_p$ 到 $x = 0$（M 在 $x = 0$）的 SCL 中，淨空間電荷密度 ρ_{net} 為負值，並等於 $-eN_a$，

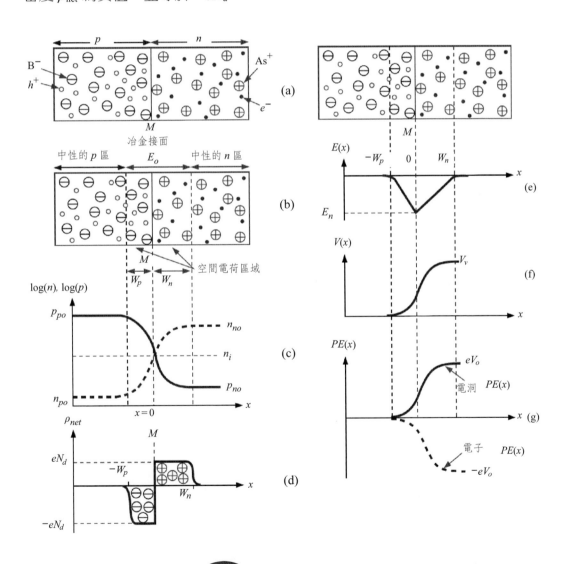

圖2.13 pn 接面的特性示意圖

此外在 x = 0 到 W_n 的區域為正值，其值為 $+eN_d$。為了全部電荷須維持電中性，左手邊的總電荷，必須等於右手邊，故：

$$N_a W_p = N_d W_n \qquad (2\text{-}13)$$

假設施體濃度少於受體濃度 $N_d < N_a$，如圖 2.13 所示，由式子（2-13）可知 $W_n > W_p$，即空乏區穿透 n 側（輕摻雜側）會多於 p 側（重摻雜側）。同理可知，假如 $N_a \gg N_d$，則空乏區幾乎全在 n 側；一般將重摻雜區加上上標有正的記號如 p^+。在任意點的電場 E(x) 和淨空問電荷 $\rho_{net}(x)$ 和靜電學有關，$dE / dx = \rho_{net}(x) / \varepsilon$，其中 $\varepsilon = \varepsilon_o \varepsilon_r$ 為介質的介電係數，ε_o 及 ε_r 為半導體材料的絕對介電係數和相對介電係數。因此積分整個二極體的 ρ_{net} 可決定電場，圖 2.13(e) 顯示了跨過 p-n 接面的電場變化，負的電場表示其在 $-x$ 方向，而 E(x)在 M 處有一最大值 E_o。

由定義 $E = -dV/dx$ 得知，在任意點的電位 V(x)，可由積分電場得到，取在 p 側遠離 M 處的電位為零（在此沒有外加電壓），其為一隨意的參考準位，則如圖 2.13(f) 所示，在空乏區的 V(x) 往 n 側增加，而在 n 側電位到達 V_o，此稱為**內建電位**（built-in potential）。

在一陡峭 n-p 接面，$\rho_{net}(x)$ 可由步階函數簡化和近似，如圖 2.13(d) 所示，再積分之，可得電場和內建電位。

$$E_o = -\frac{eN_d W_n}{\varepsilon} = -\frac{eN_a W_p}{\varepsilon} \qquad (2\text{-}14)$$

和

$$V_o = -\frac{1}{2}E_o W_o = \frac{eN_a N_d W_o^2}{2\varepsilon(N_a + N_d)} \qquad (2\text{-}15)$$

其中 $\varepsilon = \varepsilon_o \varepsilon_r$ 及 $W_o = W_n + W_p$ 為在無外加電壓下的總空乏區寬度，若已知 W_o，則 W_n 或 W_p 可由方程式（2-13）得到。而方程式（2-15）為內建電位 V_o 和空乏寬度間的關係式。

使用波茲曼統計則可以讓 V_o 和摻雜參數關連起來，對於由 p 和 n 型半導體一齊組成的系統，在平衡下，波茲曼統計要求載子濃度 n_1 和 n_2，在位能 E_1 和 E_2 的關係為：

$$\frac{n_2}{n_1} = \exp\left[\frac{-(E_2 - E_1)}{k_B T}\right] \tag{2-16}$$

其中 $E = qV$ 為位能，q 為電荷，V 為電壓，考慮電子 $q = -e$，由圖 2.13(g) 可知在遠離 M 的 p 側處，$n = n_{po}$、$E = 0$，及遠離 M 的 n 側 $n = n_{no}$，$E = -eV_o$，因此：

$$n_{po}/n_{no} = \exp(-eV_o/k_B T) \tag{2-17}$$

由此可知 V_o 和 n_{no} 及 n_{po} 有關，因此和 N_d 及 N_a 有關。若考慮電動濃度，方程式是相似（2-17）式，為：

$$p_{no}/p_{po} = \exp(-eV_o/k_B T) \tag{2-18}$$

重新整理（2-17）及（2-18）式可得，

$$V_o = \frac{k_B T}{e}\ln\left(\frac{n_{no}}{n_{po}}\right) \quad 和 \quad V_o = \frac{k_B T}{e}\ln\left(\frac{p_{po}}{p_{no}}\right)$$

由於 $p_{po} = N_a$，$p_{no} = n_i^2/n_{no} = n_i^2/N_d$，所以 V_o 可改寫為：

$$V_o = \frac{k_B T}{e}\ln\left(\frac{N_a N_d}{n_i^2}\right) \tag{2-19}$$

2.7.2 順向偏壓

將一電壓為 V 的電池，接到 pn 接面兩端，電池正極和 p 側相接，而負極和 n 側相接（順向電壓）時，會使位能障 V_o 減少 V，如圖 2.14(a) 和 (b) 所示，這是因為電荷空乏區外有大量的主要載子，和主要由不可移動離子所組成的空乏區相比，其傳導係數高，因此外加電壓降主要會跨於空乏區；因此，如圖 2.14(b) 所繪，阻擋擴散的位能障（potential barrier）減少至（V。－ V），這會導致 p 側的電洞克服能障並擴散到 n 側的機率變為：exp[−e(V。− V)/k_BT]；換句話說，外加電壓減少內建電位，並因此減少阻止擴散的內建電場，所以現在有許多的電動能夠擴散越過空乏區而進入 n 側，這導致注入多餘的少數載子（即電洞）進入 n 區。同樣地，超額的電子，現在能擴散進入到 p 側，而因此成為注入的少數載子。

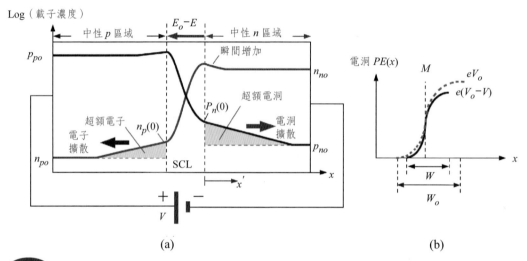

圖2.14 (a) 順向偏壓的 pn 接面及注入少數載子在順偏壓下的載子濃度分布；(b) 有及無外加偏壓下電洞的位能，W 為在順偏壓下 SCL 的寬度。

當電洞被注入到中性的 n 側，它們會吸引來自 n 側塊材區電子（即從外加電壓而來），所以電子濃度會有少量的增加；主要載子必需少量的增加以平衡電洞電荷，並維持 n 側的電中性。

由於內建位能障減少會造成超額的電洞擴散，此時在空乏區外的 x' = 0 處（x' 是從 W_n 算起）之電洞濃度為 $P_n(0) = P_n(x' = 0)$。而此濃度 $p_n(0)$ 是由克服新位能障 $e(V_o − V)$ 的機率來決定，

$$p_n(0) = p_{po}\exp\left[\frac{-e(V_o - V)}{k_BT}\right] \tag{2-20}$$

如圖 2.14(b) 所示，電洞位能從 x = −W_p 至 x = W_n 上升 e(V。− V)，同時電洞濃度從 p_{po} 下降至 $p_n(0)$。將方程式（2-20）除以方程式（2-18）可直接得到外加電壓所造成的效應，即電壓 V 如何決定超額電洞擴散並達到 n 區

的數量，

$$p_n(0) = p_{no}\exp\left[\frac{eV}{k_BT}\right] \tag{2-21}$$

方程式（2-21）被稱為**接面定律**（law of the junction），其描述外加電壓對於緊鄰空乏區外之注入少數載子濃度 $p_n(0)$ 的影響；顯然地在沒有外加電壓下 V = 0，此時會如預期般的 $p_n(0)$ = P_{no}。

在 n 區注入的電洞，最後會和 n 區的電子復合，而因復合而損失的電子，可迅速地被接於這側的電池之負極所補充。在 n 區中由於電洞擴散所造成的電流可被維持住，因為更多的電洞可由 p 區補充，而 p 區的電洞則可由接於電池之正極所補充。

電子同樣地由 n 側注入到 p 側，在緊鄰空乏區外 x = $-W_p$ 處的電子濃度，可同理方程式（1-21）對電子得之：

$$n_p(0) = n_{po}\exp\left(\frac{eV}{k_BT}\right) \tag{2-22}$$

同理，在 p 側由於電子擴所造成的電流，可由 n 測的電池負極端補充電子而維持一定值。因此，在順向偏壓下，流過 pn 接面的電子流可維持穩定，且這電流似乎是由於少數載子擴散所造成的，然而事實上也有一些主要載子漂移。

假如 p 及 n 區的長度較少數載子的擴散長度長，則在 n 側電洞濃度輪廓分布預期將向熱平衡值 p_{no} 以指數形式遞減，如圖 2-14(a) 所示；若 $\triangle p_n(x')$ = $p_n(x')$ - p_{no} 為超額的少數載子濃度，則：

$$\triangle p_n(x') = \triangle p_n(0)\exp(-x'/L_h) \tag{2-23}$$

其中 L_h 定義為 $L_h = \sqrt{(D_h\tau_h)}$，是電洞擴散長度，D_h 是電洞的擴散係數，而 τ_h 是在 n 區的平均電洞復合生命期（少數載子生命期）；擴散長度是少數載子在復合消失前的平均擴散距離。在中性 n 區中任何點 x' 注入電洞的復合速率正比於在 x' 的超額電洞濃度；而在穩定狀況下，x' 處的復合速率，恰好被電洞擴散通過 x' 處的速率平衡。電洞擴散電流密度 $J_{D,hole}$ 為電洞擴散流乘以電洞電荷：

$$J_{D,\,hole} = -eD_h \frac{dp_n(x')}{dx'} = -eD_h \frac{d\Delta p_n(x')}{dx'}$$

即：

$$J_{D,\,hole} = \left(\frac{eD_h}{L_h}\right) = \Delta p_n(0)\exp\left(-\frac{x'}{L_h}\right) \qquad （2\text{-}24）$$

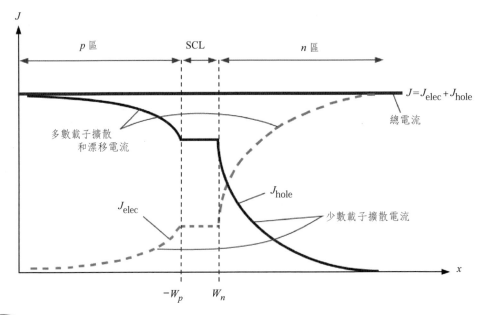

圖2.15 元件中任何地方的總電流是一常數，緊鄰空乏區外，主要是由於少數載子擴散，而接點附近，主要是由於多數載子漂移。

　　雖然上述的方程式顯示電洞擴散電流與位置有關，但如圖 2.15 所示，在任何位置的總電流（電子和電洞貢獻的總和）和 x 無關。圖 2.15 中顯示了少數載子擴散電流隨 x' 減少，但被多數載子的漂移電流增加所補償。在中性區的電場並不全為零，而是有一微小值，恰好足夠使這裡多數的主要載子漂移，以維持固定電流。

　　利用接面定律將（2-21）中的外加電壓代入方程式（2-24）中的 $\Delta p_n(0)$，另外可由 $p_{no} = n_i^2/n_{no} = n_i^2/N_d$ 將 p_{no} 消去，因此在 x' = 0 處，方程式

（2-24）的電洞擴散電流為：

$$J_{D,\,hole} = \left(\frac{eD_h n_i^2}{L_h N_d}\right)\left[\exp\left(\frac{eV}{k_B T}\right) - 1\right] \tag{2-25}$$

在 p 區，對於電子擴散電流密度 $J_{D,elec}$，也有一相似的表示式。一般而言，電荷空乏區的寬度是狹窄的（而且目前我們忽略 SCL 中的復合），因此假設電子及電洞在通過空乏區時沒有改變，即在 x = −W_p 和 x = W_n 處的電流相等，所以總電流密度為 $J_{D,hole}$ + $J_{D,elec}$，亦即：

$$J = \left(\frac{eD_h}{L_h N_d} + \frac{eD_e}{L_e N_a}\right) n_i^2\left[\exp\left(\frac{eV}{k_B T}\right) - 1\right]$$

$$\text{或}\quad J = J_{so}\left[\exp\left(\frac{eV}{k_B T}\right) - 1\right] \tag{2-26}$$

（2-26）式是常見的二極體方程式被稱為**蕭克里方程式**（Shockley equation），其中 J_{so} = [(eD_h/$L_h N_d$) + (eD_e/$L_e N_a$)]n_i^2，其代表在中性區域少數載子的擴散，常數 J_{so} 不只與摻雜 N_a、N_d 有關，更經由 n_i、D_h、D_e 及 L_e 而和材料相關。若加上一逆向偏壓 V = −V_r，且此逆向偏壓大於熱電壓 $k_B T$/e(= 25mV)，則方程式（2-26）變為 J = −J_{so}，故 J_{so} 為已知的逆向飽和電流密度。

前述只考慮在順向偏壓下，外部電壓只補充少數載子在中性區擴散及復合的損失；然而，有一些少數載子會在空乏區復合，因此外部電流也必須補充在 SCL 中因復合過程而損失的載子。簡單考慮一對稱的 pn 接面在外加順向偏壓下，如圖 2.16 所示，在冶金接面的中間點 C 處，電洞和電子濃度 p_M 和 n_M 是相等的，我們可由在 p 側 W_p 區域內的電子復合和在 n 側 W_n 區域內的電洞復合得到 SCL 中的復合電流，如在圖 2.16 中的陰暗區域 ABC 和 BCD 所示。假設 W_n 中的平均電洞復合時間為 τ_s，W_p 中的平均電子復合時間為 τ_e，則電子在 ABC 中復合的速率為 ABC 面積（幾乎包含所有的注入電子）除以 τ_e，而電子是由二極體電流補充；同樣地，電洞在 BCD 復合的速率為 BCD 面積除以 τ_h，因此復合電流密度為：

$$J_{recom} = \frac{eABC}{\tau_e} + \frac{eBCD}{\tau_h} \qquad （2-27）$$

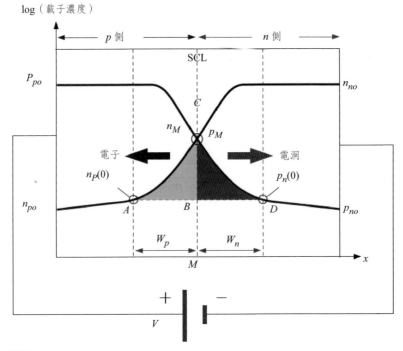

圖2.16　外加順向偏壓下的 pn 接面和在 SCL 的注入載子及其復合情形示意圖

　　以三角形來近似 ABC 及 BCD 的面積，即 ABC ≈ (1/2)$W_p n_M$，則（2-27）式可寫成：

$$J_{recom} \approx \frac{e\frac{1}{2}W_p n_M}{\tau_e} + \frac{e\frac{1}{2}W_n p_M}{\tau_h} \qquad （2-28）$$

在穩態和平衡狀態下，假設一非簡併半導體，則可用波茲曼統計得到這些濃度和位能的關係，在 A 處位能為零，而在 M 處為 (1/2)$e(V_o - V)$，所以：

$$\frac{p_M}{p_{po}} = \exp\left[-\frac{e(V_o - V)}{2k_B T}\right] \qquad （2-29）$$

由於 $p_{po} = N_a$，再代入（2-19）式，則上式（2-29）可簡化為：

$$p_M = n_i \exp\left(\frac{eV}{2k_B T}\right) \qquad （2-30）$$

此指對 $V > k_B T/e$ 的復合電流可表示為：

$$J_{\text{recom}} = \frac{en_i}{2}\left[\frac{W_p}{\tau_e} + \frac{W_n}{\tau_h}\right]\exp\left(\frac{eV}{2k_B T}\right) \qquad （2\text{-}31）$$

（2-31）復合電流的式子也可表為（2-32）較容易做數量分析，

$$J_{recom} = J_{ro}[\exp(eV/2k_B T) - 1] \qquad （2\text{-}32）$$

其中 J_{ro} 為一常數。（2-32）式的電流是用來補充在空乏區復合所損失的載子，而進入二極體的總電流為補充在中性區域擴散與在空乏區復合的少數載子，所以總電流為（2-26）式和（2-31）式相加，所以，一般二極體電流可寫成：

$$I = I_o\left[\exp\left(\frac{eV}{\eta k_B T}\right) - 1\right] \qquad （2\text{-}33）$$

其中 I_o 為一常數，η 稱為二極體理想因子，對於擴散控制時 η 為 1，而對於 SCL 復合控制特性時 η 為 2。圖 2.17 為一典型 pn 接面的順向及逆向 I-V 特性。

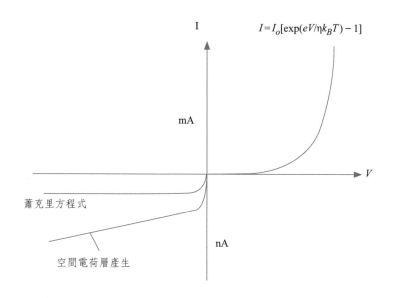

圖2.17　pn 接面的順向和逆向 I-V 特性示意圖（正和負電流軸的刻度不同，因此在原點是不連續的）。

2.7.3 逆向偏壓

當 pn 接面被外接逆向偏壓時，如圖 2.17 所示，典型的逆向電流很小。圖 2.18（a）為 pn 接面外加逆向偏壓之示意圖，外加電壓降主要會跨於電阻性的空乏區，而造成空乏區變寬。外加偏壓的負端會使 p 側的電洞遠離 SCL，並曝露出更多的負受體離子，所以 SCL 會更寬。同樣地，n 側的空乏區寬度也會變寬；在 n 區域的電子向電池正極移動的過程不會持續不斷，因為沒有電子可補充到 n 側，此外 p 側也不能補充電子到 n 側，因為它幾乎沒有電子。但在下列兩種情況下，會有一小的逆向電流。

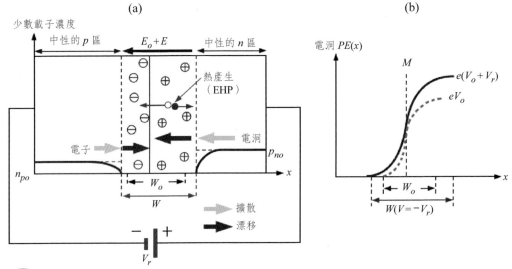

圖2.18 外加逆向偏壓的 pn 接面示意圖：(a) 少數載子輪廓和逆向電流的來源示意圖；(b) 逆向偏壓下跨於接面的電洞電位（PE）。

(1) 如圖 2.18(b) 所示，外加電壓會增加內建電位障，SCL 中的電場會大於內建電場 E_o，因此在靠近空乏區 n 側會有少量的電洞被抽離，並被電場驅使而通過 SCL 到 p 側，這個小電流可被從 n 側塊材區至 SCL 邊界的電洞擴散所維持。

若逆向偏壓 $V_r > 25mV = k_BT/e$，由接面定律（2-21）式可知，恰在 SCL 外的電動濃度 p_{no} 幾乎為零，而在 n 側塊材區的電洞濃度為平衡濃度 p_{no}，且其很小，因此會有一小的濃度梯，造成塊材 n 側向 SCL

有一小量的電洞擴散電流，如圖 2-18(a) 所示；同理，會有一小量電子擴散電流從塊材 p 側流向 SCL。在 SCL 中，這些載子會被電場驅使漂流。這個少數載子擴散電流為**蕭克里模型**（Shockley model）。此逆向電流即在（2-26）式中外加一逆向偏壓而得到的 $-J_{so}$ 之二極體電流密度，其稱為逆向飽和電流密度。J_{so} 值因由 n_i、μ_h、μ_e 故只和材料與摻質濃度等有關，但和電壓無關（$V_r > k_B T/e$），而且當 J_{so} 和 n_i^2 相關時，其和溫度為一強的相依關係。

(2) 在空間電荷區因熱產生的**電子電洞對**（electron hole pairs, EHPs），也會貢獻逆向電流，如圖 2.18(a) 所示。因為在這空乏區的電場會使電子、電洞分開，並驅使它們向中性區移動，這個驅使會導致一額外電流加在因少數載子擴散產生的逆向電流上。假設 τ_g 是因為晶格熱震動而產生電子—電洞對的平均時間，τ_g 也稱為平均熱產生時間（mean thermal generation time），給定一 τ_g，則每單位體積熱產生速率為 n_i/τ_g，因為它是在單位體積中，平均 τ_g 秒產生 n_i 個 EHP，而且 WA 是空乏區的體積，其中 A 是截面積，所以 EHP 或電荷載子產生的速率是$(AWn_i) / \tau_g$。電洞和電子兩者在空乏區漂移，且兩者對電流的貢獻相同，因此被觀察到的電流必為 $e(Wn_i) / \tau_g$，所以在 SCL 內，由於熱產生電子—電洞所產生的逆向電流部分，可表示成：

$$J_{\text{gen}} = \frac{eWn_i}{\tau_g} \qquad (2\text{-}34)$$

此逆向偏壓使乏區寬度 W 變寬，因而增加 J_{gen}。所以總逆向電流密度 J_{rev} 為擴散和產生部分的總和，即：

$$J_{\text{rev}} = \left(\frac{eD_h}{L_h N_d} + \frac{eD_e}{L_e N_a} \right) n_i^2 + \frac{eWn_i}{\tau_g} \qquad (2\text{-}35)$$

其在圖 2.17 中有繪出。（2-34）式的熱產生部分 J_{gen} 將會隨逆向偏壓 V_r 而增加，因為 SCL 的寬度 W 會隨 V_r 增加。（2-35）式的逆向電流主要由 n_i^2 和 n_i 控制，它們相對的重要性取決於半導體性質和溫度，因為 $n_i \sim \exp(-$

$E_g/2k_BT)$ 和溫度有關。

2.7.4　空乏層電容

一 pn 接面的空乏區之正電荷和負電荷的間距為 W 的情形，類似平行板電容，如圖 2.13（d）所示。若 A 是截面積，則空乏區內儲存的電荷在 n 側為 $+ Q = eN_dW_nA$，在 p 側為$-Q = eN_dW_nA$。和平行板電容不同的是 Q 並沒有和跨過元件的電壓 V 線性相關。所以此處定義一增量電容，使增量儲存電荷和跨於 pn 接面的增量電壓改變有關。當跨於 pn 接面的電壓 V 改變 dV 成為 V + dV，則 W 也跟著改變，然後空乏區的電荷量會變成 Q + dQ，因此空乏區電容定義為：

$$C_{dep} = \left| \frac{dQ}{dV} \right| \qquad （2\text{-}36）$$

若外加電壓為 V，則跨於空乏區　W的電壓為 $V_o - V$，因此（2-15）式在此例子，變成：

$$W = \left[\frac{2\varepsilon(N_a + N_d)(V_o - V)}{eN_aN_d} \right]^{1/2} \qquad （2\text{-}37）$$

在空乏層的任一邊的電荷量為$|Q| = eN_dW_nA = eN_aW_pA$，且 $W = W_n + W_p$，將（2-37）式中的 W 改成 Q 的關係式，並將它微分以得到 dQ/dV，空乏層電容可改寫為：

$$C_{dep} = \frac{\varepsilon A}{W} = \frac{A}{(V_o - V)^{1/2}} \left[\frac{e\varepsilon(N_aN_d)}{2(N_a + N_d)} \right]^{1/2} \qquad （2\text{-}38）$$

C_{dep} 的求法和平行板電容 $\varepsilon A/W$ 相同，但由（2-37）式可知 W 和電壓有關。將逆向偏壓 $V = -V_r$ 放入（2-38）式中，可知 C_{dep} 隨 V_r 增加而減少；典型上，在逆向偏壓下，C_{dep} 的大小為幾個微微法拉（picofarads）數量級。

2.8 半導體和光之間的相互作用

2.8.1 半導體的光學特性

當光照射到半導體上的時候，一部分入射光被表面反射，剩餘的或者被半導體吸收或者透過半導體。半導體的種類不同，光反射和透射的比率也不同。也就是說，半導體的反射率和吸收係數與入射電磁波的頻率有關。另外，入射光的強度不同，所產生的現象也不同。如果強光照射到半導體上而被吸收，則可以看到不同波長的發光現象等。如上所述，根據半導體不同的種類、入射光的波長和強度不同，光和半導體的相互作用也不同，如圖 2.19 所示。

決定半導體和光相互作用的主要是能帶結構，這個能帶結構是由原子按一定規則排列的晶體結構所決定。這個現象可以通過比較半導體的顏色直感地加以理解。例如，硅（Si）是灰色的不透明晶體，而磷化鎵（GaP）是美麗橘黃色的透明晶體。與 Si 相比，GaP 的帶隙能量約為它的二倍，與綠色光的能量相當。

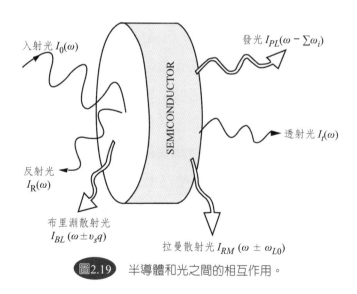

圖2.19 半導體和光之間的相互作用。

無論是低頻電波，還是微波、紅外線、可見光、紫外線、射線等這些波長範圍較寬的電磁波，由於它們的能量不同，將會對晶格和各種狀態的電子產生影響，顯示出各自的光響應特性。像射線那樣短波長的電磁波，將會激發每個原子的內層電子。另外，波長較長的微波和遠紅外線將會激發晶格振動，而對電子進行加熱。決定半導體光學性質的最重要的波長在紅外線到可見光的範圍內。這是因為幾乎所有半導體的帶隙能量都處在這個波長範圍內。

可見光到紅外線的波長大約是半導體晶體的晶格常數的 1,000 倍以上，所以半導體的光學性質一般可以使用宏觀的晶體光學常數折射率和吸收係數來表達。因此，電磁波入射半導體內進行傳播的現象，可以用麥克斯韋電磁方程式來表示。這樣，通過這個方程式就可以給出與電磁波頻率有關的光學常數和表示半導體宏觀性質的電容率之間的關係。

2.8.2 半導體和電磁波之間的相互作用

作為電磁學基礎的麥克斯韋方程式可以用下列公式表示：

$$\nabla \cdot D = \rho \text{，} \nabla \cdot B = 0$$

$$\nabla \times \mathrm{E} = -\frac{\partial \mathrm{B}}{\partial t} \text{ , } \nabla \times \mathrm{H} = \frac{\partial \mathrm{D}}{\partial t} + 1 \tag{2-39}$$

式中，D 為電位移；B 為磁通密度；E 為電場；H 為磁場；J 為電流密度。

由於光波電場的作用，晶體中的正負電荷各自向相反的方向移動，形成電偶極矩。這些電荷可以認為是被形成半導體的原子所束縛的電子、離子、「自由」電子、雜質等。光波長不同，其各自響應的電荷種類也不同，正負電荷的純位移將產生相當於單位體積電偶極矩的電極化。使用電極化強度 P 這個參數，就可以用下列公式表示電位移 D：

$$D = \varepsilon_0 E + P = \varepsilon(\omega)E \tag{2-40}$$

用具有角頻率 ω 和波矢 κ 的電磁波 $\mathrm{Ee}^{(\kappa T - \omega t)}$ 進行照射時，電位移 D 就可以用電容率或稱為介電常數 $\varepsilon(\omega)$ 來表示。也就是說，晶體的性質可以全部由 $\varepsilon(\omega)$ 來涵蓋。光波的波矢與晶體的倒格矢和電子的波矢相比，遠遠小於幾位數的量級，所以一般設定 $\kappa \approx 0$，而忽略電容率的空間分布。因此，介電常數 $\varepsilon(\omega)$ 通常可以作為 ω 的函數，用複數表示：

$$\varepsilon(\omega) = \varepsilon_1(\omega) + i\varepsilon_2(\omega) \tag{2-41}$$

利用這個公式，再根據折射率的平方等於電容率的關係，可以用以下的公式定義複折射率 $n(\omega)$。

$$\overline{n}(\omega) \equiv \sqrt{\varepsilon_1(\omega) + i\varepsilon_2(\omega)} = n(\omega) + ik(\omega) \tag{2-42}$$

從公式（2.4）中可以得出：

$$\varepsilon_1(\omega) = n(\omega)^2 - k(\omega)^2$$

$$\varepsilon_2(\omega) = 2n(\omega)k(\omega) \tag{2-43}$$

這裡，$n(\omega)$ 的實部稱為折射率，虛部稱為消光係數。

為了理解以上的結果，以及半導體光學特性的關係，在 2.9 和 2.10 節中，我們將根據實際的數據，詳細介紹這方面的內容。

2.9 半導體的光吸收

2.9.1 光吸收係數和光譜

當角頻率為 ω 和強度為 I_0 的光垂直地照射到半導體表面上的時候，設距離表面 x 處的強度為 $I(x)$，則在 x 處的強度變化量為 $dI(x)$，它與在該點的強度 $I(x)$ 成正比，如果沒比例係數為 α，則可以得到下列公式：

$$dI(x) = -\alpha I(x)dx \tag{2-44}$$

這裡把表示光強度衰減大小的 α 稱為吸收係數（absorption coefficient），如圖 2.20 所示。單位是 $\alpha(\text{cm}^{-1})$。由於 α 是 ω 的函數，由式（2.6）可以得出

下列公式：

$$I(x) = I_0 \exp[-\alpha(\omega)x] \tag{2-45}$$

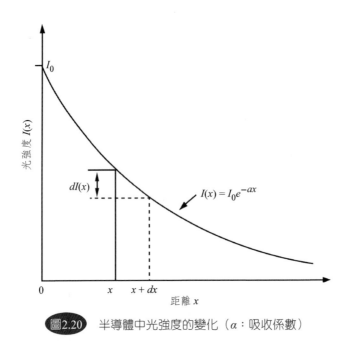

圖2.20　半導體中光強度的變化（α：吸收係數）

　　如果用波數為 κ 的平面波表示沿 x 方向穿過半導體的光，則其電場可以用下列公式表示：

$$E(x) = E_0 \exp(i\kappa x - i\omega t) \tag{2-46}$$

　　光在半導體中的速度比在真空中的速度小，如果沒折射率為 n，則根據 $\omega / \kappa = c / n$（c 為真空中的光速）的關係，式（2.8）可以變換成以下的形式：

$$E(x) = E_0 \exp\left[i\frac{\overline{n\omega}}{c}x - i\omega t\right] \tag{2-47}$$

由於 $n = n - ik$，根據光強度 $I(x)$ 與 $|E(x)|^2$ 成正比的關係，就可得下列公式：

$$I(x) = I_0 \exp\left[-\frac{2\omega}{c}k(\omega)x\right] \tag{2-48}$$

將式（2.7）和式（2.10）進行比較，就可以得出下列公式：

$$\alpha(x) = \frac{2\omega}{c}k(\omega) = \frac{4\pi}{\lambda}k(\omega) \qquad (2\text{-}49)$$

在變化較小的頻率範圍內，使用式（2.5），就可以表示吸收係數 α 與電容率虛部 ε_2 成正比的關係。

下面，再看一看在實際半導體中所見觀測到的吸收光譜的問題。在各種電子和光的相互作用裡，入射光能量都被反映到了吸收光譜中。通常所觀測的半導體的吸收光譜如圖 2.21 所示。隨著入射光的能量增加，就可以觀察到自由電子和空穴引起的吸收、雜質能級間的吸收、由激子引起的吸收。而且，在高能量區域，還可以看到強光帶間吸收。

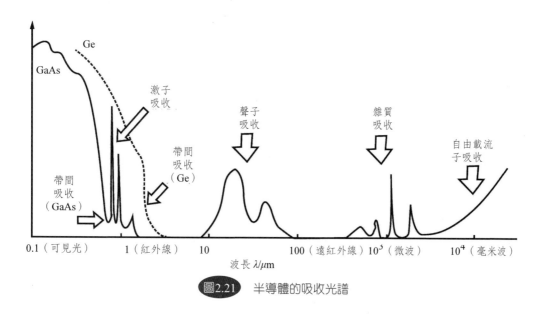

圖2.21 半導體的吸收光譜

圖 2.22 所示的能帶圖說明了與這些吸收有關的電子躍遷的過程。能帶圖反映了狀態密度和電子分布。與其他過程相比，帶間吸收是比較強的。導帶的電子數量較少時，自由電子吸收相應減小。另外，雜質能級間的吸收還會隨著雜質的種類和濃度而發生較大的變化。

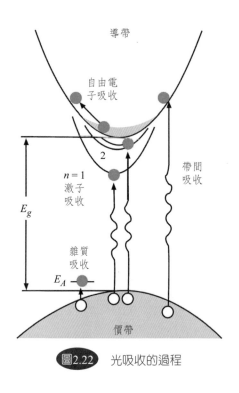

圖2.22 光吸收的過程

2.9.2 激子吸收

圖 2.22 中還表示了從價帶到接近導帶底的激子能級（exciton level）。激子吸收的能量比從價帶到導帶的本征吸收過還要小一點。導帶的電子和價帶的空穴分別處於由庫侖引力相互約束的狀態，在各自的原子周圍自由地旋轉。其軌道半徑遠遠大於原子間隔，可以認為它們的結合是比較弱的。通常將這樣的激子稱為**莫特－萬尼爾**（Mott-Wannier）激子。

激子的結合能可以用類氫原子模型進行簡單的估算。由於在 GaAs 等半導體內激子的能量非常小，只有幾毫電子伏（meV），在室溫下離化成電子和空穴，從而觀察不到激子吸收。圖 2.22 中的 $n = 1, 2$ 表示的是激子的基態和激發態。

具有離子性的 II-VI 族化合物半導體 CdS，其激子的結合能比較大，為 **29meV**，具有明顯的離子晶體的性質。離子晶體和分子晶體的電子和空穴只有局域化在原子周圍，所以被稱為強束縛激子或是**弗侖克爾**（Frenkel）激子。KCl 激子的結合能為 400meV，是非常大的。

2.9.3 能帶邊的光吸收

接著我們再看看本征吸收邊，比較一下鍺和砷化鎵的光吸收實驗數據。圖 2.23 是在 300K 和 77K 的溫度下對 Ge 的吸收係數進行比較的結果。在低溫時，由於晶體收縮，帶隙擴大，吸收邊將向高能量方向移動。對於 Ge 的光譜特徵，我們必須注意 α 階段性地變大。這是間接躍遷和直接躍遷不同的吸收邊重疊出現的結果。關於這個結果，我們將根據能帶結構，在下一節中詳細敘述。

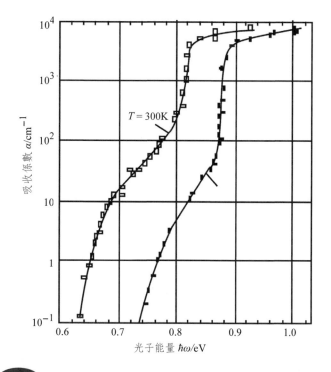

圖2.23　Ge 晶體的吸收光譜（300K 和 77K 溫度下的實驗結果）
（R. Newman, W. W. Tyler: Solid State Phys., 8, p.49, 1959）

圖 2.24 所示的是代表性的 III-V 族化合約半導體砷化鎵（GaAs）的吸收光譜。GaAs 是直接躍遷型的半導體。同 Ge 的吸收光譜進行比較，可以發現有顯著的不同。首先，室溫下的光譜是單調變化的，並沒有在 Ge 中所看

到的階段性結構。在 77K 的溫度下，吸收邊有明顯的峰，這個峰表示激子吸收。若將該半導體冷卻到 4.2K 的溫度，則可以觀察到自由激子的激發能級和被雜質束縛的激子吸收。

　　通過以上對 Gc 和 GaAs 吸收光譜的比較，可以了解到間接和直接躍遷型半導體的特徵。關於半導體的能帶結構和光學性質，我們將在下一節中，一邊參考這些實驗結果，一邊進行探討。

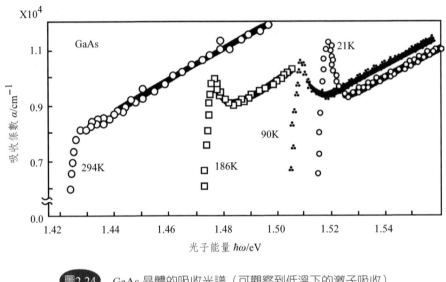

圖2.24　GaAs 晶體的吸收光譜（可觀察到低溫下的激子吸收）
（M. D. Sturge: Phys. Rev., 127, p.768, 1962）

2.10 用電子能帶結構解釋光學性質

　　測定半導體能帶回的本征吸收並進行分析的光譜學是決定能帶結構的有效研究手段，以前已經被擴泛地採用了。在本征吸收中，電子從充滿電子的價帶被激發到導帶。因此，吸收係數將由價帶內被電子占據的狀態、導帶內空著的狀態和能帶間電子的躍遷概率所決定。

　　當躍遷概率不依賴於能量的時候，吸收光譜將提供電子能帶結構的訊息。另外，能帶間的發射光譜也同吸收一樣提供能級和電子分布的訊息。與帶間躍遷相比，低能量範圍內的吸收，可以表示激子和雜質能級的存在。上一節中，我們已經介紹了 GaAs 和 Ge 的吸收光譜，它們最大的差別是直接躍遷和間接躍遷的本征電子躍遷的差別，這一點很重要。

2.10.1 直接躍遷型的光吸收

圖 2.25(a) 表示的是直接躍遷型半導體的光吸收過程。如果假設光波長為 $\lambda = 0.4 \sim 1\mu m$，則光子的動量 $\hbar\kappa = h\lambda$ 與晶體的動量 $\hbar\kappa = h/\alpha$（$\alpha \approx 2\text{Å}$）相比要小的多。因此，光子的動量可以忽略不計，可以認為電子的動量在躍遷前後不變。若假設導帶和價帶為拋物線形，則可以得到下列式子：

$$E = E_c + \frac{\hbar^2\kappa^2}{2m_e^*} \ , \ E = E_v + \frac{\hbar^2\kappa^2}{2m_h^*} \qquad （2\text{-}50）$$

因此，下面就可以給出吸收的光子能量 $\hbar\omega$ 的關係式：

$$\hbar\omega - E_g = \frac{\hbar^2\kappa^2}{2}\left(\frac{1}{m_r^*}\right) \qquad （2\text{-}51）$$

對應公式（2-51）的折合狀態密度 D，一般認為與三維晶體中能帶的狀態密度 D(E) 相同，可以用下列式子表示：

$$D = \frac{(2m_r)^{3/2}}{2\pi^2\hbar^3}(\hbar\omega - E_g)^{1/2} \qquad （2\text{-}52）$$

但是，有效質量 mr 為含有導帶和價帶有效質量的折合有效質量（reduced mass），是使用下列式子計算的：

$$\frac{1}{mr} = \frac{1}{m_e^*} + \frac{1}{m_h^*} \qquad （2\text{-}53）$$

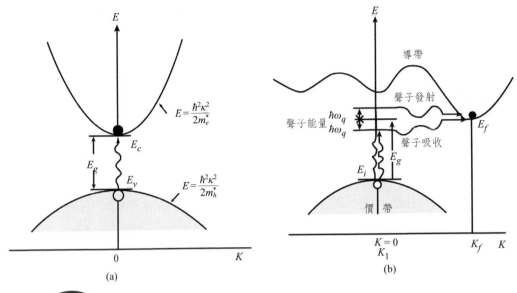

圖2.25 (a) 直接躍遷型的光吸收
(b) 間接躍遷型半導體的光吸收（聲子吸收和發射後電子進行 $K_i \rightarrow K_f$ 的躍遷）

假設電子的躍遷概率與光子能量 $\hbar\omega$ 無關，則吸收係數 α 將只與狀態密度有關。因此，可以得到下列式子：

$$\alpha \propto (\hbar\omega - E_g)^{1/2} \tag{2-54}$$

在 α 的產格計算中，是通過量子力學的方法，在計算哈密頓算符的本征狀態後再計算的。使用價帶和導帶的布洛赫函數計算躍遷概率。計算結果可以得到下面的與公式（2-54）相同的關係。

$$\alpha \propto (\hbar\omega - E_g)^{1/2}/\omega \tag{2-55}$$

2.10.2 間接躍遷型的光吸收

圖 2.25(b) 表示的是間接躍遷型的光吸收。導帶底的波矢 κ_f 遠離價帶頁的 $\kappa = 0$ 的位置。因此，只要與 $\hbar\kappa_f$ 相當的動量不能由晶格振動的聲子或是電子間的散射所提供，則動量守恆準則是不成立的。圖 2.25(b) 表示的是吸收和發射了波矢為 q 和角頻率為 ω_q 的聲子之後，從 $\kappa = \kappa_i$ 的價帶到 $\kappa = \kappa_f$ 的導

帶電子躍遷的情況。這時，以下的動量和能量守恆準則成立。

$$\hbar\kappa_f - \hbar\kappa_i = \pm\ \hbar q \tag{2-56}$$

$$E_f - E_i = \hbar\omega \pm \hbar\omega q \tag{2-57}$$

在理論上，對滿足這些關係的躍遷的所有能量進行積分，就可以求得吸收係數。但是，對於聲子分布來說，必須要考慮公式（2-58）所示的玻色—愛因斯坦分布 n_q。

$$n_q = 1/[\exp(\hbar\omega_q/\hbar_B T) - 1] \tag{2-58}$$

聲子的吸收具有與 n_q 成正比的因子，聲子的發射具有與 $(n_q + 1)$ 成正比的因子。因此，間接光躍遷所引起的吸收係數 α，將可以由下列式子求出：

$$\alpha \propto \frac{1}{\omega}\left[\frac{(\hbar\omega + \hbar\omega_q - E_g)^2}{\exp(\hbar\omega_q/K_B T) - 1} + \frac{(\hbar\omega - \hbar\omega_q - E_g)^2}{1 - \exp(-\hbar\omega q/K_B T)}\right] \tag{2-59}$$

式中的第一項與聲子的吸收對應，第二項與聲子的發射對應。這個公式看上去很複雜，但是當 $\hbar\omega$ 遠遠大於 E_g 時，可以將該公式簡化成以下的式子：

$$\alpha \propto (\hbar\omega - E_g)^2 \tag{2-60}$$

2.10.3　Ge 的吸收光譜

以下我們再關注一下此前所敘述的半導體的能帶，看一下光吸收的測量數據。如果將圖 2.23 所示的 Ge 在 300K 溫度下的吸收數據繪成以 $\sqrt{\alpha}$ 和 α^2 為縱坐標的圖，則可以得到圖 2.26。圖中代表性的實驗值用 0 表示。由圖可知，從約 0.6eV 開始的遞增是按照 $\sqrt{\alpha}$ 的直線關係變化的，而從 0.8eV 開始的遞增是按照 α^2 的直線關係變化的。因此，可以理解 Ge 的吸收光譜的階段性結構是與上述的低能區域的間接躍遷和高能區域的直接躍遷重疊後的結果。由此可見，Ge 的光吸收實驗結果與上述二個理論是非常吻合的。

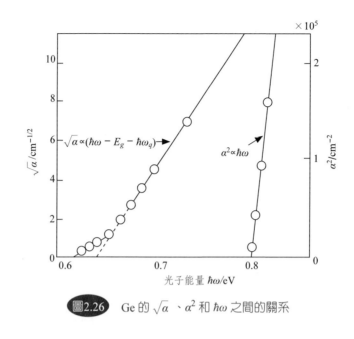

圖2.26　Ge 的 $\sqrt{\alpha}$、α^2 和 $\hbar\omega$ 之間的關系

下面再看一下低能吸收邊。仔細地將它們連成曲線的話，可以看到有一點變曲。$\sqrt{\alpha}$ 的直線和橫軸的交點表示伴隨著 $\hbar\omega_q$ 聲子發射的吸收邊。能量比該點稍低的地方所看到的遞增趨勢是與伴隨著聲子吸收邊相對應的。從這個數據我們可以計算出與電子躍遷有關的聲子能量 $\hbar\omega_q \approx 0.01\text{eV}$。關於該吸收的聲子，一般認為是 Ge 晶體晶格振動的縱向聲學波聲子（LA 聲子）和橫向聲學波聲子（TA 聲子）。它可以通過其他的聲子線實驗來得到確認。在此，縱向和橫向的意思是指晶格振動縱向波和橫向波。

將從 0.81eV 處所看到光吸收同從 0.62eV 處所看到的光吸收進行比較，可以發現它的遞增直線較陡，而且能量較高。也就是說，直接躍遷的光吸收不需要聲子，因為它從價帶到導帶，幾乎是垂直地進行電子躍遷。

根據能帶的理論分析結果，可以將 Ge 的能帶結構和狀態密度 D(E) 表示在圖 2.27 中。橫軸表示的是波矢。Γ、L、X 符號是與不同晶軸對應的特異點，就像是電子住家的門牌號。從光吸收實驗所得到的吸收邊是與 $\Gamma_{25'} \rightarrow L_{1'}$ 的電子躍遷相對應的。這是帶間的間接躍遷。另外，直接躍遷表示的是 $\Gamma_{25'} \rightarrow L_{2'}$，價帶和導帶的狀態密度 D(E) 在帶隙 E_g 的上下具有較大的範圍。

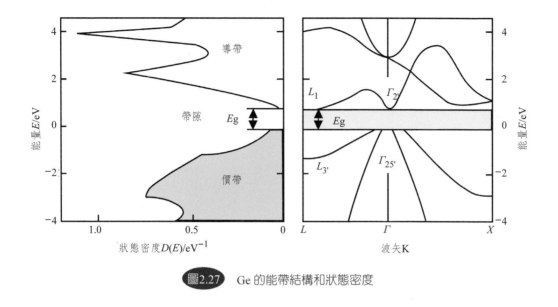

圖2.27　Ge 的能帶結構和狀態密度

隨著光子能量的增大，可以考慮多種光吸收的過程。在帶隙以上的高能區域中，雖然其能帶極其複雜，但還是可以進行理論性的分析。最近，通過對能帶理論與光吸收係數和反射率進行的比較，已經能夠以比較高的精度分析清楚各種半導體的能帶結構。

2.10.4　GaAs、a-Si 的吸收光譜

圖 2.24 表示的是代表性的直接躍遷型半導體 GaAs 的吸收光譜；而圖 2.28 所示的是在 300K 溫度下測定的吸收邊的弱吸收係數。在圖中，我們使用點線來表示式（2-53）所示的直接躍遷理論公式。這樣就可以用該公式求得 GaAs 的帶隙能量 $E_g = 1.42eV$。圖 2.29 所示的是 GaAs 的能帶圖。

可以看到在 r 點具有直接躍遷的帶隙 E_g。但是，圖 2.28 的數據表示在 $\hbar\omega < E_g$ 的區域內顯示出不可忽略的吸收。雖然我們也考慮了前一節所述的激子吸收的影響，但是在室溫下考慮了其他的影響。如果吸收係數按照如圖 2.28 所示的指數函數進行減小，則稱其能帶具有尾巴（urbach tail）。關於其原因，一般認為是激子和聲子的相互作用以及雜質的存在所引起的。

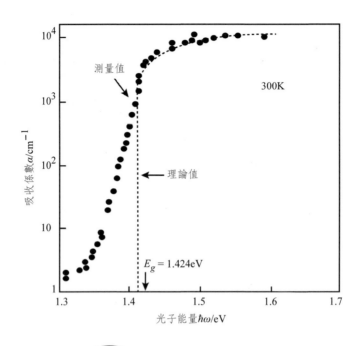

圖2.28　摻雜 GaAs 的吸收光譜
（T. S. Moss, T. D. Hawkins: Infrared Phys., 1, p.111, 1962）

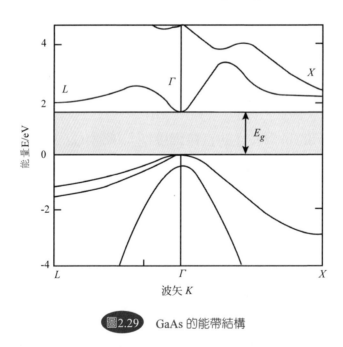

圖2.29　GaAs 的能帶結構

　　非晶體半導體的光吸收往往表示出能帶尾巴的現象。非晶體半導體製造太陽能電池的材料，是非常有用的。它不像晶體那樣原子排列整齊，而是在空間上起起伏伏，以多種多樣的結合狀態存在著的。因此，它表現出與 Si

晶體間接躍遷型的光吸收不同的吸收光譜特性。圖 2.30 表示的是對近紅外線到可見光範圍內具有靈敏度的光接收器件用的半導體的吸收光譜的比較。

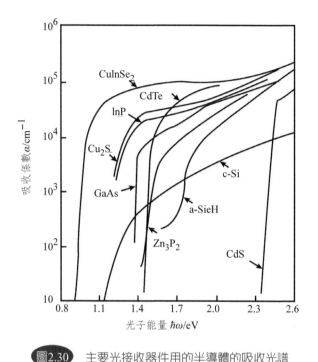

圖2.30　主要光接收器件用的半導體的吸收光譜

由圖可見，與 c-Si 相比，a-Si 從太陽輻射的可見光波段吸收了更多的光。這個特性可以用來製造太陽能電池。一般而言，非晶體的能帶都有伸向帶隙的尾巴，即直到帶隙的深處都有存在著電子狀態。因此，它的吸收光譜可以說與間接躍遷型完全不同。一般而言，非晶體的形態複雜，具有多樣性，所以用能帶理論一味地說明其光學特性是非常困難的。

2.11 太陽能電池的工作原理

所謂太陽能電池，就是利用半導體中的光生電動勢效應將太陽能直接轉換成電能的元件。關於光生電動勢效應，我們已經在前面做過詳細的介紹，但是這裡我們從太陽能電池的角度再審視一下它。如果能量大於帶隙寬度的光照射到半導體上，則電子被激發而從價帶躍遷到導帶，形成電子—電洞對。如果這些電子—電洞對擺脫庫倫力的相互作用而成為自由電子，則在導帶和價帶內將形成可以產生能流的過剩自由電子和自由電洞，這些就被稱為**光生載流子**。在達到熱平衡時，由於產生電流的載流子濃度增加，所以半導體的電導率也增加。這個現象稱為光電導效應，它是產生太陽能電池基礎現象的光生電動勢的第一個基本條件。

當存在光電導效應時，由於光的照射，流過半導體樣品的電流就會增加，這裡需要的能量是由外部電源所供給的，相反它並不具有向外部提供能量的能力。在沒有外加電場的狀態下，為了在半導體樣品內產生電流，首先必須改變熱平衡時的光生電子和電洞的空間密度分布。在太陽能電池的光生電動勢效應現象中，內部電場起了重要的作用。我們考慮一下最簡單的情況，由於內部電場的作用，光生的負電荷電子和正電荷空乏向相反的方向分離。其結果是，若樣品兩端連接外部電路，將會產生電流。另外，若樣品兩端分開不使外部電路產生電流，則在樣品的內部將會形成電子—電洞密度分布，這個電子—電洞密度分布將引起抵消內部光電流的反向電流，與內部電流方向相反的電壓將會出現在樣品的兩端。也就是說，若樣品兩端連接適當的外部電阻，則會從該半導體樣品測得與照射生強度相對應的電流和電壓，即電能。這就是太陽能電池中光生電動勢效應的概要。在這裡，對於太陽能光譜而言，設計可以獲得最大電能的光生電動勢效應元件稱為太陽能電池。

2.11.1 太陽能電池的結構和作用

一般認為，可以用許多方法來產生太陽能電池功能所必需的內部電場，但是最普遍的太陽能電池結構是使 p 型半導體和 n 型半導體進行電學、材料學接觸後形成 pn 接面。也就是說，在費米能級不同的 p 型半導體和 n 型半導體進行接觸時，其界面上所產生的接觸電位差將引起內部電場的產生。太陽能電池的基本結構是圖 2.31 所示的 pn 接面二極體。在這裡我們不詳細敘述它，只是簡單的介紹一下它的主要工作原理。它是一個將很薄的 n 型層（稱為發射極）配置在入射光的外側，而將主要產生光電流的 p 層（稱為基極）配置在內側的 pn 接面二極體，光照射後產生的電子和電洞將因 pn 接面附近的內部電場而分離，分別被收集到 n 層一端的外側電極和 p 層一端的內側電極上，從而產生太陽能電池的作用。

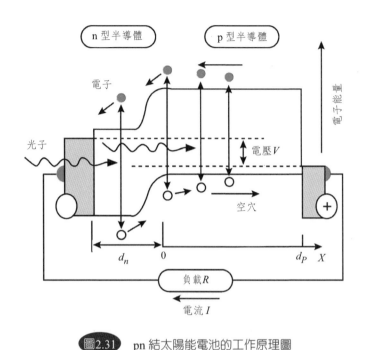

圖2.31 pn 結太陽能電池的工作原理圖

　　前面提到，「如果能量大於帶隙寬度的光照射到半導體上」，實際上光生的電子和電洞是在極其短的時間內弛豫到各自的帶邊，所以一個光子在半導體內變換成電能時，其最大值也將是帶隙能量。也就是說，入射光子流密度（單位面積、單位時間的個數）乘以帶隙能量所得到的值是光電變換功率密度的極限。若入射光子流密度乘以電子的電荷，則它將與完全沒有損耗時的最大光電流密度相對應。此外，帶隙能量與電子的電荷之比，或者更現實一點說，內部電場的空間積分（其最大值為帶隙能量與電子的電荷之比），就是輸出電壓的極限值。

2.11.2　太陽能電池的性能

能量轉換效率

太陽能電池能將多少入射的光能轉換成電能呢？通常將評價太陽能電池的這個性能參數稱為能量轉換效率 η，它是用太陽能電池的最大輸出功率（P_m）和入射光功率（P_{in}）之比來表示的。一般它是指地面太陽能電池在前述的 AM-1.5（入射光功率密度為 $100mW/cm^2$）和太陽能電池溫度為 25℃時的能量轉換功率。此外，作為決定該能量轉換效率的主要性能參數有短路光電流密度 J_{sc}（short circuit current density）、開路電壓 V_{oc}（open circuit voltage）和曲線因子 FF（curve fill factor）。

下面就對這些參數進行簡單的說明。我們知道 pn 接面太陽能電池表現為入射光產生的光電流密度為 J_L 的電流源和 pn 接面二極體的並聯電路。因此，在 n 側為正電極時，如果沒太陽能電池的開路電壓為 V，通過的電流密度為 J，則在概念上可以將理想的太陽能電池的電流—電壓特性表現為以下的式子：

$$J(V) = J_L - J_O \left\{ \exp\left(\frac{qV}{nkT} - 1\right) \right\} \qquad (2\text{-}61)$$

式中，J_O 為 pn 接面二極體的反向飽和電流密度；n 為二極體的特性因子。如圖 2.32 所示，它的形狀是將 pn 接面二極體的暗電流—電壓特性在電流軸上反轉，並使其向上移動光電流密度 J_L 的值。如圖所示，短路光電流密度 J_{sc} 是與電壓為 0 時的電流密度值相對應的，公式（2-61）成立時，與光電流密度 J_L 相一致。

此外，開路電壓 V_{oc} 表示的是電流密度為 0 時的電壓。如果使太陽能電池的負載 R_L 發生變化，則表示輸出電壓和電流的工作點將作為同 $V = JR_L$ 的交點而在圖 4.1 的曲線上移動，但是在這裡把對應於最大輸出功率 P_m 的最佳負載下的輸出電壓定義為 V_m，而輸出電流密度定義為 J_m。如果與上述的性能參數連繫起來進行歸納，則可以得出以下的公式：

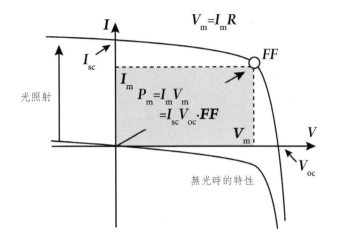

圖2.32 太陽能電池的輸出特性〔橫軸為電壓 V，縱軸為電流 I（在圖中以電流代替電流密度 J），二極管的整流特性上下反轉，並使其向上移動光電流值〕

$$\eta = \frac{P_m}{P_{in}} \times 100\% = \frac{V_m \times J_m}{P_{in}} \times 100 = \frac{V_{oc} \times J_{sc}}{P_{in}} \times FF \times 100(\%) \qquad (2\text{-}62)$$

該式中最後的等式就是曲線因子 FF 的定義，從圖 2.32 中可以清楚地理解它的含義。

根據式（2-61）可以得到輸出功率密度為 $J(V) \cdot V$，當它達到最大值時，對應的電壓為 V_m，它可以用下列公式來求解：

$$\exp\left[\frac{qV_m}{nkT}\right]\left(1 + \frac{qV_m}{nkT}\right) = \frac{J_{sc}}{J_o} + 1 \qquad (2\text{-}63)$$

利用這個 V_m 值，我們就可以用下列公式來表示最大輸出功率密度 P_m：

$$P_m = V_m(J_{SC} + J_0)\, \frac{qV_m/nkT}{1 + qV_m/nkT} = J_{SC} \times V_{OC} \times FF \qquad (2\text{-}64)$$

該式中的開路電壓 V_{OC} 值，在公式（2-61）中的電流密度 J = 0 時，可以由下列公式求得：

$$V_{OC} = \frac{nkT}{q} = \ln\left[1 + \frac{J_{sc}}{J_o}\right] \qquad (2\text{-}65)$$

也就是說，在這裡所設想的理想太陽能電池模型的範圍內，如果知道了短路光電流密度和二極體性性因子，則可以從式（2-61）～（2-65）中掌握所有的太陽能電池的輸出特性。

2.11.3　性能參數

當一個波長為 λ 的光子照射到太陽能電池上的時候，我們一定想知道有多少電荷作為光電流輸出到外部電路中，通常用來表示這個性能的參數就定義為載流子收集效率 $\eta_{coll}(\lambda)$。但是，在這裡除了與自由載流子的產生和輸出有關的因素之外，還包括太陽能電池表面的光反射效應。這樣，如果把太陽輻射的光譜寫成 $\phi(\lambda)$，則短路光電流密度 J_{sc} 就可以用下列公式表示：

$$J_{SC} = q \int \eta_{coll}(\lambda) \times \phi(\lambda)d\lambda \qquad （2-66）$$

也就是說，只當太陽能光譜和載流子收集效率匹配時，太陽能電池的性能才可以得到保證。在圖 2.31 中所示的 pn 接面太陽能電池中，光電流將由以下三部分組成：第一部分是在窗口側 n 層內所產生的少數載流子電洞通過擴散而到達 pn 接面附近漂移區的分量；第二部分是在 pn 接面附近漂移區中所產生的載流子引起的分量；第三部分是在內側 p 層內所產生的少數載流子電子通過擴散而到達 pn 接面附近漂移區的分量。在這裡，我們主要只考慮最後一個分量，並忽略內側電極界面的表面復合。下面我們設太陽光全部照射到太陽能電池上，由此來看一下載流子收集效率 $\eta_{coll}(\lambda)$ 的理想值。

設半導體的吸收係數光譜為 $\alpha(\lambda)$，窗口側 n 層的厚度為 d_n，則對於單位入射光而言，在圖 2.31 的 x 位置上，光生載流子產生的速率 $g(x, \lambda)$ 可以用下列公式表示：

$$g(x, \lambda) = \alpha(\lambda)\exp[-\alpha(\lambda)x] \times \exp[-\alpha(\lambda)d_n] \qquad （2-67）$$

這樣產生的過剩少數載流子電子擺脫復合後到達 pn 接面附近漂移區（$x = 0$）的概率，可以用電子擴散長度 L_n 表示成 $\exp[-x/L_n]$。設內側 p 層的厚度

為 d_p，則載流子收集效率 $\eta_{coll}(\lambda)$ 將變成下列公式：

$$\eta_{coll}(\lambda) = \int_0^{d_p} \exp\left[-\frac{x}{L_n}\right] g(x, \lambda)\, d_x$$

$$= \frac{\alpha(\lambda)L_n}{1 + \alpha(\lambda)L_n}\left\{1 - \exp\left[-\left(\alpha(\lambda) + \frac{1}{L_n}\right)d_p\right]\right\} \cdot \exp\left[-\alpha(\lambda)d_n\right]$$

$$= \frac{\alpha(\lambda)L_n}{1 + \alpha(\lambda)L_n} \times \exp\left[-\alpha(\lambda)d_n\right]; \; \alpha(\lambda)\,d_{p\gg} 1 \qquad (2\text{-}68)$$

根據這個公式，我們可以在光吸收係數較大的短波長區域內，用最後的指數函數項來確定載流子收集效率光譜的形狀。另外，根據這個公式，我們還可以知道在光吸收係數較小的長波長區域內，載流子的擴散長度將引起決定性的作用。當然，長波邊將由半導體的帶隙來決定。

2.11.4 高效率太陽能電池

下面討論採用什麼樣的材料，才可以製造出高效率的太陽能電池。為此，我們先把目光集中在短路光電流密度 J_{sc} 和開路電壓 V_{oc} 上。從公式（2-68）可以看出，如果沒載流子擴散長度大於太陽能電池的有源層厚度，則短路光電池密度將由太陽光譜範圍的吸收係數的大小來決定，也就是說它由太陽能電池的有源層可以吸收多少太陽光來決定。因此，若吸收係數光譜的形狀相同，則最好使用帶隙能量較小的半導體材料。但是，根據我們前面所討論的結果，半導體在吸收一定能量的光子後，可以將其有效的轉換成電能的只是與半導體的帶隙相對應的部分。所以，從能量轉換的角度來看，單純的要求較窄的帶隙並不是最優先的條件。關於這一點，我們需要同時對開路電壓進行考察。雖然開路電壓 V_{oc} 可以由公式（2-65）給出，但是在這裡與其從電子和電洞的連續方程式求得該電壓值，還不如採用物理的方法得到更準確的表達式。

$$V_{oc} = \int \frac{\Delta_\sigma(x)}{\sigma_0(x) + \Delta\sigma(x)} E_{in}(x)\, dx \qquad (2\text{-}69)$$

式中 σ_0 為熱平衡時的電導率，$\Delta\sigma$ 為光照射時產生的光電導率，E_{in} 為內部電場，這裡可以忽略所謂的 Dember 效應項。在太陽能電池放置的地方，我們設 $\Delta\sigma \gg \sigma_0$，則開路電壓將會與對內部電場進行積分後所得到的值（即內部電相位差）一致。這就是開路電壓在理論上的最大值。如果內部電位差是由同質半導體形成的 pn 接面造成的，則它不能超過帶隙能量所對應的值。所以開路電壓將由帶隙能量所決定。

2.11.5 理論極限效率

在上述的討論中我們知道，如果使半導體的帶隙能量變化，則短路光電流密度 J_{sc} 和開路電壓 V_{oc} 將會隨著材料的吸收光譜和太陽輻射的匹配程度，以及帶隙能量的數值而發生相應的變化。圖 2.33 所示的是主要太陽能電池的理論極限效率和目前已經可以製造的太陽能電池的實驗達到的最高效率。實用化的太陽能電池，除了上述物理參數外，它還受到資源的豐富與否和技術的成熟程度所左右。雖然有些不同程度的約束因素，但是目前常

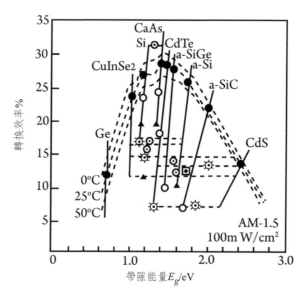

圖2.33　各種太陽能電池在室溫下的理論極限效率（●），研究開發階段的最高效率（○），以及大規模生產時的最高效率（△）。

〔跨越兩種材料的⊙標記、⊡標記、✲標記分別表示的是串聯、異質結構、多晶型太陽能電池的效率，其他表示多晶異質結構太陽能電池的效率〕

用的，在最佳隙能量附近的半導體材料有以下幾種：晶體材料有 Si(1.10eV)、CuIn(Ga)Se$_2$(1.10～1.35eV)、InP(1.35eV)、GaAs(1.43eV)、CdTe(1.52eV)，非晶體材料有 Si(～1.7eV) 等。Ⅲ-Ⅴ族化合物半導體 GaAs 和 InP，雖然它們的最高轉換率接近了理論極限，但是由於其材料造價很高，這些產品主要是宇宙用太陽能電池，這就可以充分發揮它們的抗輻照性能和小面積接收光的特性。

在地面用平面型太陽能電池中，現在最普及的是單晶和多晶 Si 太陽能電池。據研究報告指出，它們分別是達到 24% 和 19% 的轉換效率記錄。非晶體 Si 太陽能電池是在晶體 Si 太陽能電池的基礎上研製開發出來的一種低價格的薄膜太陽能電池，由於它的原材料豐富，而且可以大批量生產，人們期待著它能夠擔負起 21 世紀初太陽能發電的重任。目前轉換效率可以達到最高的太陽能電池為多結多層太陽能電池（請參考下一節），它是將多個非晶體 Si/Ge 進行組合後製成的，它的轉換效率約為 15%。CdTe 和 CuIn(Ga)Se$_2$ 太陽能電池也屬於化合物薄膜太陽能電池，它的價格不僅低，而且轉換效率還可以高達 16%～18%。

2.11.6 提高轉換效率的研究和開發

由於客觀條件的限制，太陽能電池不僅不能有效的利用半導體帶隙能量以下的太陽能光譜區域，而且也不能對其他光譜區域進行 100% 的電轉換。這些損失除了我們已經介紹的：①光生載流子在到達電極前因復合而失去的體內復合損失；②只能利用入射光子能量中與內部電位差對應的能量的電壓因子損失之外，還有③由於太陽能電池表面的光反射而使本來可以有效利用的光失去的表面反射損失；④光生載流子在太陽能電池表面和電極界面等處因復合而失去的表面復合損失，以及⑤光電流通過太陽能電池時因電極和半導體的電阻作用而產生焦耳熱的串聯電阻損失。採用材料科學和太陽能電池設計的技術手段盡量減少這些損失，可以說是太陽能電池光電轉換高效率化的基本課題。

　　為了盡量的減少這些損失，現在已經廣泛的加強了技術性的基礎研究工作。例如：①在太陽能電池的表面上覆蓋抗反射膜和設置絨面結構以減低表面反射率，並且在內側設置高反射率層使光封閉起來（絨面結構和光封閉結構）；②在 -p-n-n$^+$ 結構內側設置低電層，利用 n-n$^+$ 結附近的內部電場，控制光生載流子的表面復合，同時提高整個內部電位差；③減少表面復合頻繁發生的半導體／電極的面積，同時用氧化層等覆蓋其他的表面（局部電極結構，收集表面鈍化）；④將一部分結區掩埋在體內，促進漂移的光生載流子的收集（掩埋電極結構）等。

2.11.7 多結多層結構的太陽能電池

　　此前我們介紹了單個半導體太陽能電池（單個同質結構太陽能電池），但是為了獲得高轉換效率，我們還是希望太陽能電池能夠採用多個具有不同帶隙的半導體製成，且具有廣義的異質結構。舉一個例子來看，利用 np 接面，在窗口側 n 層附近採用了比 p 型光電流有源層具有更寬帶隙的半導體（異質結構太陽能電池）。由於使用了這種方法，不僅提高了內部電位差，而且還可以增加進入光電流有源層的入射光，其結果是實現了較高的光電轉換效率。如圖 2.34 所示，它是用串聯和並聯的方法，把由不同帶隙的光電流有源層所組成的多個太陽能電池進行光學的和電學的連接，而組成串聯和並聯的結構（它往往也被稱為多結多層結構）。

　　在這個多結多層結構中，按照帶隙能量大小順序從太陽光入射一側進行排列，這樣就可以有效的分割利用太陽能光譜範圍更大的區城，同時也可以減低上述的電壓因子損失。對於使用了載流子擴散長度比晶體 Si 短很多的非晶體 Si 材料的太陽能電池來說，我們在這裡不再詳細介紹，但是需要指出的是，由於該太陽能電池採用了 n-i-p 漂移結的結構，以及它的串聯和並聯的結構，同時它又可以減少各太陽能電池的有源層厚度，可以提高載流子收集效率，所以它是實現光電高效率轉換不可缺少的關鍵技術。

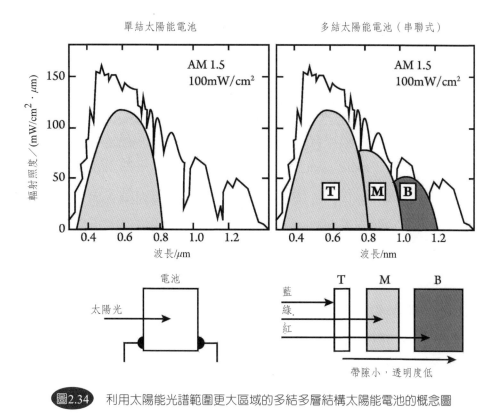

圖2.34 利用太陽能光譜範圍更大區域的多結多層結構太陽能電池的概念圖

習題

1. 一 n-型矽晶片被均勻的摻入 10^{16} cm^{-3} 個銻原子，計算相對於本質矽費米能量EFi的費米能階位置，上述的矽樣品，更進一步摻入2×10^{17} cm^{-3} 個硼原子，計算在室溫下相對於本質矽費米能量 E_{Fi}，及上述所提相對於 n-型例子費米能量的費米能階位置。

2. 考慮一個太陽能電池推動一個 30Ω 的電阻性負載，如下圖一 (a) 所示。假設電池的面積為 $1cm\times1cm$，且照光強度為 $600Wm^{-2}$，I-V 特性如圖一 (b) 所示：在電路中的電流與電壓為何？傳送到負載的功率為何？太陽能電池的效率為何？

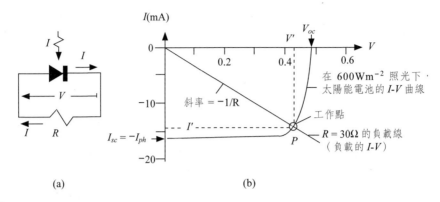

圖一 (a) 當太陽能電池推動一個R的負載，R 有和太陽能電池相同的電壓，但電流的方向與常用的高電位流到低電位相反，(b) 在電路 (a) 的電流 I' 和電壓 V' 可從建構負載線得到，工作點 P 是（I', V'），負載線是 R = 30Ω 的

3. 一個太陽能電池在 $600Wm^{-2}$ 的照光下，短路電流 I_{sc} 為 16.1 mA，開路電壓 V_{oc} 為 0.485V，當照光強度變成兩倍時，短路電流和開路電壓為何？

參考文獻

1. S. O. Kasap, "Optoelectronics and photonics-principles and practices," Prentice-Hall, New Jersey.

2. Pankove J, "Optical Processes in Semiconductors, Chap. 3," Dover Publications, New York, NY, 1971.

3. Green M, "Solar Cells: Operating Principles, Technology, and System Applications, Chap. 1," Prentice Hall, Englewood Cliffs, NJ, 1982.

4. Sze S, "Physics of Semiconductor Devices, 2nd Edition," John Wiley & Sons, Inc., NY, 1981.

5. Pierret R, "Semiconductor Device Fundamentals, Chap. 2," Addison-Wesley, Reading, MA, 1996.

6. Nelson J, "The Physics of Solar Cells," Imperial College Press, 2002.

7. Donald A. Neamen, "Semiconductor physics and devices," McGraw-Hill, 2003.

8. Antonio Luque and Steven Hegedus, "Handbook of Photovoltaic Science and Engineering, 2nd Edition" John Wiley & Sons, Ltd., 2011.

單、多晶矽太陽能電池

前言

　　矽是目前地殼中第二豐富的元素，僅次於氧，約占了地殼中元素的25.7%，擁有價格低廉且容易取得等優勢，也是目前電子工業最常使用的半導體材料，正因為如此 21 世紀被稱為矽的時代。

　　矽為四族元素，原子序為 14，原子的外圍有四個電子，相較於同族的碳元素來說，其化學性質較穩定，但矽大部分不以單一元素存在於大氣環境中，而是以化合物形式存在，例如：二氧化矽、矽酸鹽……等等，典型的結晶矽為暗黑色，且硬度高，但延展性不佳，為易碎材料。矽的熔點為1,414℃，並以鑽石結構結晶，電阻率約為 $6.4 \times 10^2 (\Omega m)$，在大氣環境中，矽的表面會自然生成一層約數奈米厚且緻密的二氧化矽層，可作為矽電子元件的保護層或是絕緣層，同時矽材料可透過摻雜不同元素，來改變其半導體特性，或以摻雜不同量的元素來改變矽的電阻率，因此矽材料被廣泛應用於積體電路之製作。

　　一般來說，根據矽原子排列方式的不同，可分為單晶矽、多晶矽、非晶矽，如圖 3.1 所示，單晶矽的原子排列為規則週期性排列，非晶矽則無週期原子呈現任意排列，多晶矽則介於之間，每一區塊都有各自結晶的方向，但每一個區塊的結晶方向不盡相同，通常單晶矽由於結晶較好，原子與原子間存在的缺陷較少，然而非晶矽與多晶矽由於原子排列方向不一致，導致有許多懸浮鍵產生，造成缺陷，以太陽能電池元件為例，理想上單晶矽晶片所製作出來的太陽電池，其光電轉換效率會優於多晶矽晶片所製作出來之太陽電池元件。

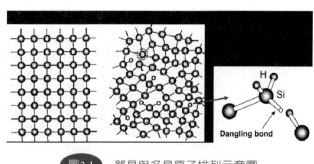

圖3.1　單晶與多晶原子排列示意圖

　　本章介紹單晶與多晶矽晶片之製作，目前單晶與多晶矽太陽能電池為太陽能電池市占率的兩強，合計約占九成以上，通常製作單晶矽晶片的方法有兩種：1.直拉法；2.區熔法，但礙於生產生本高，發電成本無法有效降低，因此人們轉而研製以鑄造法製作的多晶矽晶片。

3.1 單晶矽晶片之製作

　　單晶矽成長方式主要有**直拉法**（Czochralski pulling technique, Cz）[25]與**區熔法**（Floating zone technique, FZ）[26]，故在一般市售的單晶矽晶片中，我們常可看到晶片規格分為 CZ 與 FZ，意指單晶矽成長方式的不同，目前約有 80% 的矽單晶是以直拉法所成長，直拉法有材料可回收使用、生產成本低的優勢且目前最大晶片成長的尺寸可達 12 吋以上，但由於成長時熔矽會直接跟石墨坩堝接觸，可能導致碳污染，因此成長出來的單晶矽晶片品質較以區熔法所製得之單晶矽晶片為差，而區熔法由於單晶矽成長時不需要使用坩堝，大大降低了污染的可能，生長出來的單晶矽晶片品質較直拉法所成長的單晶矽佳，但因為生產成本高，且最大可生產之晶片大小約 6 吋左右，因此多半使用於功率元件上，在太陽能電池上的應用甚少。

3.1.1 直拉法製造單晶矽（柴氏法）

　　現今半導體產業中，約有 98% 的電子元件所使用的材料為單晶矽，其中約有八成的單晶矽的製程方式為直拉法。

　　直拉法可追溯至 1917 年由波蘭科學家 J.Czochralski 所發明，又稱柴氏拉晶法（Czochralski pulling technique, Cz）一般常簡稱為 CZ 法，並在 1950 年由 Teal 與 Little 兩人首先將將直拉法應用於製作單晶鍺材料上[25]，隨後又利用直拉法成長出單晶矽。但早期在成長單晶材料時，多半伴隨著差排現象的發生，因此成長的品質並不穩定，在 1958 年時，Dash 提出了一種可以有效將差排缺陷消除的方法，一般稱為「縮頸技術」（Dash neck technique）[27,28]，該方法利用在晶體成長初期，將晶種與晶體間聯繫的部分縮小，減少大量的差排現象，至今量產的矽單晶片已由初期的 1 吋到現今的 12 吋，在實驗室紀錄方面則可達到 16 吋，可成長晶片尺寸大加上生產成本低廉，使得直拉法所製作之單晶矽晶片，在太陽能電池產業上被廣泛的應用。

利用直拉法製作單晶矽晶片之系統架設如圖 3.2 所示，包含了四大裝置，長晶爐體、旋轉與提拉裝置、氣體控制器、長晶監控系統，以下我們簡單介紹系統架設。

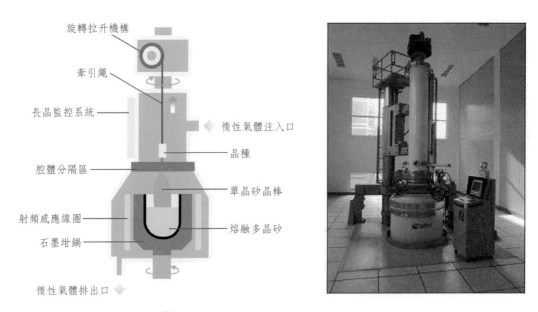

旋轉拉升機構
牽引繩
長晶監控系統
惰性氣體注入口
晶種
腔體分隔區
單晶矽晶棒
射頻感應線圈
石墨坩鍋
熔融多晶矽
惰性氣體排出口

圖3.2 直拉法製作單晶矽晶片之系統架設圖[1]

(1) 長晶爐體

爐體中包含了，石英坩堝、石墨坩堝、加熱器與隔熱材料，其中石英坩堝置於石墨坩堝中。石英坩堝的功能為承載多晶矽粉末原料，石墨坩堝則用來承載石英坩堝，其中石墨坩堝可能因為加熱產生石墨原子揮發，而石英坩堝則可能造成氧污染，若無法及時被腔內氣體帶走，則可能與多晶矽粉末反應產生 SiO 並與石墨坩堝所產生的碳原子發生化學反應，形成 CO，回流至熔矽中，造成晶種的碳污染。

(2) 旋轉與提拉裝置

包含了固定晶種用的固定夾、吊線與使晶種移動的旋轉拉伸機構。通常旋轉提拉裝置共有兩個，一個位於晶種固定夾上方，功能為旋轉提拉晶種，一個位於坩堝下方，功能為旋轉提拉坩堝，一般在成長晶體時晶種與坩堝的旋轉方向為反向，主要目的是為維持熔矽的熱對稱性，並使摻雜物均勻混合，也可透過旋轉與提拉速度的改變來控制結晶速度。

(3) 氣體控制器

控制爐體內氬氣流量、真空度、腔體壓力之裝置。在晶體成長時通常會通入低壓的氬氣或是氮氣又或是氮氣、氬氣的混合氣體，作為長晶時的保護氣與調整腔體內部的真空度，通入氬氣的最主要目的是為了帶走因坩堝所產生的碳污染與氧污染（SiO、CO），提高長晶品質。通入氬氣除了可將長晶時不純物帶出腔體以外，同時抽真空與通入氣體可維持腔體壓力，通常會將腔體壓力維持在 10～100torr，若壓力偏差過大則會改變熔矽的汽化點，使成長環境改變，降低成長品質。

(4) 長晶監控系統

利用感測器隨時偵測長晶狀態，並將資訊回傳給電腦，控制成長參數，可控制的參數包含晶種與坩堝的旋轉拉升速度、加熱器的功率、氣體流量、真空度等等的參數，以確保成長的環境一直維持在我們所設定的情況下。

直拉法製作流程大致包括以下步驟：加料→熔化→縮頸生長→放肩生長→等徑生長→尾部生長，以下我們分別針對此六步驟做詳細說明：

(1) 加料階段

先將多矽晶塊粉碎，接著以氫氟酸與硝酸之混合液清洗多晶矽粉塊，以去除雜質，將清洗後的高純度多晶矽塊均勻置入石英坩堝中。

(2) 熔化階段

將石英坩堝置於單晶爐中的石墨坩堝，接著將單晶爐抽至一定程度的真空，並通入適量氬氣維持腔體真空度，以確保在長晶過程中降低污染源的產生（例如：石墨爐加熱時產生的碳元素），將長晶爐加熱至 1,414°C 以上，使多晶矽塊熔化，維持一段時間，確保溫度與流動性到達穩定。

(3) 縮頸生長

接著將直徑約 5～10mm 的棒狀晶種固定於旋轉棒上並浸入熔融中多晶矽熔液中，使晶種頭部也開始熔融與熔矽之間形成一個固液共存的介面，在合適的溫度下，融液中的矽原子會沿著晶種矽原子的排列結構在固液交界面上形成與晶種相同的原子排列，形成單晶矽。接著把晶種緩緩的旋轉並向上提起，融矽中的矽原子會繼續沿著先前晶種上的單晶矽的原子排列並，離開熔矽的矽原子隨之固化形成單晶矽棒，提拉速度與腔體溫度可以改變結晶速度，當提拉速度變慢或是結晶速度變快時，晶柱直徑會變粗，當提高拉申速度或是降低結晶速度則可以使晶柱直徑變細。在拉晶的一開始，我們必須先「縮頸」，也就是說減小晶種柱的直徑，其目的為減少差排現象的產生，利用提高拉升速度使晶種棒的直徑變為 3～5mm 的細頸，然而長度約為原先晶種的六～十倍，此過程稱為「縮頸」也稱引晶，值注意的是，此步驟的細頸必須考慮到支撐力，因為當晶體不斷成長，晶棒的重量也不斷增加此為分析的重要考慮因素。

(4) 放肩生長

縮頸步驟完成後，降低溫度與拉伸速度，使單晶矽柱的直徑漸漸變大直到需要的大小，此過程稱為「放肩」。

(5) 等徑生長

控制單晶矽柱的直徑是製造單晶矽片重要的環節，當放肩階段使得單晶矽柱的直徑到達所預定的大小後，透過監控系統不斷調整溫度與拉升速度，使得單晶矽柱的直徑固定，形成一圓柱體，單晶矽柱直徑的誤差約可控制在正負 2mm 以內。

(6) 尾部生長

當單晶矽柱成長結束後，同時提升拉升速度與腔體溫度，使單晶矽柱的半徑不斷變小，在晶柱體的尾部形成一圓錐狀，最後將單晶矽柱離開熔矽液面，完成整個單晶矽柱的成長，矽晶棒成品如圖 3.3 所示。

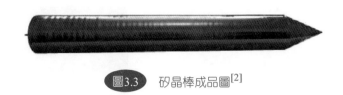

圖3.3 矽晶棒成品圖[2]

利用直拉法所生長的單晶矽晶片，通常含有差排（dislocation）、空缺（vacancy）等缺陷產生，加上石英坩堝與石墨坩堝所產生的污染，使得生長品質較差，但由於長晶片尺寸大加上生產成本低廉，使得直拉法所製作之單晶矽晶片，在太陽能電池產業上仍然被廣泛的應用。

3.1.2 區熔法製造單晶矽（Floating zone technique,FZ）

人們為了改善單晶矽成長品質，因此提出了區熔法（Floating zone technique, FZ），區熔法於 1953 年由 Keck 和 Golay 提出。區熔法之系統架設如圖 3.4(a) 所示，主要包含可架住原料多晶矽棒與單晶矽晶種之旋轉裝置、可移動式感應加熱線圈。利用區熔法製造單晶矽棒，先將一根多晶矽棒放入爐體中，多晶矽棒置於感應加熱線圈之間，接著上下移動感應線加熱線圈以區域加熱方式，使多晶矽棒局部熔化，由於是局部加熱，不同於直拉法將多晶矽粉末完全熔熱，因此稱區熔法。利用熔矽的表面張力與重力之間的關係，因熔融而滴下來的矽滴會「懸浮」在半空中，接著在下方放置一根單晶矽晶種，當矽滴滴下，接觸到單晶矽晶種時，便會在介面處開始產生單晶矽結晶，在矽滴滴下的同時，下方單晶晶種緩緩向下降低並旋轉，透過調整下降與旋轉的速度來控制矽晶棒的直徑，慢慢地就能得到一個單晶矽晶棒，其圖 3-4(b) 區域加熱中的細晶棒。

區熔法的好處是其材料單晶矽晶種是架空的，不須與坩堝等容器接觸，大大降低不純物低污染的可能，碳、氧與其他過度金屬的含量可小於 $10^{11}cm^{-3}$，這有別於直拉法必須接觸石墨坩堝，可能造成石墨污染，因此也有人將區熔法稱為無坩堝法，非常適合用來製作高純度的單晶矽。另外更可利用加熱線圈不斷在矽晶棒上來回加熱，由於是局部加熱，加上在不同溫度

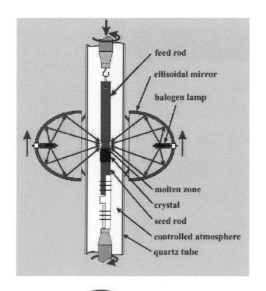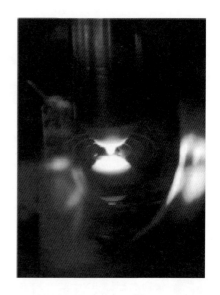

圖3.4　(a)區熔法之系統架設如[3]；(b) 區域加熱中的細晶棒。[4]

下雜質溶解度不同，加熱線圈來回多次，可能雜質匯集於矽晶棒的一端，藉以更進一步提高單晶矽的純度，由於區熔法的結晶區僅限於晶棒頂端熔融處，因此可生長的晶片直徑較小，約 6 吋左右，加上成本過高，在光伏工業中一般較少選用區熔法所製作的單晶矽晶片來製作太陽能電池，通常只用於高功率的矽元件。

3.2 太陽能級單晶矽晶片加工

以直拉法或是區熔法所生長出來的是圓柱狀的矽晶棒，必須再經由加工才能成為單晶矽晶片，一般來說需要經過切斷、滾圓、切片、化學蝕刻等流程，才能將單晶矽晶棒製作成單晶矽晶片，之後再進行單晶矽太陽能電池製程，將單晶矽晶片製成單晶矽太陽能電池。

(1) 切斷

切斷指的是將拉經過程為了減少差排產生的「縮頸」、「放肩」與生長尾部部分切除，如圖 3.5 所示，也就是說使單晶矽柱，成為一個等直徑的圓柱體。通常太陽能晶片可分為圓型晶片和方形晶片，若要得到方形晶片，我們必須沿著晶體成長的方向，將圓形的矽晶柱再次切斷，形成正方形柱體。

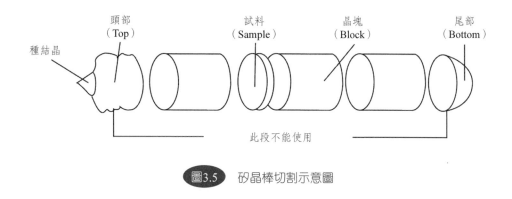

圖3.5 矽晶棒切割示意圖

(2) 滾圓

通常晶柱在成長的過程中，可能因為外在因素的影響，導致晶柱外表並不是平整的，若我們沒有將單晶矽柱滾圓成一個等直徑的圓柱體，就可能導致切片後的單晶矽晶片邊緣不均勻，因此我們必須進行滾圓製程，如圖 3.6 所示。

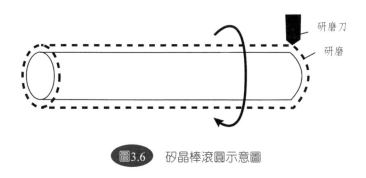

圖3.6 矽晶棒滾圓示意圖

滾圓製程通常使用金剛石砂輪機車削晶柱側表面，可精準控制致我們所要求晶片的尺寸大小。在滾圓製程中，我們必須注意砂輪機的轉速、車硝時的下壓力等等，因為這些因素可能導致晶柱表面損傷，而產生小裂痕，這些小裂痕可能在切片製程中，造成晶片或是晶柱的碎裂，導致材料的浪費，因此一般來說滾圓製程後，通常會進行化學蝕刻，將消除裂痕損傷。

(3) 切片

一般來說太陽能矽晶片厚度約 100～200 微米，因此我們必須透過切片製程將晶柱切片。通常切片製程使用在內圓周貼上鑽石刀的切割方式來切割，這種切片方式稱為內圓切割法，此方法的技術非常成熟，刀片穩定性也好，因此切割出來的矽晶片表面非常平整，但缺點是內圓切割法，最多只能切割約莫本身切割刀半徑的深度，較無法應用於大尺寸晶片。切片製程對於晶片品質與成本占有非常重要的因素，由於切成的晶片數量，或者可以說是切片失敗的晶片數量，都直接指向晶片的生產成本。

通常切片製程必須注意到切片時的切口寬度，切口寬度越寬，材料浪費得就越多。隨著晶片的尺寸越來越大，由從前的 4 吋到現今的 12 吋晶片，內圓切割法受到本身直徑大小的限制，在大尺寸晶圓已經漸漸不適用，為因應大尺寸晶圓的製作，線鋸切割法（wire sawing）被發展出來，線鋸切割法的優點是切割速度高、切口寬度小、切割表面損傷小、線鋸成本低，所以生產生本低，但由於線鋸只是單點固定，因此可能因為線鋸的偏擺，使晶片的厚度不均勻，但比起內圓切割法，仍然有大尺寸與生產成本低的優勢。

(4) 化學蝕刻

一般在切斷與切片的過程後，矽晶片的表面會有損傷，因此我們必須進行蝕刻製程，以確保晶片表面的平整度，通常在晶片加工中，我們會使用非等向性的化學蝕刻。

經常使用的單晶矽蝕刻液包含，硝酸（HNO_3）、氫氟酸（HF）、乙酸（CH_3COOH）、氫氧化鉀（KOH）、氫氧化鈉（NaOH），其中蝕刻液的種類、反應時的溫度、混合液的比例都可能影響蝕刻結果，通常因為切斷或是切片所造成的機械損傷深度，約莫 10～30 微米，因此蝕刻深度必須超過此深度。值得一提的是，使用氫氧化鉀蝕刻液時，由於結晶矽在結晶面<111>有三個共價鍵，而在<100>有兩個共價鍵，因此在<111>面的鍵結程度強，使得蝕刻速率慢，在矽表面產生蝕刻速率的差異，進而產生如金字塔（Pyramid）形狀的微米等級結構如圖 3.7 所示，在太陽能製程中通常被稱為粗化（textured），此微米等級結構可使太陽能電池有抗反射（anti-reflection, AR）效果，增加太陽能電池的光電轉換效率。

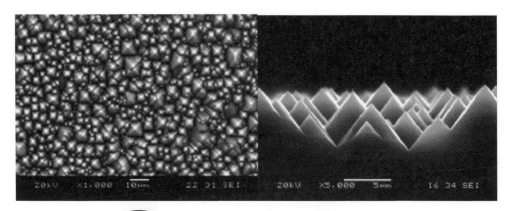

圖3.7　經 KOH 蝕刻液蝕刻製程後的單晶矽表面[5]

3.3　多晶矽晶片之製作

在太陽能電池發展的初期，太陽能電池主要使用的仍然為單晶矽晶片，由於單晶矽晶片的生產成本較高，使得太陽能發電的成本一直無法與其他發電來源的成本相比，拉晶過程成本過高，且拉出來的晶棒為圓柱體，在製作太陽能電池模組時，容易造成面積上的浪費，然而若我們將圓柱形的晶棒先切割成方形的晶棒，隨後再切成晶片排列成模組，則會造成材料的浪費，以上原因導致單晶矽晶片發電成本較高。因此最佳的解決方法即為改變晶片的製作方式，並在製作時就將晶棒製作成方形柱體，綜合以上幾點，多晶矽晶片被人們發展出來，由於矽原料含有許多金屬雜質且多晶矽晶片的晶界（grain boundary）容易累積金屬雜質，使晶片的品質下降，產生缺陷，容易造成載子的復合，使光電流降低，因此理論上，多晶矽太陽能電池的光電轉換效率低於單晶矽太陽能，但自 20 世紀 80 年代鑄造多晶矽的技術發明以來，隨著鑄造技術的精進，與多晶矽太陽能電池製程之改善，多晶矽太陽能電池之光電轉換效率僅略低於單晶矽太陽能電池，加上低耗能、製程簡易、材料利用率高等優點，有效降低了發電的成本，在矽基太陽能電池中所占的比例也慢慢超越了單晶矽太陽能電池，至 21 世紀，已超越了 60% 的市占率。

一般來說，多晶矽大多是以鑄造法來製作，又依鑄造固化方式的不同

可分為矽晶錠法（Ingot technology）與矽晶帶法（Ribbon technology）兩大
類，其大致上的原理就是利用加熱器將多晶矽原料熔化於石英坩堝中，再將
熔融狀態的多晶矽原料流入鑄模中，使其冷卻慢慢固化在一起，形成由許多
不同晶向小單晶所組成的多晶矽錠，其系統圖如圖 3.8 所示，由鑄模取出的
多晶矽錠如圖 3.9 所示。

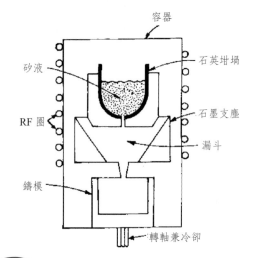

容器

石英坩堝

矽液

石墨支塵

RF 圈

漏斗

鑄模

轉軸兼冷卻

圖3.8　多晶矽鑄造法之基本系統架構[6]

圖3.9　由鑄模取出的多晶矽錠[7]

　　矽晶錠法又可分為坩堝下降法（Bridgman-Stockbarger method）、熱
交換法（Heat exchanger method, HEM）、澆鑄法（Casting）、電磁鑄造法
（Electromagnetic casting method, EMC）；矽晶帶法又可分為邊緣成膜矽晶
帶法（Edge-defined film-fed growth method, EFG），基板矽晶帶法（Ribbon

Growth on Substrate, RGS），線狀矽晶帶法（String ribbon, SR），以下針對
這些方法做簡單介紹。

3.4 矽晶碇法

3.4.1 坩堝下降法（Bridgman-Stockbarger method）[30]

坩堝下降法的特點為讓熔矽在坩堝中冷卻凝固，並使結晶過程由坩堝的
底部開始。製程流程如下列說明，先將多晶矽原料放入鍍有氮化矽（SiNx）
的石英坩堝中，氮化矽可防止結晶過程中，多晶矽沾黏在坩堝上，接著利用
電阻式加熱線圈使整個多晶矽原料熔化，待多晶矽原料完全熔化後，將坩堝
慢慢下移朝離開加熱線圈的方向，由於坩堝底部溫度開始下降，因此結晶過
程從坩堝底部開始，多晶矽在固液介面之間沿著結晶方向生長，等待整個坩
堝離開加熱線圈，多晶矽碇即製作完成。在真實情況結晶的固液介面不一定
是均勻的平面，可能突起像山丘，也可能凹陷像盆地，非平面的情況下，可
能造成晶體成長時產生應力，造成結晶品質下降，也可能造成晶體內部產生
氣泡，因此精準控制加熱器與坩堝相對位置、坩堝大小、加熱器溫度等等，
對結晶品質可以有很大的改善。此方法之優點是可藉由坩堝形狀控制晶體形
狀、晶體生長方向由晶種決定、操作簡單、結晶過程由坩堝壁開始結晶可防
止坩堝污染物污染晶體、成本低，非常適用於工業大量生產。

3.4.2 熱交換法（Heat exchanger method,HEM）

1970 年，美國的 Schmid 和 Viechnicki 提出 Gradient Furnace Technique
成長藍寶石（Sapphire）[31]，並於 1974 年將此長晶法稱為熱交換法（Heat
Exchanger Method, HEM），並在同年將此方法應用於製作矽晶體上。

HEM 之系統如圖 3.10 所示，包含不鏽鋼爐體、石墨加熱器、熱交換
器、絕熱材料、量測及監控系統、能量供應控制系統。由於 HEM 之基本原

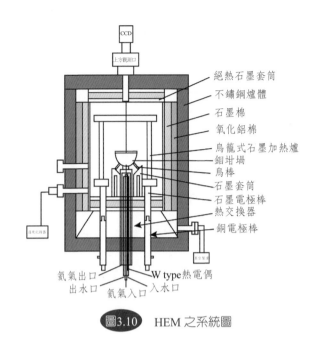

圖3.10　HEM 之系統圖

理是利用熱交換器來帶走熱量，使得晶體生長區內形成冷熱分布的縱向溫度
梯度，藉由控制加熱器功率、腔體內氣體流量等等達成坩堝內溶液由下而上
凝固成晶體的目的。熱交換法之製程流程為，先將晶種放在鉬坩堝底部接著
再將矽原料放滿整個鉬坩堝隨後放置於熱交換器之上，打開石磨加熱器開始
熔矽，為確保晶種不會被熔化，熔矽過程中必須不斷通入氦氣，降低晶種的
溫度，待熔矽到達熱穩定後，開始降低熱交換器之溫度，結晶過程由下而上
開始，由晶種向外並向上擴展結晶，最終完成多晶矽之製作。熱交換法的好
處是，固液介面在坩堝內部，坩堝或是晶種不需提拉，可減少外力對長晶過
程的影響，同時藉由改變坩堝的外型，也可改變多晶矽定的形狀，故以熱交
換法所生長出來的多晶矽均勻度好，且晶界也小，品質相當不錯，現階段來
說光電轉換效率最高之多晶矽太陽能電池，即是使用熱交換法製程之多晶矽
晶片，但一般來說熱交換法製程時間長，約需 50 小時，是熱交換法的最大
缺點，目前採用此方法的公司包括美國的 GT Solar、Crystal System 與瑞士
的 SWISS WAFER AG。

3.4.3 澆鑄法（Casting）

　　澆鑄法又稱鑄錠法，其原理幾乎與坩堝下降法相同，差別在於坩堝下降法只使用一個坩堝，而澆鑄法使用兩個坩堝，一個坩堝用來熔矽，一個坩堝用來結晶。製程步驟如下，先將矽原料放入石英坩堝中進行熔矽製程，接著再將已經完全熔化熱平衡之熔矽倒入鍍有氮化矽（SiNx）之石英坩堝，氮化矽的目的為避免多晶矽在結晶過程中沾黏坩堝，接著結晶製程開始，澆鑄法不移動坩堝位置，而是降低加熱線圈之溫度，而產生固液介面，使多晶矽開始結晶，澆鑄法由於坩堝位置沒有移動，因此溫度的波動性不大，外力對長經過程的影響也小，因此多晶矽成長的品質較坩堝下降法為佳，目前已澆鑄法所製作之多晶矽錠已經可以到達 400 公斤，主要採用澆鑄法的公司有德國的 Deutsche Solar GmbH 和日本的 Kyocera。

3.4.4 電磁鑄造法（Electromagnetic casting method, EMC）

　　電磁鑄造法在 1985 年由 T.F.Ciszek 提出，它融合了定向凝固（Directional solidification）、提拉牽引、覆蓋生長、連續鑄造，並結合射頻（Radio Frequency, RF）加熱方式，開發出電磁鑄造技術，其開發的主要動力為一般的鑄造方式都必須使用到坩堝，坩堝加熱時會揮發出污染物，使熔矽與坩堝接觸時很容易產生污染造成成長品質不佳，而電磁鑄造法的最大優勢就是熔矽不與坩堝接觸，故完全沒有污染物污染的問題，長晶的品質佳。電磁鑄造法的坩堝是以多片長方形金屬片組成，而外圍圍繞射頻加熱線圈，利用射頻線圈電磁感應的原理加熱矽原料，使原料矽熔化，由於電磁感應的關係，熔矽與坩堝產生排斥力，因此熔矽與坩堝不會接觸，故沒有污染物的疑慮，長晶品質佳，電磁鑄造法的系統架設如圖 3.11 所示。

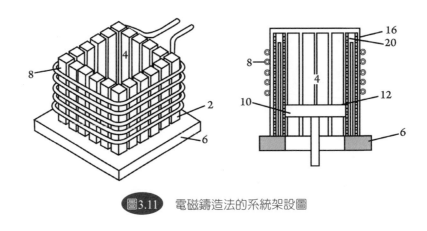

圖3.11　電磁鑄造法的系統架設圖

3.5 矽晶帶法

　　比起矽晶錠法，矽晶帶法的優點是直接將矽原料製成晶片，不須再經過晶錠的切割形成晶片，可減少製程時間與材料的損失，切割製程約會有 50% 材料損失，但由於不是方向性結晶，所以成長出來的矽晶片品質較差，現階段的光電轉換效率大約只有 10%。

3.5.1 邊緣成膜矽晶帶法（Edge-defined film-fed growth method, EFG）

　　邊緣成膜矽晶帶法的原理是利用熔矽會藉由虹吸現象（capillary effect）爬升至在模板頂端而在模板頂端產生結晶的原理，直接製造多晶矽晶片[7]。製程步驟如下，邊緣成膜矽晶帶法最重要的就是需要一個間距很小的石墨模板，熔矽才能藉由虹吸管現象爬升至在模板頂端產生結晶，首先我們先將原料矽在石墨坩堝中熔化，並放置一晶種於石墨模板上方，接著熔矽藉由虹吸現象沿著石墨模板間隙底部向上慢慢爬升至頂部，此時熔矽與晶種接觸，接觸面開始產生結晶，此時向上提拉晶種，就能拉出多晶矽晶片。

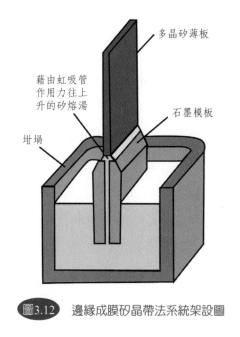

多晶矽薄板

藉由虹吸管
作用力往上
升的矽熔湯

石墨模板

坩堝

圖3.12 邊緣成膜矽晶帶法系統架設圖

3.5.2 基板矽晶帶法（Ribbon Growth on Substrate, RGS）

　　基板矽晶帶法的系統架構如圖 3.13 所示，包含一個可移動的機板，與一個模具，其基本原理是先將原料矽在坩堝中熔解，接著將熔矽倒入模具中，接著基板開始移動，慢慢就能拉出一片多晶矽晶片，以基板矽晶帶法所製作出來的的多晶矽矽晶片厚度約 250～300 微米，從系統圖中我們可以知道，模具的寬度就決定了多晶矽晶片的寬度。

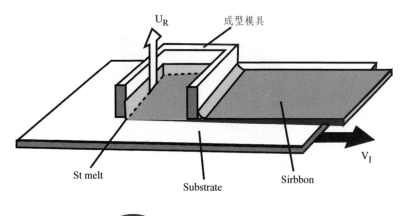

U_R　　成型模具

St melt

Substrate

Sirbbon

V_I

圖3.13 基板矽晶帶法系統架設圖

3.5.3　線狀矽晶帶法（String ribbon, SR）

　　線狀矽晶帶法的系統架構如圖 3.14 所示，包含一個石墨坩堝、提拉裝置、石墨纖維帶。製程方式如下，先將原料矽在石墨坩堝中熔解，接著提拉石墨纖維帶，熔矽會藉由毛細現象慢慢向上爬升，隨著提拉裝置慢慢向上提升，就能慢慢拉出一個長條的多晶矽晶片帶如圖 3.15 所示，通常以線狀矽晶帶法所製作出來的晶片寬度約 3～4 吋，而厚度約 100～200 微米，但此製程方式由於需將晶片拉成長條狀，所以設備所需的空間較一般製程大。

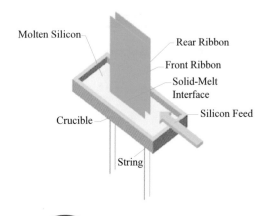

圖3.14　線狀矽晶帶法系統架構圖

圖3.15　多晶矽晶片帶實品圖[8]

3.6 結晶矽太陽能電池的結構

晶片型單／多晶太陽能電池的結構如圖 3.16 所示。其結構就是一個具有 p-n 接面的光電元件。簡單來說，主要有幾個部分，一個矽基板、一個 p-n 接面結構、一個粗糙面（Texture）、一個抗反射層（Anti-Reflection Coating, ARC）、一些導電電極和背面電極，以下先說明各層的作用：

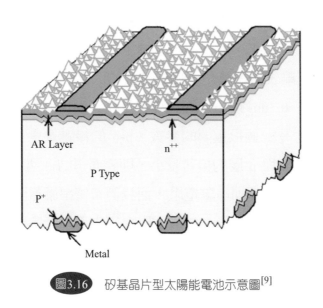

圖3.16 矽基晶片型太陽能電池示意圖[9]

3.6.1 矽基板

基板的功用是作為太陽能電池的承載。矽太陽能電池是以矽半導體材料所製備而成的基板作為底，典型基板厚度大約 $200\mu m$ 左右，是面積 12.5× 12.5cm 的 p 型基板。未來的板厚度有機會降至 $150\mu m$ 以下，如此一可以減少材料的重量和成本和因為吸收紅外線而導致的溫度上升。基板也可以是 n 型的，但是由於 p 型基板中的少數載子是電子，其擴散係數與擴散距離比 n 型中少數載子電洞要長，因此預期用 p 型可以得到比較高的光電流和效率。

3.6.2　p-n 接面

通常是用爐管擴散的方式在 p 型半導體表面摻雜一些元素，使其費米能階改變而形成 p-n 接面。在照光下，電子／電洞的形成和移動與 p-n 接面有很大的關係。高能量的光（短波長）對矽半導體材料有比較大的光吸收係數，因此可以在元件表面被吸收而形成電子電洞對。但若是表面的再結合速率太高，則形成的電子電洞對還來不及走到主動吸收層（空乏區）被內建電場掃開而被我們萃取出來，就已經復合掉了，這對我們來說是不好的，因此 p-n 接面的深度距離表面多遠是一個很重要的因素。因此要增加光電流，需要降低接面深度在 0.3um 以下，而也要盡量使表面再結合速率降低。所以說 n 和 p 的摻雜量也是一個很重要的參數，p-n 的摻雜量會決定空乏區的大小和電場強度。若是 n 與 p 層的摻雜量小，則表面再結合速率可以減小，但與電極之接觸電阻會變大而加串聯電阻，而我們希望串聯電阻越小越好；若是 n 和 p 層的摻雜量大，與電極之接觸電阻會變小而降低串聯電阻值，但是表面再結合速率會提高。所以說這之間的拿捏程度和效率有很大的關係。

典型的 n 型摻雜濃度 N_D 大約是 $10^{20}cm^{-3}$，p 型摻雜量 N_A 約 $10^{15}cm^{-3}$。因此 n 型半導體作為射極（Emitter），p 型半導體作為基極（Base），且空乏區多在 p 型區域。

3.6.3　粗糙面

粗糙面的作用在於藉用光的散射和多重反射，提供光有更長的光路徑。這樣一來，進入元件的光子數就會增加，以提供形成更多的電子電洞對。若是太陽能電池的光入射面是平坦的表面，即使有抗反射層，也無法避免光的反射。因此，如果配合表面粗糙化來增加光子進入元件的數目。粗糙化通常是藉由在矽表面用異相性化學蝕刻的方式（Anisotropic etching）來形成晶格方向（111）面的微小金字塔結構。如圖 3.17 所示。此粗糙化除了能減少入射光的反射之外，還可以增加光的行進路徑。對於長波長的入射光來說，由於吸收係數很低，所以入射光常會在底部反射後，回到表面粗糙面，再被反射回元件被吸收利用。

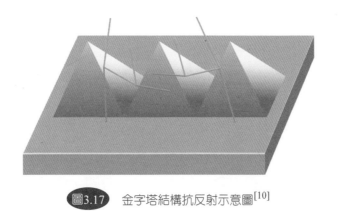

圖3.17 金字塔結構抗反射示意圖[10]

3.6.4 抗反射層

抗反射層的功用在於減少入射光之可見光在矽太陽能電池元件上的反射。光在不同反射率的面上，會有反射現象，且折射率相差越大的介面，其反射率也越大。需要抗反射層的原因在於矽材料在它的吸收範圍可見光到紅外光波段 $400 \sim 1,100 \mu m$ 內有相對於空氣相差很大的折射。也就是說在可見光波段有接近 50%，紅外線區域有接近 30% 的反射損失。如果我們把這些損失的能量拿來運用，一定會有更高的光電流，更好的效率。如圖 3.18 所示，在三層介質得見面中反射係數 R 為：

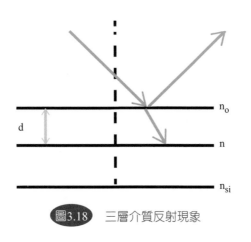

圖3.18 三層介質反射現象

　　因此，藉由在空氣中與矽表面之間插入一層特定反射率的介電質當作抗反射層，能有效降低界面反射的損失。抗反射層最佳折射率 n 和厚度 d 會滿足：

$$n = \sqrt{n_{si}n_o}$$
$$\lambda = 4nd$$

亦即 d = λ/4n，其中 n_{si} 為矽的折射率，n_o 為環境的折射率。

　　由於空氣的 n_o = 1，而矽的 n_{si} = 3.5～6，因此當適合的反射層的 n = 1.8～2.5。而所需厚度和模擬靠反射之光波長有關，由於太陽光譜的強度在 500nm 最強，因此可以將入射光選在 500nm，這樣一來，由上面公式我們可以得到單層抗反射層厚度。我們該注意到一點，我們所做的抗反射膜只對單一波長有做反射處理。如果你要做寬頻波長的抗反射效果，也可以考慮做多層抗反射層，但是增加製作上的困難。常見的抗反射層大多是絕緣性的介電質材料，例如：氮化矽（SiN，n = 2.1）、二氧化鈦（TiO_2，n = 2.3）、二氧化矽（SiO_2，n = 1.44）等。

3.6.5　上電極

　　上電極的功用是用於將我們移動至表面的電子電洞對萃取出來，以形成外部電流提供給外部負載。由於電極和矽材料接觸，為了降低串聯電阻，電極和矽材料必須是提供良好的歐姆接觸，亦即是電壓與電流的線性關係。此外，電極在矽材料上需要有高接著強度與良好之焊接性，以免當模組照光使用時，電極因為熱漲冷縮而使電極脫離造成矽表面剝離，串聯電阻增加。

　　在上表面，照光的電極由數多條主要的主線組成，設計電極上有兩個考量是互相衝突的：

(1) 為了讓移動至表面的電子電洞對能很容易到達頂端，以減少電子電洞在表面再復合的速率，理論上應該電極做越大越好；

(2) 但是為了避免金屬電極擋住入射光和造成光的反射，電極所占面積越小越好。

　　所以為了將電極設計最佳化，典型的作法是在主線旁邊增加多條電極線作為手指電極。其形狀和面積，由最小的光損失和串聯電阻來決定。一般而言，電極占照光表面面積的 5～7%。如圖 3.19。

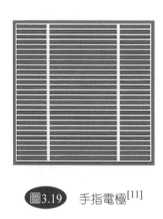

圖3.19 手指電極[11]

3.6.6 背面電極

　　背面電極（或稱下電極或底電極），主要功能是將移動到下表面的電子電洞取出，以形成外部電流提供給外部負載。背面電極另一個功用是提供背向表面電場（Back Surface Filed, BSF）。由於背面電極多為鋁金屬，在燒結過程中，鋁原子會進入到矽材料中做摻雜，因此造成矽材料在接面上為重摻雜結構，其能帶如圖 3.20。由圖可以知道，p+區形成的高阻障區可以防止方向錯誤的電子進到底電極而將它彈回正確方向，因此可以提高開路電壓 V_{oc}。此外背電極也有另一個功能，就是當作背反射器，當我們太陽光走到底層，可能還有一些沒有被吸收利用完全，我們可以藉由背反射器將我們太陽光反射回來我們元件內部，這樣可以再被吸收利用，以提高我們的光電流。

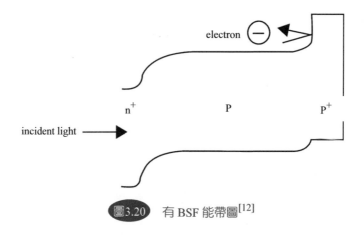

図3.20　有 BSF 能帶圖[12]

3.7　矽基晶片型太陽能電池製程技術

　　太陽能電池的製造可以分成前段的元件製造和後段的封裝技術。晶片（不論是單晶片或多晶片）經由切割與蝕刻後，便可以進行太陽能電池之製成，製程步驟可以簡單分為七個步驟，每一個步驟都需要精確掌握，以免降低轉換效率。下面為示意圖 3.21：

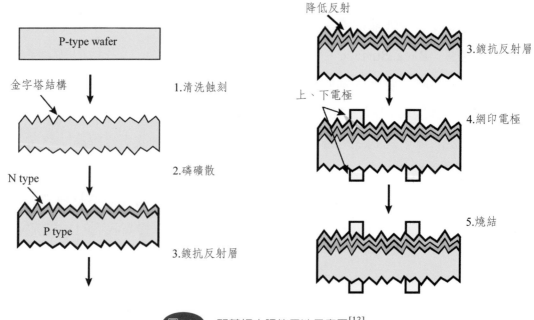

図3.21　矽基板太陽能電池示意圖[13]

(1) **清洗／粗糙面蝕刻**：用去離子水把晶圓的表面雜質污染物去除；藉由在矽表面上以化學蝕刻所形成的矽（111）面微小四面體金字塔所構成的結構，來增加光子進入元件的數目。

(2) **擴散／射極形成**：利用五價元素之高溫爐管擴散處理，可以在 p 型基板上形成一層薄薄的 n 型半導體，並藉由高溫活化處理，以形成 p-n 接面。

(3) **磷玻璃去除**：使用氫氟酸（Hydrofluoric Acid, HA）去除磷擴散過程中加熱所造成的磷玻璃。

(4) **抗反射層形成**：利用電將沉積系統沉積成一個適當厚度的氮化矽層，當作抗反射層。

(5) **電極形成**：將完成 p-n 接面的晶圓，用網版印刷銀膠或是用蒸鍍的方法，在表面形成適當尺寸的銀導體；藉由高溫燒結的過程，銀金屬與矽材料接觸形成導電電極。

(6) **絕緣邊緣**：使用機械或雷射在整個基板上把 n 絕緣，以防短路。

(7) **電性量測**：量測電池之開路電壓，短路電流，填充因子，轉換效率等太陽能電池特性參數。

以下更進一步說明各步驟的關鍵細節：

3.7.1　清洗處理（cleaning）

該步驟之參數為清洗容易的濃度、溶液加熱溫度和浸泡時間。以下是一個完整的清洗晶圓步驟：

RCA 清洗步驟：

DI water rinse, 5 min.

$H_2SO_4 : H_2O_2 = 3 : 1$，（10 min, 75～85℃）………分解、氧化有機物

DI water rinse, 5 min.

$HF : H_2O = 1 : 100$（RT）……………………………去除 chemical oxide

DI water rinse, 5 min.

NH_4OH：H_2O_2：H2O ＝ 1：4：20（SC1），（煮 10 min，75～85℃）

............................去除微小粒子

DI water rinse, 5 min.

HCl：H_2O_2：H_2O ＝ 1：1：6（SC_2），（煮 10min，75～85℃）

......................去除鹼金族離子

DI water rinse, 5 min.

HF：H_2O ＝ 1：100（RT）..............................去除 chemical oxide

DI water rinse.

3.7.2　粗糙化蝕刻（textureing）

晶片清洗後，其表面要做粗糙面處理，以降低入射光之反射率。這個步驟可以使用非等向性蝕刻（Anisotropic Etching）來完成。常用的 NaOH 加異丙醇（Isopropyl Alcohol, IPA）的溶液，對晶片（100）表面產生具有 54,74° 角度之方向蝕刻，而產生大小不一的金字塔表面，如圖 3.22。該步驟的參數為一開始晶片的潔淨程度、NaOH 和 IPA 的濃度及其比例、溶液溫度和反應時間。而所使用的容器、IPA 揮發程度、殘留的矽酸鈉都會影響表面粗糙化的結果。而且因為蝕刻會造成表面會有一些 Si 沒有鍵結的懸鍵（dangling bond），這些懸鍵會抓電子或電洞來補齊，所以會造成表面復合增加，使光電流下降，而處理的方式就是在表面加一層鈍化層，來填補那些未鍵結的懸鍵。

$$Si + 2OH^- + 4H_2O \rightarrow Si(OH)^{2+} + 2H_2 + 4OH^-$$

圖3.22 蝕刻後金字塔圖形[14]

3.7.3 磷擴散（diffusion）

以擴散的方法在晶片上形成 p-n 二極體接面。由於考量到少數載子擴散長度，通常使用電洞較多的 p 型矽晶片，而做 n 型磷擴散，形成亦光電轉換所應需要的 p-n 接面。在高溫擴散爐管中，如圖 3.23，一般是使用 $POCl_3$ 加上氧氣與氮氣進行擴散反應，一般在 900℃ 左右，擴散約 20～50 分鐘，其反應式為：

$$4POCl_3 + 3O_2 \rightarrow 2P_2O_5 + 6Cl_2$$

$$2P_2O_5 + 5Si \rightarrow 4P + 5SiO_2$$

圖3.23 爐管磷擴散[15]

其中產生的磷原子經由高溫擴散方式進入到矽晶格內，其擴散濃度約 $1\sim$ $10^{19}\sim2\times10^{20}cm^{-3}$，而擴散深度約 $0.3\sim0.5\mu m$。該步驟之參數為鄰的濃度氧氣和氮氣的流量、爐管中對時間的溫度曲線等因素來決定。而擴散結果決定擴散接面的深度、擴散面的片電阻（Sheet Resistance）等。

3.7.4 磷玻璃蝕刻（phosphorus glass etching）

磷擴散過程中加熱所造成的熱氧化反應，加速矽晶源表面氧化反應，並形成二氧化矽，一般稱為磷玻璃。該步驟也可以使用電漿或化學蝕刻進行。一般使用氫氟酸洗去磷玻璃，其化學式為：

$$SiO_2 + 6HF \rightarrow H_2SiF_6 + 2H_2O$$

其中 H_2SiF_6 可以溶於水而去除。

若以電漿蝕刻處理，其通常將晶片堆疊放置，使用 CF_4 加上 O_2 形成蝕刻氣體以去除二氧化矽。其參數為晶片堆疊放置方式、作用時間、RF 的頻率和功率、CF_4 與 O_2 氣體的流量和兩者之間的比例有關。

3.7.5 抗反射層沉積（anti-reflective coating）

理論上，作為抗反射層的材料可以有很多選擇，但是通常普遍用氮化矽做為抗反射層材料的原因為它與矽材料互為製程相容的材料，而且氮化矽製程氣體來源中的氫具有鈍化矽材料表面懸鍵的作用，可以減少表面復合現象。

為了降低矽基晶片型太陽能電池的製造成本，製程盡量不使用真空設備。然而，為了氮化矽做為抗反射層，一般使用電漿增強化學氣相沉積（Plasma Enhanced Chemical Vapor Deposition, PECVD）的方法，在晶片上沉積一層氮化矽。如圖 3.24 所示腔體中通入的製程氣體為矽烷（SiH_4, Silane），和氨氣（Ammonia, NH_3），其化學反應式為：

$$S_iH_4 + NH_3 \rightarrow SiN：H + 3H_2 \uparrow$$

圖3.24 PECVD 外觀圖[16]

也可以使用 SiH$_4$ 和 N$_2$，其化學反應式為：

$$2SiH_4 + N_2 \rightarrow 2SiN：H + 3H_2$$

其中 PECVD 中的 SiN 實際上是一個富有氫的非晶結構，一般表示為 a-SiN:H，顏色以藍色為主。會因為鍍的厚度不同而顏色會有變化，從綠色到藍色都有可能。

該步驟的製程參數包括鍍膜腔內的工作壓力、工作功率、反應時間、腔體溫度、製程氣體的流量和比例。該製程結果決定所鍍膜的成分組成、氫的比例、光學能隙、折射係數、介電常數片電阻和厚度。

3.7.6 金屬電極

太陽能電池在正反面接有粗細不同的金屬電極。雖然導電電極可以用網版印刷或是蒸鍍來製作，但是為了成本和大量生產的需求網版印刷銀導體是目前比較合理的技術，因為蒸鍍要在真空下進行，成本較高。

圖為網版印刷（Screen Printing）的過程，可以區分為接觸式和無接觸式兩種。目前常使用的網版印刷技術，如圖 3.25，其解析度可以到達 50μm，相當於一根頭髮的寬度。網印技術為使用刮刀將膏材刷過具有電路圖型的網板或金屬板，用以在基板表面所需之圖示。經由烘烤將其中的高分

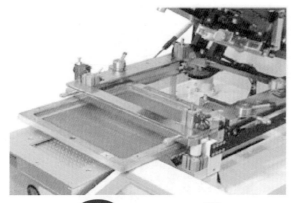

圖3.25　網印機外觀圖[17]

子載劑除去。常見的網板是不鏽鋼絲製成的網布，在膏材可以透過的情形下，網布上的孔必須盡可能的密集。網印過程中所使用的膏材，其顆粒都必須能透過細小的網孔。因此，製作的環境需加以管制，以免灰塵雜質的污染，其中，網印的膏材由導電粒子、樹酯、溶劑、黏結劑與微量添加劑組成，藉由樹酯和溶劑形成了類似麥芽糖的黏稠載體，將導電粒子及玻璃粉分布其中。

　　電極製作是使用網印將金屬膏印製在晶片上，其中金屬膏的成分一般使用含銀、含鋁的漿料。該製程分三段進行，第一段印製正面之上電極，第二段印製背面粗電極，第三段則以鋁漿印滿反面其餘面積。各段之間接需要經過烘乾爐將膏硬化。

3.7.7　燒結（firing）

　　如圖 3.26 所示，金屬漿料經過網印、烘乾等步驟，需經過高溫燒結製程才能穿過正面氮化矽鍍層，並滲入矽晶片表面形成金屬間的歐姆接觸（Ohmic Contact），以緊密結合將電子電洞所產生之光電流導出。然而，金屬膏燒結過程時，溫度的控制是影響最大的一個因素。此外，燒結時晶片的放置方式和傳送速率，對於產品效率以及粗電極可焊性、焊接強度接有影響。

圖3.26 燒結過程[18]

　　燒結的目的在於去除金屬膏的有機成分，並將其中的無機粉體燒結成堅固且緻密的結構。在燒結過程中，溶劑會揮發，存留下的少許玻璃會將導電粒子彼此連結形成導電通路。在經過攝氏 500℃ 的燒結後，銀金屬依舊能保有良好的導電性。燒結步驟雖然簡單，但若是條件未掌握好，會導致電阻值上升，增加串連電阻，而降低了光電流和效率。

3.7.8 晶片邊緣絕緣（edge isolation）

　　在擴散製程後，整個 p 型晶片會被一層 n 型 doping 包圍著。以 p 型矽晶片製作的太陽能電池正面為負極，背面為正極。為避免正負兩極在晶片邊緣有短路的現象，需要以雷射光束沿晶片邊緣處切割出深度超越 p-n 接面之凹槽以導出電流，也可以使用電漿或化學蝕刻進行。如圖 3.27。

雷射光束切割

圖3.27 雷射切割[19]

3.8 單晶矽和多晶矽太陽能電池的比較

3.8.1 單晶矽太陽能電池

圖 3.28 為單晶矽太陽能電池。雖然單晶矽太陽能電池理論最高效率可以達到 28% 左右，但是扣除一些非理想因素，類似反射、串聯電阻、並聯電阻的損失，目前市面上單晶矽太陽能電池效率可以達到 16～19% 左右，單晶矽太陽能電池的特點如下幾點：

1. 完整的結晶可以讓單晶矽太陽能電池達到高效率；
2. 因為鍵結較為安全，不易受入射光子破壞而產生懸鍵，因此光轉換效率不容易因為時間一久而產生光衰退現象，這也就是最大的優點；
3. 單晶矽太陽能電池發電特性非常穩定，可以維持二十年之久，因此可以廣泛的被應用在商業和民生企業，甚至是發電都沒有問題；
4. 矽原料在地球是第二大含量的原料，而且矽太陽能電池的製造已經很成熟；
5. 雖然矽的密度低材料輕，但是硬度夠。

圖3.28　單晶矽太陽能電池[20]

3.8.2 多晶矽太陽能電池

圖 3.29 為多晶矽太陽能電池。目前市面上的多晶矽太陽能電池可以達

到 13～16%，單晶矽太陽能電池雖然有比較好的優勢，效率也比較高，但是價格昂貴，在低價市場上發展較為有難度。而多晶矽太陽能電池則是以降低成本為考量，其次才是效率，因為多晶矽在矽材料純度和結晶化程度比單晶的低，所以可以有效降低成本。此外多晶矽太陽能電池的效率已經逐漸逼近單晶矽太陽能電池，所以多晶矽太陽能電池現在是業界製造的主流，在矽基板太陽能電池中，市占率有 50% 以上。比起單晶矽太陽能電池，多晶矽太陽能電池結構效率比較差的原因在於：

1. 晶粒和晶粒之間存在著結晶介面（Grain Boundary），該介面上有許多的懸鍵會形成載子復合中心，會減少自由電子數量而降低電流，因此，理論上結晶粒越大，也就代表結晶面越少，效率也越逼近單晶矽太陽能電池；

2. 結晶的矽原子鍵結較差，容易受紫外線破壞而產生更多的懸鍵。且隨著使用的時間增加，懸鍵的數目也越來越多，造成光電轉換效率劣化；

3. 本身含有雜質較高，解多半聚集在結晶面，雜質的存在使電子和電洞移動不容易。

圖3.29 多晶矽太陽能電池[21]

3.9 高效率單晶矽太陽電池種類

目前市面上的單晶矽太陽能電池效率大約為 15～20%，模組使用年約二十年。由於目前市場擴大，產品競爭性高，一些大公司積極投入開發，主要發展方向為：(1)矽晶片品質提升與厚度變薄；(2)電池效率提升與成本降低。至於如何提升太陽能電池的效率，一直是產學界努力的目標。

目前單晶矽太陽能電池效率超過 20%且已經商業化的太陽能電池，如圖 3.30 所示。圖 (a) 為 SunPower 公司所研發的太陽能電池 SunPower A-300，特色為將電極的一部分設計在同一面，使電池正面無任何遮蔽面積，其最高效率已經可以到達 21.5%；圖 (b) 為 BP Solar 公司所研發的太陽能電池，利用 laser 將正面電極埋入電池當中，以增加載子收集效果而提高效率，最高效率可以到達 20.5%；還有另外幾種高效率電池結構，於後介紹。

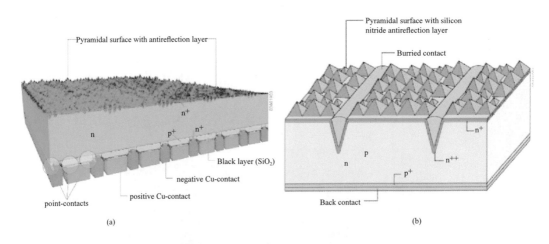

圖3.30　商業化單晶太陽能電池結構[22]

3.10 射極鈍化背面局部擴散太陽電池

近數十年來，高效率單晶矽太陽能電池以澳洲新南威爾斯大學所開發之射極鈍化背面局部擴散最為著名，效率達 24.7%，圖 3.31 所示。該結構係以逆金字塔表面粗糙化，同時搭配 MgF_2（n = 1.38）與 ZnS（n = 2.4）雙重

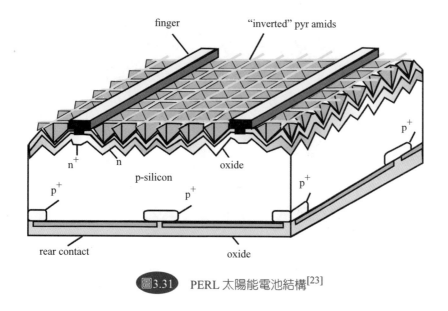

finger   "inverted" pyramids

p$^+$

n$^+$ n   oxide

p-silicon

p$^+$

p$^+$ p$^+$

rear contact   oxide

圖3.31 PERL 太陽能電池結構[23]

抗反射的塗布，增加光線吸收以增加光電流的產生；利用熱氧化層鈍化矽表面，以免光載子於邊界複合；背部局部擴散的設計形成了背面電場，可以反彈少數載子，且由於這種設計，避免了多數載子在邊界上的複合而增加多數載子的收集；於金屬接觸位置使用 BBr$_3$ 及 PBr$_3$ 液態源進行摻雜以降低接觸電阻。

3.11 埋入式接點太陽電池

近十五年來，太陽能電池效率改善很多，最引人注目之結構為埋入式接點太陽電池，是由澳洲 UNSW 大學所研發，並由美國 BP Solar 公司將此結構商業化，其結構如圖 3.32 所示。BCSC 太陽電池結構乃結合早期之 PESC 結構和近期 PERL 結構之優點，將電池做部分蝕刻與表面粗糙化，之後再利用 YAG-Laser 將電池表面刻劃出溝槽狀，其深度不可超過 60μm，否則會影響到電池之開路電壓，另外為了增加其量產速度，也可以將 laser grooving 製程改成機械式溝槽，雖然均勻度可能會不佳，但可以使用後續之蝕刻將溝槽平緩化；接下來對電池做第二次的擴散製程以及背面鋁電極之沉積，再利用電鍍技術將鎳，銅，銀三種金屬合金，沉積在溝槽及電池背面。

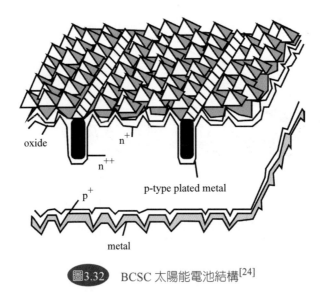

oxide

n$^+$

n^{++}

p-type plated metal

p$^+$

metal

圖3.32　BCSC 太陽能電池結構[24]

　　BCSC 結構之太陽電池效率比起一般商業化之網版印刷太陽能電池高，不僅改善了電流與電壓輸出，也改善了串聯電阻效應。由於對於藍光波段之入射光較容易吸收，所以改善了其電流輸出；此外，降低了電極的載子結合速率，所以改善了電流與電壓輸出，由於改善了開路電壓和降低了串聯電阻，也使填充因子增加，故整體而言，使電池效率提高許多達 19.9%。

3.12　格柵太陽電池

　　格柵太陽電池為近幾年所設計的太陽能電池之一，其主要概念為利用各種蝕刻技術將電池表面做炸狀之結構，以增加入射光的利用。有研究利用活性離子蝕刻（RIE）製程將電池表面蝕刻成 $10\mu m$ 至 $30\mu m$ 不等之深度格柵，如圖 3.33 所示，發現利用格柵結構，其對入射光有更佳之吸收。利用二維結構，其效果比一維結構佳，加上鈍化處理，將可以降低電子電動的複合機率，且短路電流密度與內部量子效率也可以提升許多。

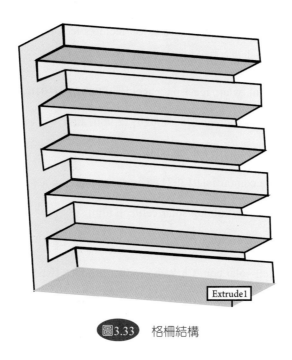

Extrude1

圖3.33　格柵結構

習題

1. 請簡述單晶矽晶源成長中，CZ 法與 FZ 法之差異，與其優缺點，並說明影響此二方法單晶矽成長之關鍵為何?

2. 請簡述單晶矽與多晶矽晶片之優缺點。

3. 請簡單指出常見單晶矽太陽能電池結構，並說明其作用。

4. 請簡述單晶矽太陽能電池製程，並詳細說明每一部製程之作用。

5. 請利用氮化矽設計一抗反射層，使單晶矽太陽能電池的最低表面反射率能發生在波長為 550nm 的位置。（$n_{si} = 3.6$）

參考文獻

1. http://www.tdk.co.jp/techmag/inductive/201005/index.htm
   http://tc.wangchao.net.cn/baike/detail_1368989.html

2. http://www.jhssolar.com/Upload/PicFiles/2009.10.22_9.25.28_2193.jpg

3. http://people.seas.harvard.edu/~jones/es154/lectures/lecture_2/materials/materials.html

4. http://www.latentek.com.tw/fz_ch.html

5. http://www.luzu.com.tw/arpage.aspx?pageid=ar008826-ct1010

6. http://210.60.224.4/ct/content/1980/00020122/0007.htm

7. http://www.latentek.com.tw/vgf_ch.html

8. http://seekingalpha.com/article/13921-evergreen-solar-s-sales-are-mounting

9. http://ge.tcivs.tc.edu.tw/training/solar/cell/cell.html

10. http://eshare.stut.edu.tw/View/73642

11. http://www.topcell-solar.com/Ch/Web/product/product_list.asp?__condition_category_id=145

12. http://unit.aist.go.jp/rcpvt/acs/English/research.html

13. http://ge.tcivs.tc.edu.tw/training/solar/cell/cell.html

14. http://pvcdrom.pveducation.org/DESIGN/SURFTEXT.HTM

15. http://www.google.com.tw/imgres?q=%E7%88%90%E7%AE%A1&um=1&hl=zh-TW&tbm=isch&tbnid=pOGSeyo3w_LeXM:&imgrefurl=http://www.ce.cn/ztpd/xwzt/guonei/2007/nbbsq/tps/200711/08/t20071108_13527844.shtml&docid=y0eqVZaIS_W9bM&imgurl=http://www.ce.cn/ztpd/xwzt/guonei/2007/nbbsq/tps/200711/08/W020071108488537364709.JPG&w=339&h=300&ei=LAuaT9mlAZDImQXAutixDg&zoom=1&iact=hc&vpx=646&vpy=321&dur=386&hovh=139&hovw=157&tx=68&ty=112&sig=100416379401051394624&page=4&tbnh=136&tbnw=154&start=71&ndsp=24&ved=1t:429,r:15,s:71,i:254&biw=1http://www.ce.cn/ztpd/xwzt/guonei/2007/nbbsq/tps/200711/08/t20071108_13527844.shtml

16. http://www.google.com.tw/imgres?q=pecvd&um=1&hl=zh-TW&sa=N&tbm=isch&tbnid=DiMKEoXxousiKM:&imgrefurl=http://www.oetc.com.cn/category/19/2011-07-09/142329903.html&docid=HJLgJEx7wtpzFM&imgurl=http://www.oetc.com.cn/admin/UploadFile/2010127104747.jpg&w=409&h=298&ei=rgqaT6Yqi42ZBcK8rNEO&zoom=1&iact=hc&vpx=349&vpy=200&dur=562&hovh=151&hovw=202&tx=172&ty=52&sig=100416379401051394624&page=3&tbnh=150&tbnw=200&start=46&ndsp=26&ved=1t:429,r:1,s:46,i:169&biw=1366&bih=637http://www.oetc.com.cn/category/19/2011-07-09/142329903.html

17. http://ge.tcivs.tc.edu.tw/training/solar/cell/cell.html

18. http://ge.tcivs.tc.edu.tw/training/solar/cell/cell.html

19. http://demo2.artie.com.tw/gintech.com.tw/beta/about_process.php

20. http://www.google.com.tw/imgres?q=%E5%96%AE%E6%99%B6%E7%9F%BD%E5%A4%AA%E9%99%BD%E8%83%BD%E9%9B%BB%E6%B1%A0&um=1&hl=zh-TW&tbm=isch&tbnid=fau72AmMLlLgrM:&imgrefurl=http://www.kunjin-solar.com/03.asp%3Faction%3Dshow%26mynew%3D39YY123619%26nno%3D3%26newtitle%3D%25A4%25D3%25B6%25A7%25AF%25E0%25B9q%25A6%25C0%25B5o%25B9q%25AD%25EC%25B2z&docid=48c9DOh8c3pEzM&imgurl=http://210.69.121.54/moea/Docs/images/introduction2a.jpg&w=300&h=180&ei=bguaT4epB6-VmQXe963DDg&zoom=1&iact=rc&dur=366&sig=100416379401051394624&page=1&tbn http://solarpv.itri.org.tw/aboutus/sense/battery.asp）

21. http://solarpv.itri.org.tw/aboutus/sense/battery.asp

22. (a)SunPower A-300；(b)BP Solar Saturn（http://www.sciencedirect.com/science/article/pii/S0368204805004615

23. http://www.pv.unsw.edu.au/information-for/future-students/future-undergraduates/about-photovoltaic-renewable-energy/what-are-2

24. http://www.google.com.tw/imgres?q=BCSC+solar+cell&um=1&hl=zh-TW&tbm=isch&tbnid=t1xRtaByEJxXBM:&imgrefurl=http://www.pv.unsw.edu.au/information-for/future-students/future-undergraduates/about-photovoltaic-renewable-energy/what-are-2&docid=ywVxEKt2R3BXEM&imgurl=http://www.pv.unsw.edu.au/sites/default/files/buried-contact-cell.gif&w=213&h=168&ei=fAaaT4z6EpHimAWI_KG0Dg&zoom=1&iact=rc&dur=278&sig=100416379401051394624&page=1&tbnh=116&tbnw=147&start=0&ndsp=21&ved=1t:429,r:0,s:0,i:65&tx=38&ty=31&biw=1366&bih=637http://www.pv.unsw.edu.au/information-for/future-students/future-undergraduates/about-photovoltaic-renewable-energy/what-are-2

25. J.Z Czochralski, Phys. Chem., 92 (1918)219.

26. P.H. Keck and M.J.E. Golay, Phys Rev., 78 (1950) 647.

27. Dash W C. J Appl Phys, 1958,29: 736.

28. Dash W C. J Appl Phys, 1959,30: 459.

29. H.C. Theuerer, US Patent 3,060,123.

30. F. Schmid,D. Viechnicki, J Am. Ceramic Soc. 53(9) (1970) 528.

31. T.F. Ciszek, Mater. Res. Bull. 7 (1972) 731.

第 **4** 章

非晶矽薄膜太陽能電池

4.1 前言

　　因為歐、日、美等國家強力的能源補助政策催生下，促使矽基太陽能電池需求大增，造成上游矽材料嚴重缺乏，導致整體產業鏈價格上漲的情形。於此可看出矽基太陽能電池所面臨的最大問題乃是材料成本太高，一方面是因為二氧化矽（SiO_2）純化成單晶矽過程中需要規模龐大的廠房，耗費大量的能源才能辦到；另一方面，由於物理性質的限制，目前用矽基太陽能電池厚度最少也要 $200\mu m$，因此在製造大面積發電模組時，對矽原料的用量相對來說非常龐大。在太陽能電池產業，矽短缺的問題未能獲得解決下，具有低材料需求（厚度可低於矽晶圓太陽能電池 90% 以上）、節省成本、重量輕、且可製造在價格低廉的玻璃、塑膠或不鏽鋼基板上，甚至能夠採用 Roll to Roll 製程生產大面積且大量的太陽能電池的特性等優點的薄膜太陽能電池，正是目前國際間各太陽能電池大廠與研發團隊積極發展的一大目標，市場上已有新進與既有業者選擇投入薄膜太陽能的懷抱，甚至加碼投資，以期能搶攻太陽能電池市場的可觀商機，加上具有可撓性，容易搭配建築外牆施工等其他優點，因缺矽風潮崛起的薄膜太陽能光電，可望以後起之秀的新姿態嶄露頭角，預期將成為未來的熱門產業。

　　圖 4.1 為薄膜太陽能電池占矽太陽能電池之比重，可以看到薄膜太陽電池的比重逐年增加，而目前薄膜太陽能電池仍以非晶矽材料為主軸。另外而由拓墣產業研究所於 2008 年整理的各類型太陽能電池市占率預測圖，圖 4.2 可以得到在 2020 年時，薄膜太陽能電池的總市占率將近 50%，其中，非晶矽材料就占了 30%，可說是薄膜太陽能電池的明日之星。

　　如之前所提到，太陽能產業中的薄膜太陽能電池具有爆發性的未來潛力，而其中又以非晶矽材料最占優勢，R Singh 在 2009 年提到要建立一個廣大的光電市場，其元件所需的材料要具備：(1)沒有材料供給的限制；(2)生產資本額低；(3)具有降低生產成本的前景及(4)對於環境和人體的健康影響低[8]。對第(1)點來說，原料的供給速率和元件生產速率與人們目前的需求量息息相關，沒有充足的原料量容易造成物價上漲，CIGS 太陽能電池材料 In

單位：MW

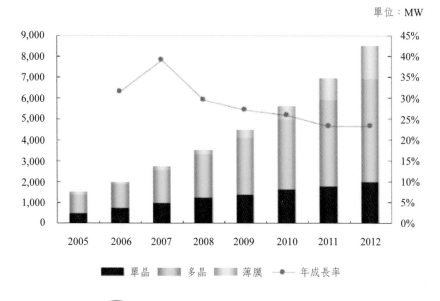

圖4.1　薄膜太陽能電池占矽太陽能電池之比重

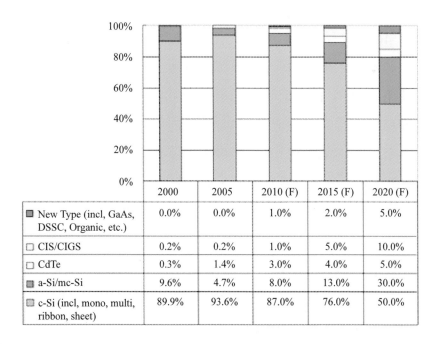

	2000	2005	2010 (F)	2015 (F)	2020 (F)
New Type (incl, GaAs, DSSC, Organic, etc.)	0.0%	0.0%	1.0%	2.0%	5.0%
CIS/CIGS	0.2%	0.2%	1.0%	5.0%	10.0%
CdTe	0.3%	1.4%	3.0%	4.0%	5.0%
a-Si/mc-Si	9.6%	4.7%	8.0%	13.0%	30.0%
c-Si (incl, mono, multi, ribbon, sheet)	89.9%	93.6%	87.0%	76.0%	50.0%

圖4.2　各類型太陽能電池市占率預測圖，在 2020 年薄膜太陽能電池（CIGS、CdTe、a-Si）之比重已具有 45%，相較於 2010 年的 12%，可見其在未來對太陽能產業的衝擊性。

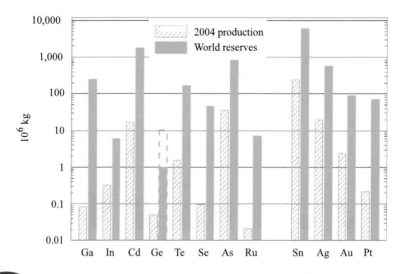

圖4.3 在 2004 年當年內，不同材料應用在光電產業上的產量以及全球的保存量。

原料供給非常受限制，圖 4.3 指出 In 在地球上的保存量非常稀少，隨著 CIGS 產量上升，使得 In 的價格從 2002 年一公斤 97 美金價格漲到在 2009 年時一公斤 400 美元的規格，相對之下，非晶矽薄膜太陽能電池的原料非常充足，加上薄膜材料需求不多，是非常適合的太陽能電池產業材料；而在製程上可以採 Roll To Roll 且低溫的低資本額的生產方式製作，並採用玻璃基板等大面積的便宜基板，而隨著效率的提升，對於生產的需求也可以降低，再說矽原料本身對環境以及人體健康的傷害非常小，不像 CdTe 薄膜太陽能電池，其 Cd 成分本身具有毒性，而被限制應用在半導體材料上的摻雜量。綜合以上觀點，非晶矽薄膜太陽能電池在其太陽能市場上擁有不少的優勢，目前世界上非晶矽薄膜太陽能電池的總元件生產能力達到每年 50MW 以上，元件及相關產品的銷售額在 10 億美元以上。非晶矽薄膜太陽能電池雖擁有市場優勢，但本身由於先天性質的關係，轉換效率相對矽晶圓低，因此為了提高非晶矽薄膜太陽能電池的效率，有不少的方法被運用上來：非晶矽本身具高吸收係數的優勢，有不少團隊提出抗反射層的想法，減少太陽能電池表面上的反射光來增加光的萃取率，可藉此提升轉換效率。另一種提升轉換效率方法是從製程上的參數調變來達到最佳的元件效率並且製作成堆疊型態的太陽能電池，堆疊型態的優點是除了具有較大的開路電壓外，效率因光劣化的情形也比較減緩，但在實際製程參數的變化，往往影響到整個元件不單是電性甚至是光性的好壞，而其幅度差異性大，更何況光非晶矽薄膜太陽能電池上就有 P、I、N 三層結構，又要另外考量非晶矽合金（a-SiC、a-SiGe）或是經非晶矽相變化的微晶矽等不同矽基薄膜材料，因此需要投入大量資源，才能得到改善效率的結果。

4.2 矽薄膜太陽能電池優點

非晶矽薄膜太陽能電池自從 1970 年代發展出來以來，由於它與單晶矽太陽能電池相比有許多的優點，因此逐漸嶄露頭角，受到學界與產業界的重視。簡單將非晶矽太陽能電池的優點歸類如下：

(1) 材料量使用非常少

傳統單晶矽代陽能電池所使用的單晶片，由於切割的限制晶片厚度約為 $200 \sim 300 \mu m$，而非晶矽薄膜太陽能電池的製程方式是利用 PECVD 薄膜沉積的方式，所使用到的吸收層矽材料厚度一般在 $0.5 \mu m$ 以下或者更少，是單晶矽太陽能電池的 1/500，如此大幅度的減少 Si 材料的使用，將可有效的降低太陽能電池之製作成本。

(2) 可大面積生產

傳統單晶矽太陽能電池的晶片製作，必須先經過高溫的拉晶純化製程，所需溫度非常高，因此極耗資源，此外電池的面積將被晶柱的截面積給限制。但非晶矽太陽能電池改採薄膜沉積製程，因此製作面積將可提升至 $1 \times 1m^2$ 的尺度，此項特性在商業化生產與模組化，有非常高的重要性。

(3) 彈性的模組製作

非晶矽太陽能電池可沉積在多種類的基板材料之上，包括具有可撓性且便宜的不鏽鋼材料或是塑膠材料，也可以在玻璃之上沉積非晶矽太陽能電池，使其同時可以發電又具備有光穿透特性，此項特性使太陽能電池可以和建築物做一個整合而成為建築整合型太陽光電系統（Building Integrated Photovoltaics, BIPV）。

(4) 能源回收期短（Energy Payback Time, EPT）

正如前述所說，單晶矽太陽能電池在晶圓製作時，需要經過由矽砂提煉純化至晶柱的過程，需要極高的溫度來進行純化，所以需要消耗非常多的能源需求以及大型的廠房設備。如果以相同的發電功率模組來計算，非晶矽太陽能電池所需的相對成本較少，回收期約為單晶矽太陽能電池的三分之二或者更少。

(5) 全年發電量較高

非晶矽材料由於對光線的吸收係數約為單晶矽材料的一百倍，這使得非晶矽薄膜只需要微弱的光線即可發電，同時非晶矽材料較不會因為元件溫度上升而導致元件效率下降，所以在季節變換時，全年平均的發電量仍較佳於其他種類的薄膜太陽能電池。

4.3 矽薄膜太陽能電池發展近況

目前已經開發出多種薄膜太陽能電池技術，有商業化並有具體產品的有非晶矽（a-Si）、微晶矽（μc-Si）、CIS/CIGS、CdTe、GaAs multi-junction、色素敏化染料及有機導電高分子等。

其中，在 1980 年代非晶矽[9, 10]是唯一商業化的薄膜型太陽能電池材料。非晶矽的優點在於對於可見光譜的吸光能力比結晶矽強約 500 倍[11]，所以對非晶矽而言只需要薄薄的一層就可以把光子的能量有效的吸收。而且利用濺鍍或是化學氣相沉積方式在玻璃或金屬基板上生成薄膜的生產方式成熟且成本低廉，材料成本相對於其他化合物半導體材料也較便宜；不過缺點則有轉換效率低（約 6～8%），以及會產生嚴重的光劣化現象（就是在受到 UV 照射後，會使得轉換效率大幅降低）的問題，因此較多應用於小型的消費性電子產品市場（圖 4.4）。

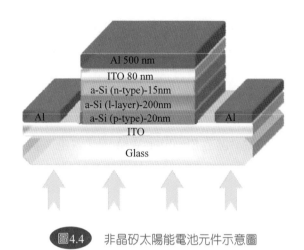

圖4.4 非晶矽太陽能電池元件示意圖

不過在新一代的非晶矽多接面太陽能電池（Multi-junction Cell）已經能夠大幅改善純非晶矽太陽電池的缺點，a-Si/μc-Si 堆疊的雙接面太陽能電池轉換效率可達 12%，a-Si/a-SiGe/μc-Si 堆疊的三接面太陽能電池轉換效率可達 15%，使用壽命也獲得提升（表 4.1）。由於發展歷史相當長，目前市場上絕大多數的薄膜太陽能電池都是用非晶矽作為主要材料，而未來在具有成本低廉的優勢之下，仍將是未來薄膜太陽能電池的主流之一。

表4.1 各種矽薄膜太陽能電池在可撓式基板上的效率

Cell type	Substrate	Source	Eff.(%)	
n-i-p(a-Si/a-SiGe/μc-Si)	SS	United Solar Ovonics, USA	15.4	[12]
n-i-p(a-Si/a-SiGe)	Kapton	Fuji Electric, Japan	10.1	[13]
n-i-p(a-Si)	PEN	IMT, Switzerland	8.7	[14]
n-i-p(μc -Si)	E/TD	AIST, Japan	6	[15]
n-i-p(μc-Si)	LCP	AIST, Japan	8.1	[16]
n-i-p(a-Si)	PET	Univ. Stuttgart, Germany	4.9	[17]
n-i-p(a-Si)	PET	Univ. Utrecht, Netherlands	5.9	[18]
p-i-n(a-Si)	Polyester	Univ. Utrecht/Nuon, Netherlands	7.7	[19]
p-i-n(a-Si/μc-Si)	Polyester	Univ. Utrecht/Nuon, Netherlands	8.1	[18]
n-i-p(a-Si/a-SiGe/μc-Si)	Polymer	United Solar Ovonics, USA	9.7	[20]

SS: stainless steel; E/DT: tetracyclododecene co-polymer; LCP: liquid crystal polymer; PEN: polyethylene naphtalate; PET: polyethylene terephtalate; Kapton: polyimide.

但無論如何，a-Si 元件因為能隙（band gap）為 1.7-1.8eV，根據理論計算推導 a-Si 的平均效率約僅能到達 14～15%，為解決 a-Si 效率障礙問題，可採用堆疊結構結合窄能隙材料，以盡可能善用太陽的幅射光譜（圖4.5）。整合 a-Si 和窄能隙材料之堆疊式太陽能電池的優點為：(1)多重能隙匹配以取得太陽光譜全波段的利用。(2)可應用成熟的氫鈍化薄膜成長技術。(3)降低上層 a-Si 太陽能電池之 Steabler-Wronski 效應。(4)低成本。

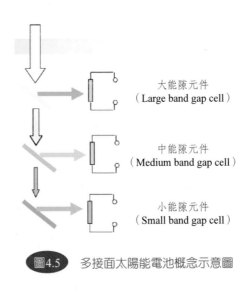

圖4.5 多接面太陽能電池概念示意圖

　　近年來國際間對多接面太陽能電池的研究重點主要放在 a-Si:H/uc-Si:H 雙接面太陽能電池之研發。μc-Si:H 薄膜之能隙可以降低至約 1.1eV，因此可以用來吸收太陽光頻譜中長波長光線。但有效吸收紅光波段的 μc-Si:H 薄膜厚度需約 2μm，以傳統 MHz 之 PECVD 來說，其沉積速率約 1～3A/s，以此沉積速率製作薄膜生產速率將過於緩慢。因此因應的解決方法在於使用 30-130MHz 之 VHF-PECVD 製作 μc-Si:H 薄膜，由於在超高頻率電漿中的離子密度較高，可以提高沉積速率且離子能量較低，對於薄膜之離子撞擊傷害相對減少，因此可以快速地沉積出品質良好的 μcSi:H 薄膜。

　　在雙接面結構研究中，另一值得注意的是使用的 a-Si:H/a-SiGe:H 結構，其特色在於其電池中，上下兩層主動吸收層（i-layer）分別採用厚度約 100～200nm 之 a-Si:H 和 a-SiGe:H 薄膜材料。a-SiGe:H 之能隙介於 1.4~1.6eV 之間，適用於吸收太陽光譜中的紅光波段，為一可取代 μcSi:H 吸收長波段的材料，且由於 a-SiGe:H 具有較 μcSi:H 為高的光吸收係數和因非晶相所造成的類直接能隙特色，使得 a-SiGe:H 薄膜不必如 μcSi:H 薄膜需高達幾個微米的厚度方能將長波段完全吸收，在原料用量節省及提高生產速率上可以大幅度的提升，且此薄膜沉積仍可維持使用原 13.56MHz 之 PECVD 系統，於大面積量化生產更得一助益。

4.4 非晶矽材料簡介

　　非晶矽薄膜的由來，始自於 1965 年，Sterling 與 Swann 兩人以射頻輝光（Glow discharge）放電分解矽烷（SiH$_4$）沉積非晶矽薄膜。1975 年，Spear 及 LeComber 兩人沉積非晶矽薄膜時，另外加入 PH$_3$ 及 B$_2$H$_6$ 氣體製作 p 型及 n 型非晶矽薄膜。1975 年，Triska 等人證明了以純 SiH$_4$ 製作的非晶矽薄膜中含有氫原子，所以非晶矽薄膜實際上是矽原子與氫原子形成的合金結構，而且具有良好的電性。

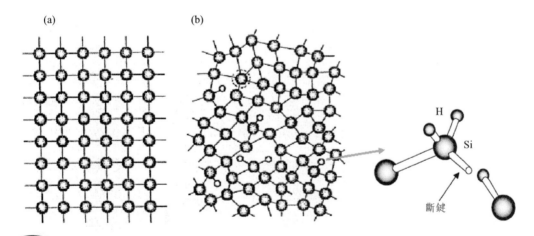

圖4.6 (a) 結晶矽和 (b) 非晶矽的原子結構排列，比較下可以看到結晶矽具有規則的週期性排列，而非晶矽排列則是雜亂無章，甚至有許多斷鍵（dangling bond），需要氫原子與之結合作鈍化作用。

　　非晶矽（amorphous silicon, a-Si）結構從圖 4.6 可以知道它是一種原子間只有短序成週期性排列而長序下排列不規則的材料，且矽原子與矽原子之間的鍵結力很弱，容易受外來能量打斷而形成懸浮鍵（dangling bond），這些懸浮鍵容易造成非晶矽材料存在大量的缺陷密度，一般純非晶矽材料具有 $10^{21}\mathrm{cm}^{-3}$ 的缺陷密度，為了減少懸浮鍵的產生，在製程上會通入氫氣作鈍化（a-Si:H），氫原子可以和懸浮鍵做鍵結，減少缺陷密度，鈍化後的缺陷密度約 $10^{15}\sim10^{16}\mathrm{cm}^{-3}$ 左右。由於非晶矽的原子排列長序下不規則的情形，我們無法像結晶矽一樣很明確的定義導帶和價帶之間的能隙大小，因為在非晶矽中，導帶和價帶會在邊緣區延伸出來進入能隙中形成帶尾結構（band tail）能態，這是由於矽原子間排列不規則而產生；此外，缺陷也會形成缺陷能態，座落在能隙的中間，這些位於能隙中間的能態皆是成連續性的，這跟結晶矽的能隙是不允許能態存在完全不同，所以我們無法明確定義能隙位置。在非晶矽中，我們會重新定義這些能帶和能態。首先，非晶矽能帶中不存在嚴格意義的價帶頂或導帶底，而是存在意義相近的遷移率邊界（mobility edge），一樣用符號 E_c 和 E_v 表示，而能態則分為兩部分：一、擴展態（extend states），能態位置在 $E < E_v$ 和 $E > E_c$ 的區域稱之；二、定域態（localized states），能態位置在 $E_c > E > E_v$ 區域稱之。在非晶矽的載子遷移率值都很低，通常電子遷移率僅在 $1\sim10\mathrm{cm}^2/(\mathrm{V}\cdot\mathrm{s})$ 左右，電洞遷移率僅在 $0.01\sim0.1\mathrm{cm}^2/(\mathrm{V}\cdot\mathrm{s})$ 左右，當載子位於定域態中時，其遷移率幾乎趨近於零，載子通常只能透過熱激發或穿隧效應在定域態能接做跳躍式移動（hopping），因此，位於遷移率邊界 E_c 和 E_v 之間差值，我們稱作遷移率能隙（mobility gap），此能隙已不具有禁止能帶的意義，一般非晶矽的遷移率隙在 1.7~1.8eV 附近。圖 4.7 是非晶矽能態的基礎模型，我們可以用數學來描述帶尾能態和缺陷能態，在圖中價帶和導帶遷移率邊界的能態密度會隨著靠近遷移率能隙中央而成指數衰減；缺陷能態則是位於遷移率能隙中間，成高斯分布，在先前有提到懸浮鍵會產生大量缺陷，依照懸浮鍵本身具有的電子數可以分成三種缺陷能態：含有零個電子為帶正電（D^+）缺陷；含一個電子為中性（D^0）缺陷；以及含兩個電子帶負電（D^-）缺陷，缺陷電荷的轉換能階 $E^{+/0}$ 和 $E^{0/-}$ 在能階中分別座落於高能階和低能階位置，因此在一個連續高斯分布的缺陷能態分別以 $D^{+/0}$ 和 $D^{0/-}$ 上表示，而兩者峰值之間的能量差稱作相關能量（Correlation energy, U），這個能量差來源是因當懸浮鍵具兩顆電子時，會因為庫倫作用力的影響而額外產生能量。這些位於遷移率能隙中的能態常做為載子復合中心（recombination center），容易影響元件的電性。

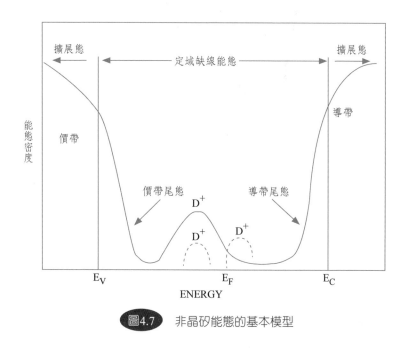

圖4.7 非晶矽能態的基本模型

在 1975 年 W. Spear 和 P. LeComber[21] 利用 SiH$_4$ 對 PH$_3$ 和 B$_2$H$_6$ 的氣體混合比例不同去看 N 型和 P 型的非晶矽薄膜在室溫下的電導率（conductivity, σ），得到一些非晶矽材料在摻雜下的特性，見圖 4.8：

1. 當 B$_2$H$_6$ 氣體比率相較於 SiH$_4$ 逐漸增大時，非晶矽膜理應成為 P 型薄膜而提升電導率，但在橢圓虛線可以觀察到電導率是下降的，這是因為本質的非晶矽薄膜在特性上是屬於輕微的 N 型摻雜，在遷移率能隙 1.7～1.8eV 下，費米能階距離 E$_c$ 遷移率邊界約 0.7eV，較偏向 E$_c$。

2. 在結晶半導體裡面，隨著 N 型和 P 型雜質的濃度升高，費米能階會越向導帶和價帶偏移，最後會和導帶的底部及價帶的頂部重疊甚至落在導帶和價帶之中，這種情形的半導體稱作**退化半導體**（degenerate semiconductor），但在圖 4.8 中，我們可以看到費米能階靠近導帶和價帶遷移率邊界到一個極值之後，不會再隨著雜質濃度不斷提升而靠

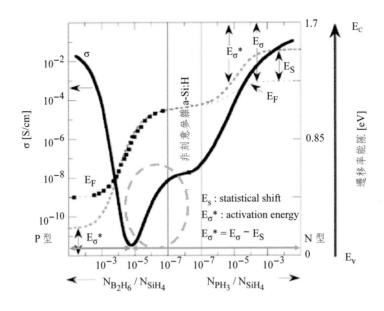

圖4.8　室溫下 N 型和 P 型非晶矽薄膜電導率 σ，隨著 B_2H_6，PH_3 和 SiH_4 比例不同而有所變化。

近，彷彿是被定住一樣，這是因為非晶矽材料中缺陷影響的關係，舉例來說，在 N 型摻雜下通入了密度 N_d 的磷原子，而磷原子解離：$P^0 \rightarrow P^+ + e^-$，在解離過程中，電子容易被中性缺陷能態給捕捉：$e^- + D^0 \Leftrightarrow D^-$。

此時被捕捉的電子有可能會再釋放回去或是跟電洞作復合，而一般 D^- 缺陷的能態密度提升大約和 N_D 開根號成正比，因此主要載子提升的速度遠小於 N_D，也說明了雜質摻雜會額外產生缺陷。另一方面，在雜質摻雜下會發生如圖 4.9 三種情況：(a) 情況下，磷原子鍵結呈穩定，但是沒有電子解離出來，沒有摻雜的效果；(b) 情況則是剛剛所提到磷原子解離出電子但被懸浮鍵所捕捉變成帶負電缺陷，又稱作缺陷補償施體（defect compensated donor）；(c) 情況下，是一般結晶矽的摻雜，既有成功的解離且沒有產生任何缺陷，但在非晶矽下極不穩定，容易變回 (b) 的狀態，因此非晶矽的摻雜效率比起結晶矽要來得低很多。而隨著摻雜濃度的提高，摻雜效率會一直降低[22]，即 (a) 的情況變多而 (c) 情形變少，使得費米能階被釘住無法移動，這種情況會影響到元件的開路電壓，無法因為非晶矽的遷移率能隙很大而具有較大的開路電壓。

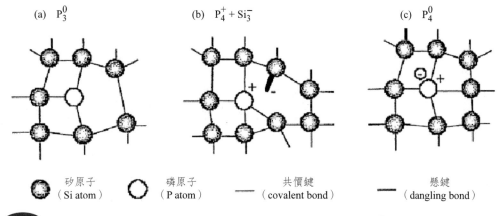

圖4.9 磷原子在非晶矽結構中可能形成的情形，(a) 沒有摻雜效果 P_3^0；(b) 缺陷補償施體 P_4^+ + Si_3^-；(c) 中性施體 P_4^0，（磷原子旁邊的數字表示共價鍵數目，上方代表電性）。

　　載子的擴散長度和載子的生命週期有關，由上文提到的非晶矽摻雜會產生的缺陷的特性，可以了解到元件結構的 N 型層和 P 型層因為本身是高摻雜，造成厚度無法做太厚，所以在非晶矽太陽能電池中會做成 PIN 結構，因為一來本質層在本身缺陷密度上比起 N 和 P 型層要來得低，載子被捕捉復合的機率較低；二來本質層位在 N 型層和 P 型層中間，恰成為一個極佳的空乏區，只要拿捏得當，本質層的厚度幾乎可以等同於空乏區的寬度，當光子在本質層中被吸收，其產生電子電洞對會因為空乏區的電場關係，快速的往兩旁漂移，大幅降低載子被捕捉的機率，所以一般又稱本質層為吸收層。又因為非晶矽排列不規則特性所使，相較於單晶矽的非直接能隙，非晶矽近似直接能隙，所以具有比單晶矽高很多的吸收係數，這也是為什麼非晶矽吸收層厚度可以做很薄的原因。

　　氫化非晶矽薄膜本質上是矽氫合金，因此材料、光學及電學等特性受到矽氫原子比例及其鍵結型態之影響。非晶矽的原子排列，不具有如結晶矽般的規則性，但它仍具有某種程度上短距離的次序，在這種狀況之下，大部分的矽原子還是傾向於跟其他四個矽原子鍵結在一塊。但它無法維持長距離的規則性，因此會產生許多鍵結上的缺陷，例如：懸浮鍵（dangling bond）的出現。也就是說，部分的矽原子無法與四個臨近的矽原子鍵結在一塊。這些鍵結上的缺陷，乃提供了一個給電子及電洞再結合的路徑。

但是如果在非晶矽沉積的過程中，可以嵌入 5-10% 的氫原子的話，氫原子就可與矽原子鍵結，而去除部分的懸浮鍵，如圖 4.10 所示。我們稱這種含氫的非晶矽為 hydrogenated amorphous silicon（a-Si:H）。這對於提高非晶矽太陽能電池的效率是相當重要的。

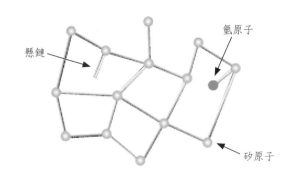

圖4.10　氫原子的存在，有助於移除非晶矽結構裡的懸浮鍵。

一般製作氫化非晶矽薄膜所使用的氣體主要為矽烷（SiH₄）和氫氣，氫化非晶矽薄膜的沉積主要是來自於這兩種氣體的分解和電離。利用加強型電漿化學氣相沉積系統來成長氫化非晶矽薄膜，其沉積的過程如下：

1. 矽烷於電漿中被電子撞擊後，產生離子及中性的基團，稱作初級反應。
2. 初級反應的產物向成長表面傳輸及產物間再互相碰撞形成新的基團，稱為次級反應。
3. 初級和次級產物於基板表面吸收，稱為表面反應。
4. 表面反應鍵結連接形成薄膜及釋放其他氣體產物回到電漿中。

表 4.2 為矽烷於電漿中被電子撞擊後，產生離子及中性基團的初級反應，以及這些離子和基團再互相碰撞形成新的活性基團的次級反應[23]。（如圖 4.11）

表4.2　矽烷的電漿初級和次級產物

初級反應	次級反應
$e + SiH_4 \rightarrow SiH_4 + e$	$SiH_4 + H \rightarrow SiH_3 + H_2$
$\rightarrow SiH_2 + H_2 + e$	$SiH_4 + SiH_2 \rightarrow Si_2H_6$
$\rightarrow SiH_3 + H + e$	$SiH_3 + SiH_4 \rightarrow SiH_4 + SiH_3$
$\rightarrow SiH + H_2 + H + e$	$SiH_4 + Si_2H_6 \rightarrow Si_nH_m$
$\rightarrow SiH_2 + H_2 + 2e$	
$\rightarrow SiH_3^+ + H + 2e$	
$\rightarrow SiH_3^- + H$	
$\rightarrow SiH_2^- + H_2$	

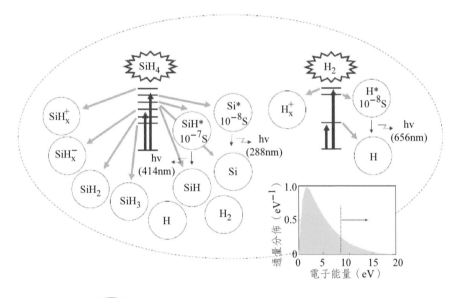

圖4.11　矽烷和氫氣在電漿下分解電離的過程示意圖

　　電漿中被分解電離出的氫原子在薄膜沉積扮演著很多角色，包括對 Si-H 鍵結斷鍵釋放氫氣形成矽懸浮鍵（Si-），也可以補償一個矽懸浮鍵形成 Si-H，或是將 Si-Si 鍵結斷鍵形成一個矽懸浮鍵和一個 Si-H 鍵結，故氫原子除了有補償懸浮鍵的作用外，也有對薄膜進行蝕刻和奪氫的作用。

　　氫化非晶矽薄膜品質的優劣與製程條件有密切的關係，薄膜中的矽氫鍵結型態也與製程條件之控制有關。特別是當矽烷與氫氣的比例調，當氫氣含量越多時，薄膜的結構會逐漸地由非晶相轉變成微晶（microcrystalline）相。這樣的轉換，顯示薄膜中的矽氫鍵結可以經由製程條件加以調整，結構變化包含矽氫合金比例的改變及矽氫鍵結型態的改變。

一般為了提升非晶矽薄膜太陽能電池的**轉換效率**，有不少的方法被提出來討論：(1) 對光線的使用率提升，透過增加元件對光的萃取率及減少光吸收後的損失[24]，(2) 在製程參數上作調變來優化，如摻雜氣體和 SiH$_4$ 混合氣體的比例、沈積薄膜速度、吸收層厚度等等，(3) 非晶矽合金薄膜如非晶矽碳（a-SiC:H）或非晶矽鍺（a-SiGe:H）等，適當的比例可以改變遷移率能隙的範圍[25,26]。透過以上方式的改良，如今市面上非晶矽薄膜太陽能電池模組也有 8～9%的效率。然而非晶矽薄膜太陽能電池具有一項很致命的缺點，長期照光下，會導致初期效率嚴重下降，這種光致衰減的現象稱作 Staber-Wronski 效應，這是目前仍需要克服的技術性問題。Staebler-Wronski 效應是影響非晶矽太陽能電池的一個重要因素，造成光劣化效應的原因是懸浮鍵過量的與氫原子結合，長時間照光後，Si-H 鍵結又再次斷掉。先前有提到氫原子與懸浮鍵的結合，可降低缺陷的產生。如果在非晶矽材料中能降低懸浮鍵產生，就能減少氫原子鈍化（passivation）的量，而光劣化效應就能降低。因此熱阻式（hot-wire）的新技術能將 a-Si 的品質提高且氫的使用量降到 1%。 在 i 層中仍有雜質相對於 p-type 及 n-type 來說是十分少的，稱為背景雜質（background doping impurities）。如果雜質量變高，會影響我們的內建電場如圖 4.12，這會使 i 層能利用的厚度降低，導致吸收下降。而我們

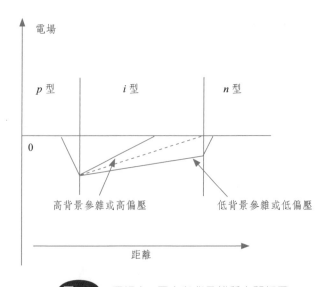

圖4.12　電場在 i 層中與背景雜質之關係圖

可以利用光捕捉（light trapping）的技術來增加光學路徑長（optical path length）或者利用多層式（multilayer）的非晶矽太陽能電池來解決。

4.5 非晶矽太陽能電池製程技術

以下將分別討論非晶矽太陽能電池的關鍵製程技術：

4.5.1 電漿輔助化學氣相沉積系統

化學氣相沉積（Chemical Vapor Deposition, CVD）乃是利用活性氣體產生化學反應，沉積固體生成物的一種成膜方法。通常分為五個主要的步驟：

(1) 反應氣體擴散。

(2) 反應物吸附在基板表面。

(3) 反應物化學反應沉積。

(4) 部分生成物與未反應物有足夠能量通過邊界層（Boundary Layer）。

(5) 部分生成物與未反應物抽離系統。

其反應所需的活化能主要是由外加射頻電源（RF Power），使反應氣體離子化，並產生輝光（glow discharge），讓其成為活性的反應基（radical），加速反應而達成沈積固體生成物的目的。因此電漿式化學氣相沉積系統中產生的化學反應所需的能量主要來自於電漿催化而非熱能，所以一般的電漿式化學氣相沉積系統的基板溫度範圍為 100～400℃之間，可在低溫環境下成長薄膜，因此低溫成長在半導體製程中是一個非常大的優勢。

在此高密度電漿化學氣相沉積系統（圖 4.13）中，在電漿鐵盒子裡，盒子裡感應線圈以渦狀的方式盤繞在介電層上方。另在兩電極板間加入一射頻（Radio Frequency, RF），或稱作無線電頻率，其工作頻率為 13.56 MHz，然後加一射頻功率（RF Power）使兩電極間的電子產生震盪，進一步使自由電子撞擊反應氣體，讓反應氣體離子化，產生大量的反應基。就是利用這樣的方式來沉積我們所需要的氫化非晶矽薄膜。

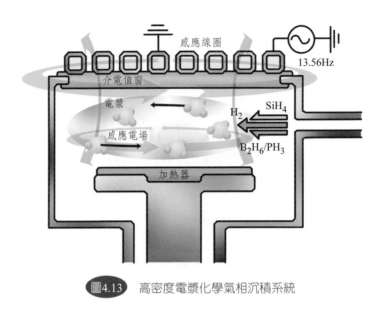

圖4.13 高密度電漿化學氣相沉積系統

4.5.2 多功能真空濺鍍系統

此機台通常使用來製作非晶矽太陽能電池所需之透明導電膜（圖4.14）。一般使用直流電漿（DC Plasma）作為濺鍍源，最大直流功率為3KW；濺鍍時則以 Ar 為濺鍍與反應氣體，並通入流量為 2sccm 之 O_2 作為氧化物反應氣體。製程時先將真空腔體抽至底壓（base pressure）約為 1E-6 torr，當腔體真空度達到底壓後，通入製程氣體 Ar 和 O_2，即可開始點燃濺鍍電漿，濺鍍時壓力維持在 6E-3 torr。

介於靶材和欲鍍物之間存在一隔板，為考慮濺鍍電漿點燃之初，靶材表面已氧化或存在雜質，此隔板在電漿點燃後不會立即移除，而是會停留在靶材與欲鍍物之間一段時間，確保靶材表面之雜質或氧化層已全部濺起後，方始移開此隔板開始實際濺鍍製程，而此程序稱為預鍍。

為了提升濺鍍薄膜品質，機台中額外加裝了熱燈絲加熱系統，當加熱系統開啟時，能以熱燈絲的加熱形式加熱預鍍物表面，而乘載預鍍物之載台本身在濺鍍時，會自行旋轉已達到濺鍍均勻和受熱均勻的效果。

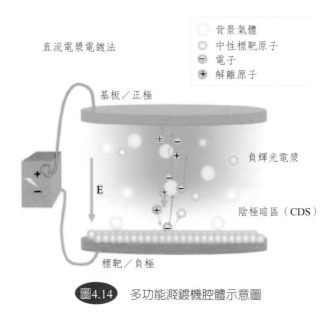

直流電漿電鍍法

○ 背景氣體
◎ 中性標靶原子
⊖ 電子
⊕ 解離原子

基板／正極

負輝光電漿

E

陰極暗區（CDS）

標靶／負極

圖4.14 多功能濺鍍機腔體示意圖

4.5.3 電子束金屬蒸鍍系統

電子束蒸鍍系統（圖 4.15），主要蒸鍍金屬有 Al、Ni 等等，一般在非晶矽太陽能電池製程中用此機台來蒸鍍鋁電極。此機台使用電子束作為蒸鍍源，最大直流功率為 10 KW。基本真空能力（base pressure）約為 5E-7 torr，濺鍍時維持在 8E-6torr。一組可變直流電源供應給燈絲，當燈絲啟動後，在真空下的游離熱電子便因為電場的吸引而加速的射出來，如圖 4.13 中加速的電場為 10KVDC，我們只要改變加速電場的大小，就可以改變電子束射擊到坩鍋的位置，假設與電子束平行的位置為 X 軸方向，如果與交插電子束的位置加裝一組磁場，我們便能控制電子束左右的方向，以此我們稱為 Y軸。以電場和磁場的控制，我們便能控制電子束掃描的區域及面積的大小。

蒸鍍開始後，電子由電子槍中射出經由電磁場導向擊中欲蒸鍍之靶材，靶材因密集且高強度的電子束而受熱至相變狀態，相變中的靶材由固體直接昇華成氣體，以蒸氣的相態到達欲鍍物的表面凝結回固態而完成蒸鍍的程序。其中此程序如上述提到多功能中空濺鍍系統一般，也包含有預鍍的程序，乘載預鍍物的載盤也有旋轉的功能已達到均勻濺鍍的成品。

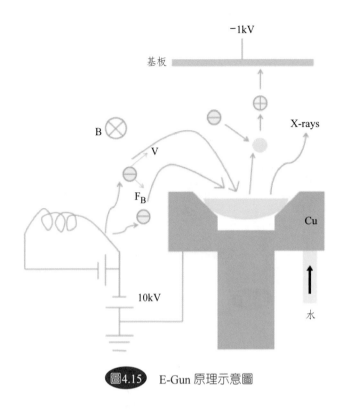

圖4.15　E-Gun 原理示意圖

4.6 非晶矽薄膜太陽能電池高效率化技術

　　為了提高非晶矽薄膜太陽能電池的轉換效率，一方面可以針對前述所提及元件各層材料的沉積品質提升著手，例如讓材料中的載子缺陷數目下降，或是改善層與層在堆積時所產生的能帶匹配問題，以及降低在材料表面懸浮鍵結。另一方面就是有效增加主動吸收層的厚度，讓元件可以擁有相對越長的吸收距離。不過非晶矽太陽能電池所使用的材料由於鍵結的關係，先天上比起其他的材料往往具備更多的缺陷，如果我們直接增加主動層的實質厚度，由於具有缺陷，元件的電流將會下降得非常厲害，如此一來，反而降低了元件的轉換效率。因此必須在不導入更多缺陷的前提而讓進入元件的光線有更高效率的應用，在此特別針對市場上最普遍所使用的兩個大方向加以探討，也就是堆疊型太陽能電池的應用以及光捕捉技術的使用，針對非晶矽太陽能電池，光捕捉技術尤其有其獨特的重要性。

4.6.1　堆疊型薄膜太陽能電池

由於太陽光的光譜範圍很寬，對於太陽能電池能有效利用的光譜區為紫外光、可見光及紅外光。雖然利用非晶矽薄膜製作之單接面太陽能電池轉換效率可達 9%，但效率仍然低於單晶塊材型的矽太陽能電池，因此若欲非晶矽薄膜太陽能電池的轉換效率進一步提升，其結構必須要有所突破。

若元件中只有一種能隙的材料，則不足以有效的吸收太陽光，小於能隙的光子，在半導體中吸收係數很小，無法有效吸收。大於能隙的光子，則部分多餘能量會形成熱，無法吸收而損失掉。基於此原理，多接面太陽能電池可有效利用不同能量的光子，以非晶矽、非晶矽合金和微晶矽的太陽能電池而言，大多使用雙接面或三接面的電池結構。

堆疊型薄膜太陽能電池之原生概念為，直接在薄膜製程中多沉積一組 p-i-n 層成一堆疊結構，有如將兩個單接面薄膜太陽能電池串聯，其結構如圖 4.16。薄膜太陽能電池在導入此概念後，將可以再進一步提升其光電轉換效率，且具有以下的優點：

1. 可改變第二層薄膜的材料，將不同波長的光由不同材料的薄膜吸收，來達到拓展整體吸收頻譜，充分利用太陽入射光譜的結果。

2. 因為是堆疊型的結構，等同將兩個不同的太陽能電池元件直接串聯，故兩個太陽能電池的電壓可直接疊加，成為一高開路電壓（V_{OC}）之元件。

3. 因為非晶矽薄膜存在 Staebler-Wronski 效應，當我們導入堆疊型結構後，各主動層之厚度將可以相對減少，當厚度減少後，主動層間的內建電場增強，此效果可以有效減緩光劣化的效應。

基於以上所提及的優點，在薄膜太陽能電池的光電轉換效率上，還能夠有跳躍性的突破。但堆疊型太陽能電池在製作技術上仍存在些許問題，如處於堆疊電池上下層之間的複合穿隧層的優化和於堆疊電池底層吸收層之材料選取與製備，皆是需要探討的課題。

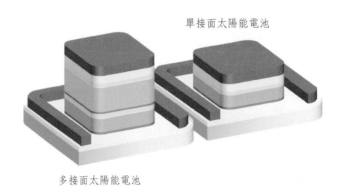

單接面太陽能電池

多接面太陽能電池

圖4.16　堆疊型和單接面太陽能電池結構之比較

　　一般通常會選擇能隙寬度較寬的非晶矽做為上層電池的本質層，雖然早期人們也使用過非晶矽碳合金，但其缺陷濃度太高，轉換效率低，故目前很少人在使用。而會選擇能隙寬度較窄的非晶矽鍺或微晶矽，當作下層電池的本質層，但非晶矽鍺仍有缺陷問題，故自從微晶矽開發使用太陽能電池以來，人們以對它做了許多深入研究，尋求突破技術上的困難。

高能隙（High band gap）　中能隙（Middle band gap）　低能隙（Low band gap）

圖4.17　多接面太陽能電池結構示意圖。各子電池能隙大小不同，能隙大的電池置於最上方，用於吸收短波長的光；能隙小的電池置於最下方，用於吸收長波長的光。

　　以雙接面太陽能電池而言，其結構是兩個 PIN 串聯而成，理想情況下，光電壓等於兩個子電池光電壓相加，光電流等於兩個子電池光電流中較小的一個，整個電池的填充係數由兩個子電池的填充係數和兩個子電池光電流差值決定。在兩個電池連接處是上層電池的 N 層與下層電池的 P 層，是一個反向的 PN 接面，在此處的光電流是以穿隧復合方式流過的，因為遵循電荷守恆，復合電流的大小等於產生的光電流大小[27]。為了提高穿隧效應，提高載子的遷移率是最有效的辦法，故在電池中通常採用微晶矽的 P 層及 N 層[28]。

至今雙接面及三接面太陽能電池已有許多種組合，而以下主要針對雙接面太陽能電池做討論，包括如下：

(1) a-Si:H/a-Si:H 雙接面太陽能電池

此種雙接面電池為最簡單的多接面電池，且是目前在大規模生產中被廣泛應用的一種，雖其上層電池與下層電池的材料都是非晶矽，但可透過本質層的沉積參數略為調整其能隙寬度。但其能調整能隙的範圍很小，為了使下層電池可產生足夠的電流，下層電池的本質層厚度要比上層電池厚得多[28]，如此會造成內建電場強度降低，使電池的填充係數降低，其次是影響雙接面太陽能電池的穩定性，通常可藉由優化其穿隧復合接面（tunneling recombination junction），來提高電池效率[28]。

(2) a-Si:H/a-SiGe:H 雙接面太陽能電池

限制 a-Si:H/a-Si:H 轉換效率的主要原因為短路電流的大小，而主要問題在於下層電池對於長波長的吸收不夠好，故希望提升下層電池對於長波長的吸收，而非晶矽鍺合金是理想的材料，可藉由矽烷及鍺烷的氣體比例去調變能隙大小，如此則可大幅增進電池的效率[28]。

(3) a-Si:H/μc-Si:H 雙接面太陽能電池

由於微晶矽電池的長波長響應與電池穩定性方面都優於非晶矽鍺，且生產過程中不需要使用鍺烷，可將生產成本降低，因此 a-Si:H/μc-Si:H 雙接面電池成為更廣泛應用的結構（圖 4.18）。微晶矽的能隙寬度接近於單晶矽（1.1eV），為作為下層電池本質層不錯的選擇，穩定的微晶矽下層電池除了可提高填充係數外，亦可提高雙接面電池的穩定性[28]。

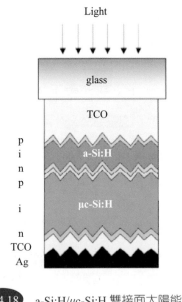

圖4.18　a-Si:H/μc-Si:H 雙接面太陽能電池

4.6.2　光捕捉技術的應用

　　半導體太陽能電池將入射光子轉變為電子的過程中，在一開始便因為光在表面的反射而損失了約 30% 的入光量，因此傳統上會使用電漿輔助化學氣相沉積法（PECVD）成長介電質薄膜，如氮化矽（SiN_x）、二氧化矽（SiO_2）等材料作為抗反射層（antireflective coating, ARC），根據不同材料不同的折射係數決定其厚度為入射波波長的 $1/4\lambda$ 的奇數倍[29-32]產生破壞性干涉，達到最好的抗反射效果，如圖 4.19。這種方法雖然已經普遍用於市售的太陽能電池之上，但其實本身具有不少的缺點，例如薄膜的選擇上即扮演了非常重要的因素，在選擇薄膜時必須要注意到薄膜本身的折射係數跟上下層材料的折射係數是否匹配，這在單層膜的抗反射層材料取得上就已經有其困難度，卻只能針對某個特定的波長作設計（例如氮化矽只能在 600 奈米左右降低反射率，但在其他波長反射率都在 10% 之上）。此外，這樣子的抗反射層設計，跟薄膜本身的厚度以及光線入射的角度，對於光線反射的量皆有非常大的影響，很容易因為些微的變化而使得反射率提高。因此，找尋更有效率並且可以達成寬頻譜降低反射率的抗反射層或結構成為重要的研究目標。

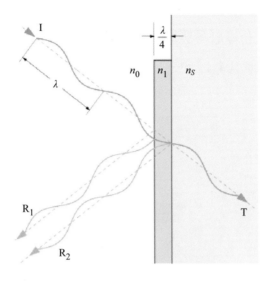

圖4.19　1/4 波長厚度抗反射技術的原理，利用 n_0 及 n_1 的界面反射波形與 n_1 及 n_s 的反射波形的相位剛好相差 180 度產生破壞性干涉，使得 n_0 的介質中的反射能量無法存在，即達到使能量完全穿透的效果，但是不同的波長必須有不同的厚度，因此無法達成全波段抗反射的效果。

　　1983 年 W. H. Southwell[30] 提出漸變性折射係數（Graded Refractive Index）的抗反射層具有寬頻譜且具大角度入射的效果。推論假使其介電質的折射率能夠以連續且漸進變化的方式改變，將可使光學上的反射率大幅下降，可利用連續的多層材料來逼近這種效果。而後在 2002 年之後，J.A.Dobrowolski[31,32] 等人又透過模擬更近一步的優化其折射係數的分布圖，反射率在近紅外光等區間依然可以低於 1%，並且證明此種漸變性折射係數的分布材料在 85 度的入射角度下，反射率仍然極低。

　　近年來，由於奈米技術的突飛猛進，利用結構性上的漸變結構，達到光學的折射率漸變效果，此種結構的尺度都小於一個波長，因此稱為次波長結構（subwavelength structure, SWS）[33,34]，如圖 4.20 所示。這種結構由於小於一個波長，對入射光而言，會因為空間中介質的疏密比例造成折射率的改變，而由於其折射率漸變的效果，就可以降低入射光因為折射率差異而造成的反射。在奈米尺度下製作次波長的奈米結構，將可以得到全波段抗反射效果，且在大角度入射下，依然有很低的反射率，此種藉由結構上的改變而可改變折射率的機制，可從微觀的角度來理解，我們可以假想為一群無限多層漸變性薄膜的疊加，在每層薄膜間其折射率的差異值極為接近，利用光學上材料介面的穿透率公式（4-1），可以得知其穿透率接近 1。

$$T = \frac{4n_1n_2}{(n_1+n_2)^2} \cong 1, \ (n_1 \cong n_2) \tag{4-1}$$

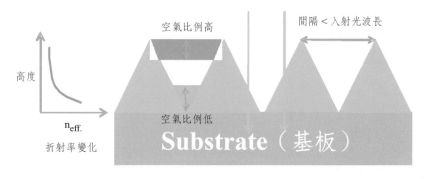

圖4.20　次波長結構抗反射層原理示意圖：當基板表面的奈米結構小於入射光的波長時，這種奈米結構的抗反射層就可利用空間性的漸變結構來達到折射率漸變的效果，接近空氣的那一端有很大的空氣比，具有極低的折射係數，接近基板的那一端有較低的空氣比，折射係數接近基板。

1962 年，Bernhard 和 Miller[35,36] 發現在蛾的複眼表面有規則的蛾眼陣列（如圖 4.21），或稱為角膜陣列（corneal nipples array），此種陣列因其在空間上的漸變折射率而具有抗反射的功能，可以大大的降低光在蛾的複眼上反射率，穿透率因此而提升，這也是科學家對於夜行蛾類對光敏感性高推測的原因。已有許多研究嘗試以人工方法將這種大自然發現的生物特性應用於抗反射層上，期望能夠達到廣角度、寬頻譜的抗反射功能。

圖4.21　（左）蛾眼的外觀全圖；（右）在顯微鏡下看到的蛾眼陣列結構[36]。

近年來，次波長奈米結構應用於太陽能電池抗反射層已成為主要趨勢，希望可以利用此次波長的結構在空間中體積比率的變化產生的漸變折射率來降低反射率，增加太陽能電池的入光量。以下將介紹可以製作上述結構的三項代表性奈米技術，分別是電子束顯影、奈米壓印，以及奈米球顯影術，並列舉國內外利用這些技術製作抗反射層的研究成果。

4.6.3 次波長結構製作方法

(1) 電子束顯影（E-beam lithography）

隨著電子元件對微型化與效能的要求，傳統的黃光微影製程受限於繞射問題再也無法因應線寬日益縮小的需要，因此陸續地發展了其他許多替代曝光光源來解決這項問題，例如：X-ray、極紫外光（extreme UV）、電子束微影及離子束微影，其中電子束微影術的高解析度以及高聚焦能力更讓它成為相當有效的選擇。

1999 年，日本東北大學 Y. Kanamori[37] 等人便以此技術，製作了二維的次波長結構（或稱次微米結構），此實驗使用電子束微影系統在矽基板上製作 1.44 mm^2 大小的規則陣列需要花費 10.8 個小時，在顯影過後再以 SF$_6$ 蝕刻矽基板，其製程與側面圖如圖 4.22 所示，並在氙燈與氦燈照射下量測反射率結果如圖 4.23，在 200nm 到 1000nm 這個包含可見光波段的區域反射率皆小於 3%，在 400nm 時反射率與拋光的矽基板相比更從 54.7%下降到 0.5%，是一個有效地利用電子束顯影術製作奈米結構應用於抗反射層上的先

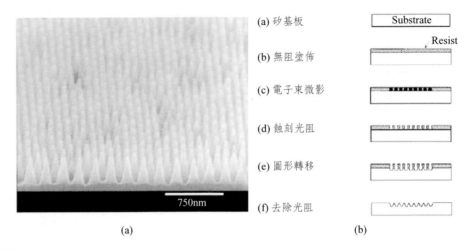

圖4.22　(a) 次波長結構的掃描式電子顯微鏡圖，週期約 150nm，金字塔型的蝕刻深度約為 350nm；(b) 電子束顯影術的製程。[37]

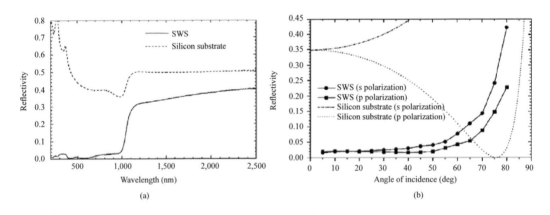

圖4.23　(a) 次波長結構有效降低矽的反射率的量測結果；(b) 變角度的量測結果與拋光矽基板的計算結果相比較，不管是 S 或 P 都比拋光基板來得低[37]。

例。然而，電子束微影的缺點就是需要耗費太多時間，而製造出來的面積又相當地小，在工業上的應用因成本而受限。

(2) 奈米壓印（Nanoimprint lithography）

　　奈米結構的顯影術在傳統方法下最大的障礙，在於如何達到低成本高產量的目標，特別是在小於 0.1μm 尺度下，傳統方法已無法再適用，相較於電子束顯影術而言，奈米壓印這項新技術不僅可以壓縮製程時間減少成本，更可以達到量產的要求，除此之外，使用奈米壓印技術更可以使線寬提升到 10nm 左右的解析度，1995 年 S. Y. Chou 等人使用此技術作出了 25nm 線寬的結構[38]，並陸續發表了他們在這方面的發展。簡而言之，奈米壓印主要可以分成四個步驟：①製作想要得到的奈米結構模型；②壓模於塗滿光阻的晶圓上；③剝除模型；④將得到模型的晶圓進行非等向性蝕刻[38]，如下圖4.24 所示。在壓模的過程中，只要確定光阻的厚度足夠使得模具不會碰到基板，便能保護模具確保此技術對重複進行實驗的容忍力，就現今而言，奈米壓印的模具壽命受限於在製程中不斷改變的溫度與壓力的情況，一般可以使用 50 次。

不同於傳統黃光製程，奈米壓印的過程中不需要用到任何能量束（光束或電子束），因此在光阻或是背基板所產生的繞射、散射及干涉的光不會再對解析度造成影響。除此之外，奈米壓印可以選擇使用的光阻涵蓋很多種高分子材料，近年來更可以將尺度作小到 5nm[39]，深寬比可高達 20[40]。

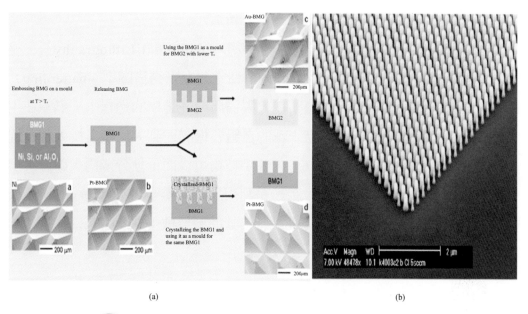

(a)　　　　　　　　　　　　　　　　(b)

圖4.24　(a) 奈米壓印製作流程示意圖；(b) 奈米壓印 SEM 圖[41]。

因此使用奈米壓印技術於抗反射層的奈米結構也成為眾多研究人員投入的方向，於[42] 中便是如此，量測結果如同使用 RCWA 的模擬結果，此在空間上具有漸變折射率的結構，比起 PMMA 薄膜有更高的穿透率（圖4.25）。

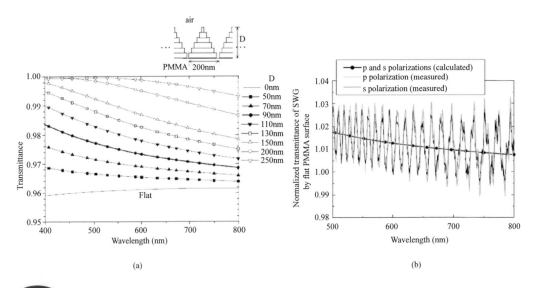

圖4.25　(a) 利用 RCWA 模擬在同週期 200nm 不同深度金字塔結構的穿透率；(b) 量測壓印後得到的奈米結構對平坦的 PMMA 歸一化後的穿透率結果[42]。

(3) 奈米球顯影術（Nanosphere lithography）

　　此技術又有另一常見的名字，膠體微影（Colloidal Lithography），是一項相對低成本又高產能地可以達到大面積定義奈米結構圖型（patterning）的技術。奈米球顯影術最大的優點在於製備周期性結構的過程中，無須使用昂貴的機台及製程，便能利用奈米球的自組裝機制達到大面積又排列整齊的圖型以利後續蝕刻製程（圖 4.26）。此項技術可以簡單地分成兩大部分，一是如何製造大面積的球體排列，另一是利用反應式離子蝕刻（reactive ionic etching, RIE）來對基板作非等向性蝕刻，其蝕刻參數可對次波長結構進行形狀的控制。

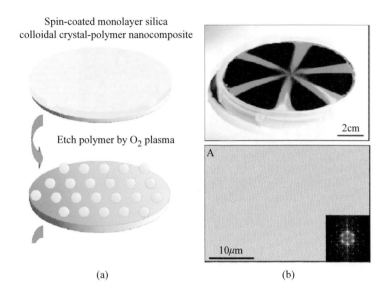

Spin-coated monolayer silica
colloidal crystal-polymer nanocomposite

Etch polymer by O₂ plasma

2cm

A

10μm

(a)　　　　　　　　　　　(b)

圖4.26 (a) 旋塗法形成非緊密堆積陣列及氧電漿移除聚合物的示意圖[43]；(b) 上為旋塗 4 吋晶片後以白光照射觀察到的繞射圖，下為 SEM 圖及 $40 \times 40um^2$ 範圍內，傅立葉轉換後的圖形[44]。

4.6.4 光捕捉技術之範例

　　a-Si:H 薄膜太陽能電池的厚度很薄，減少了材料的使用量，因此降低了成本。但同時這些厚度極薄的電池也要能完整吸收太陽能光譜，所以減少電池的光反射和增加主動層的光吸收是很關鍵的技術?因此本書在此舉出幾個 a-Si:H 薄膜太陽能電池應用奈米結構的例子，皆成功地降低光反射和提高光吸收，而效率也有顯著的提升。

範例一：

　　2009 年，Jia Zhu 等人提出加入拱形奈米結構概念的 a-Si: H太陽能電池。從最底部的基板至最上層的透明導電層，週期性拱形圖樣轉印至各層。此元件利用奈米光晶效應有效降低反射並增加光吸收。

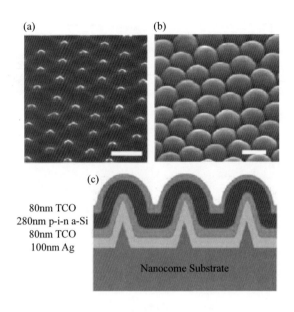

圖4.27　奈米拱形 a-Si:H 電池結構：(a) 奈米錐基板的 SEM 圖；(b) 奈米拱形電池的 SEM 圖；(c) 奈你拱形電池的橫截面圖。

　　在單層 p-i-n 接面的奈米拱形 a-Si:H 太陽能電池上，包含 100nm 厚的 Ag 背反射層、80nm 的透明導電層 TCO（transparent conducting oxide）當作上和下電極、280nm 的 a-Si:H 主動層（從上到下：p-i-n，10-250-20nm）。（圖 4.27c）奈米拱形電池是由奈米錐基板製作而成（圖 4.27a），利用自聚集的 SiO2 奈米球經反應離子蝕刻（reactive ion etching）顯影到基板上。奈米錐的半徑與間隔可控制在 100-1000nm 的範圍，作者選用 100nm 的半徑、450nm 的間隔與 150nm 的高度（圖 4.27c）。將太陽能電池沉積在奈米錐基板，經沉積後，奈米錐的形狀層層轉印，而上層則轉印成拱形。

　　實驗比較了二種元件，一種使用奈米錐結構基板，另一個則用平坦無結構基板，從模擬結果（圖 4.28）可以看見幾個現象；首先，奈米拱形結構電池的效率比平坦電池的效率高；第二，當元件覆蓋 TCO 時的效率比沒有覆蓋時高；第三，小於 500nm 的短波長的光吸收長度大約 100nm，故主要損失來自於反射。當 TCO 覆蓋的時候，短波長的吸收高於沒有 TCO 時；第四，大於 500nm 的長波長會產生 Fabry-Perot 干涉產生震盪，因為未被 a-Si:H 層吸收的光和元件上層反射光互相干涉，造成 570nm、640nm 和 750nm

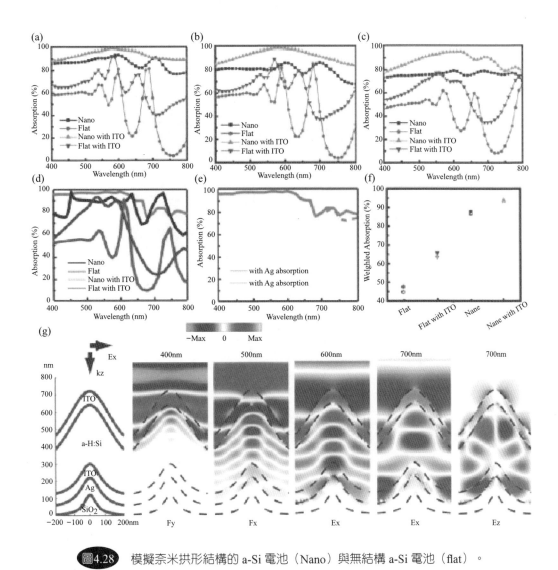

圖4.28　模擬奈米拱形結構的 a-Si 電池（Nano）與無結構 a-Si 電池（flat）。

波長的吸收下降，640nm 的光有 80% 逃脫。第五，奈米拱形結構電池明顯地增強 700-800nm 波長的吸收。因此奈米拱形電池效率較高是因為幾何形狀所提供的抗反射效果以及光吸收增強的結果。

　　抗反射的效應是因為錐體的形狀與空氣匹配較佳的等效折射率。而奈米錐也讓入射面的光波產生散射，增加了光吸收路徑。除此之外，擁有奈米結構的銀反射層也會導致強烈地散射：主要是長波長被散射，因為短波長在到達反射層之前就被吸收。寬頻譜吸收的增強主要來自於兩個原因，第一，反射被奈米拱形結構壓制；第二，奈米拱形結構的形狀和光偶合，藉由光模態導入 a-Si:H 主動層。實驗結果（圖 4.29）驗證了奈米拱形結構元件在短路電流與電池效率都有明顯的提升。

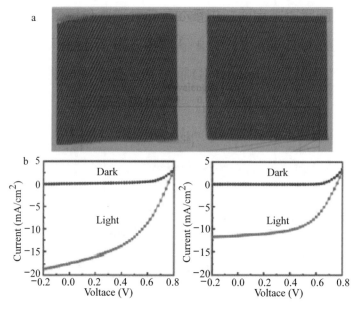

圖4.29 (a) 奈米拱形結構的 a-Si 電池照片（左）與無結構 a-Si 電池照片（右）。(b) J-V 量測結果。

範例二：

透過整合奈米光子晶體與電漿結構，可在奈米尺度下控制或局限光波，這樣的奈米結構可被用來與波導模態的光耦合，增強了光吸收，同時也減少材料使用。Vivian E. Ferry 等人研究了a-Si:H 太陽能電池如何利用背電極產生的電漿效應與表面的光晶結構來增加光萃取率。藉由波導模態（guided mode）與區域性模態（local mode）共振的結合，預測到寬頻譜的增強並探究不同介面所扮演的角色。

a-Si:H 太陽能電池（圖 4.30）包含高度 100nm 半橢圓型銀奈米球結構的背電極、130nm 厚的 ZnO:Al 塗佈在銀上面、變動的 a-Si:H 層、80nm 的透明導電層（indium tin oxide, ITO）。選用半橢圓形金屬奈米結構有以下之原因；第一，可避開高空間曲率造成的能量損耗，第二，半橢圓形狀的製程較容易實現。

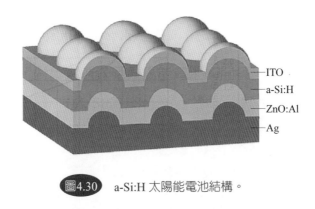

圖4.30 a-Si:H 太陽能電池結構。

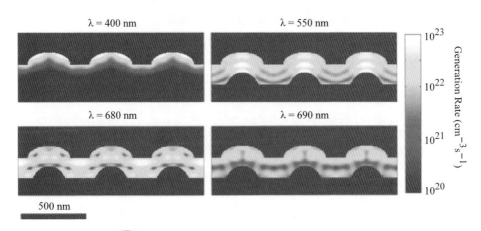

圖4.31 模擬 a-Si:H 對應四個波長的光子產生率。

首先探討 a-Si:H 主動層對應四個波段的機制,有助於吸收不同波段的太陽能頻譜。400nm 波長的光吸收僅限於頂端部分,這個部分的光無法到達背電極;550nm 波長的光可看到一個清晰的駐波圖案,因為 160nm 薄膜產生的 Fabry Perot 共振;在 680nm 波長是 a-Si:H 的波導模態,吸收非常強,在690nm波長該模態已被截止,吸收變的很弱。

從圖 4.32 可看出太陽能光譜大部分的吸收都發生在 a-Si:H,從 350nm 到 500nm 的寄生吸收發生在 ITO 層,證明了藍光無法入射到背電極;從 500nm 到 700nm 多數是由 Ag 造成損失。為了減少這些金屬損失,作者將探討電漿金屬的作用,尤其在 600nm 到 750nm 波段有一尖峰應該是有一波導模態,改變 a-Si:H 主動層的結構週期與厚度可調整波導模態的位置。

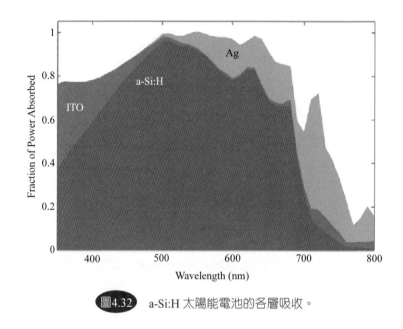

圖4.32　a-Si:H 太陽能電池的各層吸收。

　　為了分析金屬的作用，首先比較了 ZnO:Al 層有結構但平坦的銀背反射層（圖 4.33(c)）與有結構的銀背反射層（圖 4.33(b)）兩種情況。從圖 4.33(b)(c) 中無結構的銀背反射層的光子產生強度較低，所以由金屬奈米結構利用散射增強了光電流。在圖 4.33(a) 中從波長 350nm 到 500nm 的吸收在兩種結構幾乎是相同的，在波長 630nm 兩種結構有最大的區別，有結構的銀背反射層提供表面電漿子共振增加了 a-Si:H 主動層的耦合光。

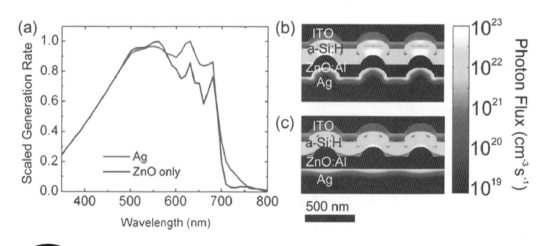

圖4.33　(a) 計算電池的背反射層有結構和無結構的光子產生率；(b,c) 波長 630nm 的光通量。

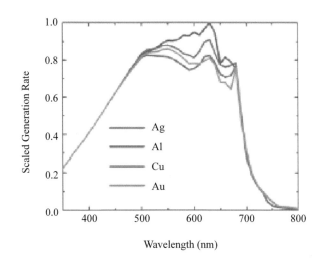

图4.34　模擬相同結構下，不同電漿金屬的光子產生率。

　　第二個方法分析金屬的作用是比較了相同奈米結構（500nm 間距，直徑300nm 的半橢圓球）但不同的電漿金屬材料，除了銀，還有鋁（其電漿共振在短波長）、金、銅，在波長 350nm 到 500nm 如同預期皆有相同的吸收，因為這區段的光在到達背反射層前就被 a-Si:H 吸收，而波長 720nm 到 800nm 在 a-Si:H 吸收微弱，但波長 500nm 到 700nm 有不同的吸收，使用鋁做為背反射層相較銀做為背電極提升了 a-Si:H 的吸收，因為鋁本身在 520nm 到 720nm 的吸收比銀少，另外，鋁的散射也較銀低，但是和波導模態偶合的能力和銀一樣。

　　在超薄主動層的太陽能電池中，增加光捕捉率對提升效率很重要的方法。設計一周期性奈米結構的背反射層（電漿結構），可以增加長波長與主動層耦合的機會；另外，轉印的周期性奈米結構的主動層（光子晶體結構）也會產生一波導模態與短波長耦合，提升光捕捉率，而這種結構可以利用奈米壓印技術實現，同時也可廉價的大面積製備以降低製作成本。

結論

　　雖然就目前而言，非晶矽太陽能電池在轉換效率上依然無法傳統上第一代單晶矽的太陽能電池相抗衡，但非晶矽太陽能電池具有低成本及高製造彈性的特性，可以有更大的機會能夠與大眾的生活做結合，可製造方便攜帶的可饒式太陽能電池或與建築材料相整合的 BIPV，因此在商業發展上仍然有其競爭力。利用新穎技術的應用，包括將不同能隙的材料相互堆疊而製作的多接面太陽能電池，或是光捕捉效應讓更多的可吸收光線能夠進入到元件以及達到更有效的吸收效果，這些都是將來矽薄膜太陽能電池的發展趨勢。同時在商業生產上如何達到更大面積與鍍膜速率或者良率的提升，這種種的因素都將大大影響到非晶矽太陽能電池的發展與普及。

習題

1. 矽薄膜太陽能電池有何獨特之處？有何缺點或是優點？

2. 試說明何謂非晶矽材料？跟單晶矽或者多晶矽的分別是如何？

3. 試說明非晶矽太陽能電池在製作時所使用的到製程技術？

4. 為了有效提升非晶矽太陽能電池的轉換效率，可以針對哪些方面進行改善？可以使用的技術有哪些？

5. 堆疊型非晶矽太陽能電池的好處有哪些？此方式面臨到哪些問題？

6. 請說明光捕捉技術對非晶矽太陽能電池有哪些重要性？

7. 製作奈米結構一般所使用的方式有哪些？

參考文獻

1. 黃惠良、曾百亨，《太陽電池》，五南圖書股份有限公司。

2. 楊德仁，《太陽能電池材料》，五南圖書股份有限公司。

3. 戴寶通、鄭晃忠，《太陽能電池技術手冊》，台灣電子材料與元件協會。

4. 莊嘉琛，《太陽能工程─太陽電池篇》，全華圖書股份有限公司。

5. 顧鴻濤，《太陽能電池技術入門》，全成圖書股份有限公司。

6. 林明獻，《太陽電池技術入門》，全華圖書股份有限公司。

7. Jenny Nelson, "The Physics of Solar Cells," Imperial College Press (2003).

8. Singh. R, "Why silicon is and will remain the dominant photovoltaic material" Journal Of Nanophotonics,3, (2009).

9. D. Carlson and A. Catalano, "Improving the performance and reducing the cost of amorphous silicon solar cells'," Optoelectronics, vol. 4, pp. 185-193, 1989.

10. H. Tarui, S. Tsuda, and S. Nakano, "Recent progress of amorphous silicon solar cell applications and systems," Renewable Energy, vol. 8, pp. 390-395, 1996.

11. 余合興，光電子學，4 ed.: 中央圖書出版社, 2000.

12. B. Yan, G. Yue, J. Owens, J. Yang, and S. Guha, "Over 15% efficient hydrogenated amorphous silicon based triple-junction solar cells incorporating nanocrystalline silicon," 2006.

13. Y. Ichikawa, T. Yoshida, T. Hama, H. Sakai, and K. Harashima, "Production technology for amorphous silicon-based flexible solar cells," Solar Energy Materials and Solar Cells, vol. 66, pp. 107-115, 2001.

14. T. Soderstrom, F. Haug, V. Terrazzoni-Daudrix, and C. Ballif, "Optimization of amorphous silicon thin film solar cells for flexible photovoltaics," Journal of Applied Physics, vol. 103, pp. 114509-114509, 2008.

15. H. Mase, M. Kondo, and A. Matsuda, "Microcrystalline silicon solar cells fabricated on polymer substrate," Solar Energy Materials and Solar Cells, vol. 74, pp. 547-552, 2002.

16. T. Takeda, M. Kondo, A. Matsuda, J. Inc, and J. Tsukuba, "Thin film silicon solar cells on liquid crystal polymer substrate," 2003, pp. 1580-1583.

17. Y. Ishikawa and M. Schubert, "Flexible protocrystalline silicon solar cells with amorphous buffer layer," Japanese Journal of Applied Physics, vol. 45, pp. 6812-6822, 2006.

18. J. Rath, M. Brinza, Y. Liu, A. Borreman, and R. Schropp, "Fabrication of thin film silicon solar cells on plastic substrate by very high frequency PECVD," Solar Energy Materials and Solar Cells, 2010.

19. J. Rath, Y. Liu, A. Borreman, E. Hamers, R. Schlatmann, G. Jongerden, and R. Schropp, "Thin film silicon modules on plastic superstrates," Journal of Non-Crystalline Solids, vol. 354, pp. 2381-2385, 2008.

20. X. Xu, A. Banerjee, and J. Yang, "HIGH EFFICIENCY ULTRA LIGHTWEIGHT a-Si: H/a-SiGe: H/a-SiGe: H TRIPLE JUNCTION SOLAR CELLS ON POLYMER SUB-

STRATE USING ROLL-TO-ROLL TECHNOLOGY."

21. W. Spear and P. LeComber, Electronic properties of substitutionally doped Si and Ge, Philos. Mag., 33(6), 935(1976).

22. R. A. Street, "Doping and the Fermi Energy in Amorphous Silicon", Phys Rev. Lett. 49, 1187 (1982).

23. A. Matsuda, "Thin-Film Silicon-- Growth Process and Solar Cell Application," Japanese Journal of Applied Physics, vol. 43, pp. 7909-7920, 2004.

24. K. Yamamoto, M. Yoshimi, Y. Tawada, "Large area thin film Si module", Sol. Energy Mater. Sol. Cells, 74, 449-455 (2002).

25. A. Terakawa, M. Shima, et al,"Optimization of a-SiGe:H alloy composition for stable solar cells", Jap. J. Appl. Phys. 34, 1741 (1995).

26. I. N. Yunaz, K. Hashizume, S. Miyajima, "Fabrication of amorphous silicon carbide films using VHF-PECVD for triple-junction thin-film solar cell applications", Sol. Energy Mater. Sol. Cells, 93, 1056 (2009).

27. D.S. Shen, R.E.I. Schropp, H. Chatham, R.E. Hollingsworth, J. Xi, and P.K. Bhat, "High efficiency a-Si/a-Si tandem solar cells", 21st IEEE PVSC, vol.2, pp.1471-1474, 1990.

28. 熊紹真、朱美芳，太陽能電池基礎與應用，一版，科學出版社，民國 98 年。

29. D. J. Aiken, "High performance anti-reflection coatings for broadband multi-junction solar cells", Sol. Energy Mater. Sol. Cells 64, 393, (2000).

30. W. H. Southwell, "Gradient-index antireflection coatings", Opt. Lett. 8, 584-586, (1983).

31. J. A. Dobrowolski, D. Poitras, P. Ma, H. Vakil, M. Acree, "Toward perfect antireflection coatings: numerical investigation", Appl. Opt. 41, 3075-3083. (2002).

32. D. Poitras, J. A. Dobrowolski, "Toward perfect antireflection coatings. 2. Theory, " Appl. Opt. 43, 1286, (2004).

33. P. Lalanne, G. M. Morris, "Antireflection behavior of silicon subwavelength periodic structures for visible light", Nanotechnology, 8, 53, (1997).

34. D. S. Hobbs, R. D. Macleod, J. R. Riccobono, "Update on the development of surface relief micro-structures", Proc. of SPIE, 6545, 65450Y, (2007).

35. Bernhard, C. G. & Miller, W. H., "A corneal nipple pattern in insect compound eyes," Acta Physiol. Scand. 56, 385-386, (1962).

36. D. G. Stavenga, S. Foletti1, G. Palasantzas and K. Arikawa, "Light on the moth-eye corneal nipple array of the butterflies," Proceedings of the Royal Society B, 273, 661-667, (2006).

37. Y. Kanamori, M. Sasaki, and K. Hane, "Broadband antireflection gratings fabricated upon silicon substrates," Opt. Lett., 24, 1422-1424 (1999).

38. S. Y. Chou, P. R. Krauss, P. J. Renstrom, "Imprint of sub-25 nm vias and trenches in polymers," Appl. Phys. Lett., 67, 3114-3116, (1995).

39. M. D. Austin, H. Ge, W. Wu, M. Li, Z. Yu, D. Wasserman, S. A. Lyon, Stephen Y. Chou, "Fabrication of 5?nm linewidth and 14?nm pitch features by nanoimprint lithography," Appl. Phys. Lett., 84, 5299-5301, (2004).

40. K. Ansari, J. A. van Kan, A. A. Bettiol, and F. Watt , "Fabrication of high aspect ratio 100?nm metallic stamps for nanoimprint lithography using proton beam writing," Appl. Phys. Lett., 85, 476-478, (2004).

41. Boden, S.A., Bagnall, D.M., "Bio-mimetic subwavelength surface for near-zero re?ection sunrise to sunset,"2006, In: Proceedings of the Fourth World Conference on Photovoltaic Energy Conversion, Hawaii.

42. Y. Kanamori, E. Roy, Y. Chen, "Antireflection sub-wavelength gratings fabricated by spin-coating replication," Microelectron. Eng. 78, 287-293, (2005).

43. C.H. Sun, P. Jiang, B. Jiang, "Broadband moth-eye antireflection coating on silicon," Appl. Phys. Lett., 92, 061112, (2008).

44. P. Jiang, M. J. McFarland, "Large-scale fabrication of wafer-size colloidal crystals macroporous polymers and nanocomposites by spin-coating," J. Am. Chem. Soc., 126, 13778, (2004).

45. Zhu J, Yu Z, Burkhard GF, Hsu CM, Connor ST, Xu Y, Wang Q, McGehee M, Fan S, and Cui Y, "Optical absorption enhancement in amorphous silicon nanowire and nano-cone arrays," Nano Lett. 2009, 9, 279-392.

46. Jia Zhu, Ching-Mei Hsu, Zongfu Yu, Shanhui Fan, Yi Cui, "Nanodome Solar Cells with Efficient Light Management and Self-Cleaning," Nano Letters 10(6): 1979-1984, (2009).

47. Ferry, V. E., A. Polman, et al. "Modeling Light Trapping in Nanostructured Solar Cells." Acs Nano 5(12): 10055-10064, (2011).

第 **5** 章

CIGS 薄膜太陽能電池

　　太陽能電池的吸收層材料，其吸收係數越高，理論轉換效率也將會越高，這是一件對於薄膜太陽能電池極為重要的考量。新一代的薄膜太陽能電池，由於薄膜結構在製程上能有效地節省所使用材料的消耗量，因此大幅降低產品的生產成本。然而，入射太陽能電池的太陽光，在薄膜結構元件之中，所能行走的路徑也因此被大幅減短。在此狀況之下，若薄膜太陽能電池吸收層的吸收係數沒有比矽晶太陽能電池來得高，那麼相對於擁有較厚吸收層的矽晶太陽能電池，太陽光在薄膜太陽能電池之中被吸收的機率將大幅減低。因此，薄膜太陽能電池之中的主動吸收層，其吸收係數的大小，對於薄膜太陽能電池的轉換效率，占有舉足輕重的地位。

　　銅銦硒（$CuInSe_2$, CIS）是一種具有高吸收係數的半導體材料。這種材料在可見光波段的吸收係數幾乎皆高達 $10^5 cm^{-1}$，位居現有太陽能電池吸收層的半導體材料之冠，因而成為薄膜太陽能電池吸收層的熱門材料。$CuInSe_2$ 是屬於直接能隙半導體，有利於吸收光子轉換成電子電洞對。以上的特性，使得此系列的材料，只需要 1～2 微米的厚度，即可吸收近乎全部的入射太陽光。

　　$CuInSe_2$ 的能隙約為 1.1eV，這樣的能隙值夠小，足夠使太陽光頻譜中大部分波長的太陽光都被吸收，因此能產生較大的短路電流；如此一來固然是好事情，但較小的能隙值也會犧牲開路電壓使之偏低。這個問題能夠藉由摻雜鎵（Ga）原子進 $CuInSe_2$ 而有效增大其能隙值，而獲得較大的開路電壓。隨著[Ga]/([In] + [Ga])的比例（又稱 GGI ratio）不同，其調變範圍可從純 $CuInSe_2$ 的 1.1eV，調變至純 $CuGaSe_2$ 的 1.7eV。Cu(In, Ga)Se_2（Copper Indium Gallium di-Selenide, CIGS）太陽能電池是屬於多晶太陽能電池，先前由美國國家再生能源實驗室（National Renewable Energy Research Laboratory, NREL）最早以 19.9% 的光電轉換效率位居紀錄保持者[1]，於 2011 年由德國太陽能暨氫能研究機構（Zentrum fuer Sonnenenergie-und Wasserstoff-Forschung, Baden-Wuerttemberg, ZSW）以 20.3%的效率突破世界紀錄成為新的紀錄保持者[2]。

　　CIGS 太陽能電池的元件結構如圖 5.1(a) 所示。成長元件經常使用的基板為鈉玻璃（Soda Lime Glass, SLG）。其他的基板，如可撓式不鏽鋼片、塑膠板等，也可以用來作為 CIGS 太陽能電池的基板。鈉玻璃為純度較低，品質較差的玻璃，選用便宜的鈉玻璃當作基板可以幫助節省成本，且鈉玻璃之中的鈉離子對於元件的效率有著正向的幫助，關於這部分的細節，將會在後面的章節討論。緊接著是一層鉬（Mo）金屬，沉積於鈉玻璃上，當作正電極以及被反射層，厚度大約為 500 奈米至 800 奈米左右。CIGS 吸收層沉積於鉬金屬上，其厚度大約為 1 微米至 2 微米左右。CIGS 吸收層上方鋪著一層厚度僅有 50 奈米到 100 奈米左右的 n-type 半導體，通常為硫化鎘（CdS）。CIGS 與 CdS 形成了 CIGS 太陽能電池中的 p-n 二極體，CIGS 是屬於 p-type，CdS 是屬於 n-type。在 CdS 之上，將濺鍍一層厚度與 CdS 差不多厚度的高阻抗本質氧化鋅（i-ZnO）薄膜，其目的為阻斷元件中的漏電流。接著再濺鍍上透明導電層作為透光層（window layer）以及幫助載子傳輸之用途，常使用的材料為摻雜鋁金屬的氧化鋅（Al:ZnO, AZO）。最後再以鋁金屬或是鎳金屬作為負電極。有些 CIGS 太陽能電池在透光層上會加以沉積一層抗反射薄膜增加入射太陽光的強度。這種結構的 CIGS 太陽能電池稱為「substrate configuration」。

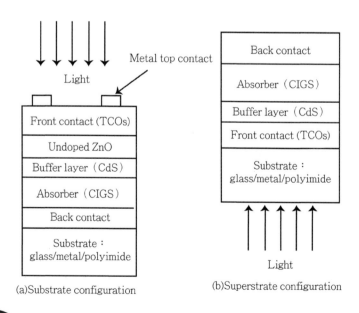

圖5.1　CIGS 太陽能電池的結構：(a) 基板在下之結構；(b) 基板在上之結構。

　　CIGS 太陽能電池還可長成另一種結構，稱為「superstrate configuration」，如圖 5.1(b) 所示。成長此結構元件的基板依然與 substrate configuration 的元件一致，但是成長薄膜的順序與 substrate configuration 元件的薄膜成長順序相反。superstrate configuration 的元件製成時，會先在玻璃基板上沉積透明導電層，接著是緩衝層 CdS，緊接著是吸收層 CIGS，最後再鍍上一層背電極鉬金屬。因此，superstrate configuration 元件的入光面是由基板入光，背面有金屬保護，所以可節省 substrate configuration 透明導電層上保護用的玻璃。由於 superstrate configuration 沉積薄膜的製程順序，是先沉積 CdS，再沉積 CIGS，如此一來，沉積 CIGS 於 CdS 上面時，Cd 元素會大量擴散進入 CIGS，這是因為沉積 CIGS 之時，製成溫度必須升高至攝氏五百多度，使 Cd 元素的擴散情形變得相當劇烈；對於 substrate configuration 的元件，Cd 元素也會擴散進入 CIGS，但是由於 substrate configuration 的元件之薄膜成長順序是 CIGS 在先，而 CdS 在後，又因為 CdS 的成長溫度只有攝氏六十度到攝氏九十度之間不等，因此 Cd 元素擴散進入 CIGS 的情形較為緩和許多。要解決 superstrate configuration 的 Cd 元素擴散問題，需要使用較低溫的 CIGS 沉積方法，例如：電沉積、塗布漿料等方法。有研究團隊淘汰 CdS 層，使用未摻雜的本質氧化鋅來取代，再加上沉積 CIGS 主動層之時，額外提供鈉離子的摻雜源，而達到 12.8% 的效率。關於 CIGS 主動層的製程，在後續的章節將會予以介紹。另外，如前面所提及，CIGS 主動層需要來自鈉玻璃的鈉離子來提高整體效率，而 superstrate configuration 結構之中，鈉玻璃基板與 CIGS 吸收層之間有著透明導電層與緩衝層阻擋鈉離子的擴散，因此需要額外的離子摻雜源，例如：在製程時加入 Na_xSe 或者 NaF 等元素參與反應。

　　太陽能電池與 CIGS 相關元件的發展歷史皆源遠流長。早在 1839 年，法國物理學家 Alexandre Edmond Becquerel 就已經發現，對於某些電解質，在光照之下的導電性會被提升；1876 年，英國物理學家 Willoughby Smith，與他的學生 William G. Adams 和 R. E. Day，發現固態硒曝曬在光源之下，會產生電流。二十世紀初，美籍德裔物理學家亞伯特·愛因斯坦（Albert

Einstein）發現光電效應，深入分析了光電流的行為，並且捨棄古典物理描述電磁波的方法，首次以量子力學的概念定義了「光子（photon）」一名詞，宣稱電磁波所攜帶的能量具有不可繼續分割的最小單位。愛因斯坦因此獲得了 1921 年度的諾貝爾物理獎（即使如此，愛因斯坦一向不是量子力學的支持者），光電效應為愛因斯坦獲得諾貝爾物理獎之原因，而不是因為偉大的相對論。這是因為相對論對於當時大部分的人而言，過於前衛創新且艱澀難懂。

　　至 1953 年，美國貝爾實驗室（Bell Laboratory）做出人類史上第一顆太陽能電池；而在同一年，黃銅礦結構的材料之研究首次被發表[3]。當時貝爾實驗室所使用的吸收層材料為結晶矽。

圖5.2 貝爾實驗室研究人員測試矽基太陽能電池（左），以及當時的相關報導（右）。[26]

　　太陽能電池的發展，歷經美國蘇聯之間的太空競賽（結晶矽太陽能電池最先被運用於人造衛星上，取代當時備受矚目的核能作為能量來源），以及第一次波灣戰爭之後的石油禁運，逐漸受到美國政府的重視。截至此時為止,太陽能電池科技皆以結晶矽為基礎原料。1970 年左右,貝爾實驗室已開始著手研究黃銅礦材料的應用。當時研究的 CuInSe(CIS)感光元件的動機,主要是為了尋找進紅外光之光偵測器的理想材料。貝爾實驗室接著成功製備出單晶的 CIS 太陽能電池,貝爾實驗室宣稱,在一個「紐澤西晴朗的天氣」下,該單晶 CIS 太陽能電池達到 12% 的光電轉換效率。當時還沒有標準化的人工模擬太陽光源,以測試太陽能電池的效率,因此只能將太陽能電池放在戶外曝曬於陽光下測試。然而,單晶的薄膜製備成本仍然太高,比較難以將之實現於應用層面。

第一個做出多晶薄膜 CIS/CdS 元件者,為 Kazmerski 團隊所發表[4]。接著美國波音(Boeing)公司成功製備了光電轉換效率達 9.4% 的 CIS 太陽能電池[5],自此才引起廣大學界業界的注意。從 1980 年代開始,美國波音與美國 ARCO Solar 兩家公司,開始致力於研發高效率、大面積的 CIS 太陽能電池。波音公司使用的製程方法為共蒸鍍(coevaporation),而 ARCO Solar 所使用的製程方法為兩階段製程(two-stage process)。這兩種製程方法,將在後續的文章加以介紹。而這兩種製程方法,已成為現今高效率 CIGS 太陽能電池的主要生產方式。兩家公司研發的過程當中,做了些許的調整,例如選用鈉玻璃當基板,將 n-type 層調整為厚度 50 奈米左右的 CdS,以及在其上多加一層高阻抗 ZnO,在 CIS 吸收層當中摻雜 Ga 元素增大能隙,和近一步的做出漸變能隙的調整等。

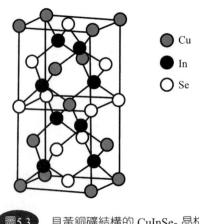

圖5.3 具黃銅礦結構的 $CuInSe_2$ 晶格

CuInSe₂ 具有黃銅礦（chalcopyrite）結構（如圖 5.3 所示），由一族（Cu）、三族（In and Ga）以及六族（Se）元素所組成。此結構類似閃鋅結構（sphalerite/zinc blende），兩者差異在於一族的銅原子與三族的銦或鎵原子會規律地取代閃鋅結構中鋅原子的位置。此種結構在 1953 年首次被 Harry Hahn 團隊發現[3]。黃銅礦結構的材料是由一族、三族、六族的元素所組成。CuInSe₂、CuGaSe₂ 皆屬於黃銅礦結構的材料。

現今市面上的太陽能電池主要都是使用矽元素來當作元件中的吸收層材料。矽基太陽能電池固然有它的優點在，但是矽半導體的材料特性說明了，它並不是一個最理想的吸光材料。半導體材料當中，依據其能帶對應載子的波向量所畫成的 E-k 圖，可分類為兩種半導體：直接能隙半導體（direct badgap semiconductor）與非直接能隙半導體（indirect badgap semiconductor）。兩者能帶圖如下所示。

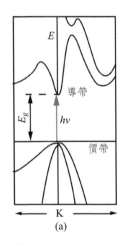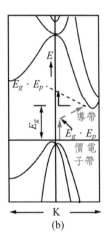

圖5.4　(a) 直接能隙能帶；(b) 非直接能隙能帶示意圖

對於直接能隙半導體而言，若一道光入射材料讓電子吸收，其電子能直接從價帶（valence band）躍遷到導帶（conduction band）；然而，對於非直接能隙半導體而言，在半導體中的電子吸收了入射光之後，若要躍遷到導帶，還需要藉由碰撞以獲得額外的動量，造成電子本身波數（wave number）k 值上的改變，始能躍遷到導帶。額外的動量來源需要經由電子與晶格或是其他電子的交互作用來提供，因此發生電子躍遷的機率較小。矽半導體本身屬於非直接能隙半導體，因此光電轉換效率較差。也因此，矽半導體的吸收係數較低。而 $CuInSe_2$ 銅銦硒半導體是屬於直接能隙半導體，其吸收係數遠大於矽半導體，對於大部分波長的電磁波而言，銅銦硒半導體的吸收係數皆高達 10^5，如下圖所示。

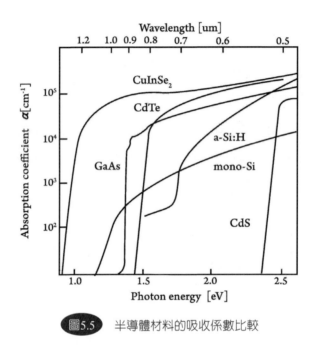

圖5.5　半導體材料的吸收係數比較

　　吸收係數為吸收深度的倒數，對於一個特定波長的電磁波而言，若吸收深度越大，代表此波長的電磁波在材料之中需要行走的路徑越長，才能被此材料吸收。對於吸收係數較小的矽半導體而言，為了讓矽基太陽能電池能吸收太陽光頻譜中大部分波長的電磁波，此材料在元件當中的薄膜厚度，相對於薄膜太陽能電池，來得厚了許多。圖 5.6 左是矽半導體的吸收深度對波長的曲線示意圖。若要使矽半導體能吸收太陽光譜中大部分波長的光源（圖 5.6 右為 6,000K 的黑體輻射光譜、AM 0 以及 AM 1.5 的太陽光頻譜），那麼此元件中的矽半導體厚度需要高達 100 微米以上，才能達到此目的。對於相當重視成本消耗的太陽能電池工業而言，這個事實代表了昂貴的材料成本，無疑對企業是個致命傷。

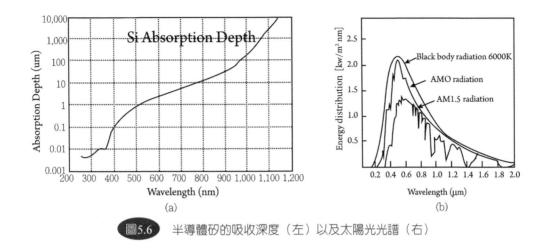

圖5.6　半導體矽的吸收深度（左）以及太陽光光譜（右）

　　而銅銦硒半導體的吸收係數大，吸收深度小，因此在元件中只需要沉積 1 到 2 微米，就能夠幾近完全吸收太陽光頻譜中所有的光。此厚度為矽基太陽能電池中矽半導體吸收層厚度的 1%，對於材料成本的節省方面，具有極大的經濟效益。

　　除此之外，銅銦硒系列半導體所做成的太陽能電池，其組成材料對於曝曬在太陽光下的傷害，具有極大的容忍能力。在此以非晶矽太陽能電池做為比較的例子：非晶矽太陽能電池之中，肇因於非晶系統半導體本身在歷經製程過後，容易在薄膜內部產生許多缺陷，材料中的缺陷處具有懸鍵（dangling bond），懸鍵會捕捉已躍遷至導帶／價帶，而在材料中運行的電子／電洞，使得這些被捕捉的電子電洞無法被萃取出來，而使元件的短路電流下降。因此需要在薄膜沉積完成之後，利用 H_2/SiH_4 導通進入製程腔體的方式，使這些缺陷態與氫離子鍵結，而達到阻止缺陷態捕捉載子的目的。此減少缺陷態的方式稱為鈍化（passivation）。然而，對於非晶矽太陽能電池，隨著曝曬於日光下的時間越來越長，缺陷位置氫離子的鍵結會被具有高能量紫外光波段的光子打斷，而使越來越多懸鍵再度產生，使得短路電流越來越少。因此非晶矽太陽能電池的效率，會隨著使用時間越長而效率越低。然而銅銦硒系列的太陽能電池隨著使用時間拉長，其效率極為穩定。

　　另外，$CuInSe_2$ 銅銦硒半導體是屬於多晶結構，薄膜之中有著許多的晶粒（grain），一般而言，在多晶材料的晶粒表面會有著許多缺陷態以及空隙，也將會捕捉載子，阻礙載子在晶粒之間傳遞。但是 CuInSe$_2$ 在晶粒之間有著導電的二次相（binary phase）Cu$_x$Se 之存在，能填補晶粒之間的空隙而本質地鈍化晶粒表面。因此，對於 CuInSe$_2$ 或 Cu(In, Ga)Se$_2$，約 1 微米的小晶粒所組成的薄膜也可以拿來製作高效率的太陽能電池。

　　銅銦硒系列的太陽能電池還有一項極為特殊的性質：它不如三五族太陽能電池一般，需要精準地控制分子組成的比例；銅銦硒的分子式為 CuInSe$_2$，而當它作為太陽能電池的吸收層之時，其單一相組成比例偏離 Cu：In：Se = 1：1：2，可達 3%～5%，而元件仍然能保有相同的物理特性，且具有高效率，這項優勢能大幅減低製程上的成本且提高產出良率。3%～5%的組成偏離可造成較高濃度的本質點缺陷（Intrinsic point defect）的產生。而銅銦硒半導體本身的電性，即決定於這些本質點缺陷的種類以及濃度。一般而言，在製程的過程當中，調變 Cu 與 In 的濃度比例（[Cu]/[In] + [Ga]），即能改變銅銦硒半導體之中的缺陷種類及濃度，缺陷的濃度取決於此，也取決於缺陷本身的形成能量（forming energy），形成能量越低者，越容易在材料中出現，濃度越高。這些缺陷有些在材料中扮演著施體（donor）的角色，有些則扮演著受體（acceptor）的角色[6]，而這些缺陷會以淺能階的形式存在，類似離子佈植摻雜的效果。如此一來，便可決定銅銦硒半導體的電性了。由調變 Cu 與 In 的濃度比例，可決定銅銦硒半導體是屬於 n 型半導體或者 p 型半導體，如圖 5.7 所示。

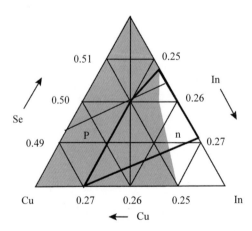

圖5.7　銅，銦，硒三種元素成分比例與 CuInSe$_2$ 導電型態（p 型或者 n 型）的關係示意圖[7]

　　由圖中可以看得出來，若材料內，相較於 In，Cu 的濃度較低（稱為 Cu-poor/In-rich），則銅銦硒屬於 p-type；若材料內，相較於 In，Cu 的濃度較高（稱為 Cu-rich/In-poor），則銅銦硒可做成 p-type 也可做成 n-type。然而 n-type 的組成範圍較窄，因此銅銦硒在元件中都被做成 p-type 半導體。這是因為在銅銦硒當中，扮演受體角色的缺陷態的形成能量較低，因此較容易形成。也因為此材料較難產生扮演施體角色的缺陷態，所以此材料若作成 In-rich 的形式，會因為扮演 acceptor 的缺陷，與扮演 donor 的缺陷，兩者濃度近乎相當，而使材料呈現阻值高，近乎本質半導體的型態。由此可知，銅銦硒半導體是以含有施體亦含有受體的補償半導體（compensated semiconductor）之形態存在。下表為關於銅銦硒半導體內常見的缺陷態，其形成能量、能階位置以及該缺陷 donor/acceptor 的屬性的資料，其中 V_{Cu} 代表銅空缺（Cu-vacancy），意即銅原子脫離它本來的位置所留下的空缺；同理，V_{Se} 代表硒空缺，而 In_{Cu} 代表 In 原子填補了銅空缺的位置。

表5.1　$CuInSe_2$ 常見的點缺陷種類以及其性質

缺陷 Defect	Energy position	Type
V_{Cu}	$E_V + 0.03eV$	Shallow acceptor
In_{Cu}	$E_C - 0.25eV$	Compensating donor
V_{Se}		Compensating donor
Cu_{In}	$E_V + 0.29eV$	Recombination center

　　由上表資料可知 V_{Se} 是扮演著 donor 的角色，因此，若將 $CuInSe_2$ 薄膜在高壓 Se 氣體的環境下進行熱退火（annealing），那麼環境中的 Se 元素將受壓迫進入 $CuInSe_2$ 薄膜，使 Se 原子進入 V_{Se} 的位置，減少 V_{Se} 缺陷的濃度，而可使原本 n-type 的 $CuInSe_2$ 薄膜轉變成 p-type。反之，若將 $CuInSe_2$ 薄膜置入一個低 Se 蒸氣壓的環境下進行熱退火，則 $CuInSe_2$ 薄膜中的 Se 原子將會逸散到環境當中，使 $CuInSe_2$ 薄膜內部增加許多 V_{Se}，而使原本為 p-type 的 $CuInSe_2$ 薄膜轉變成 n-type。也有研究指出，若將 $CuInSe_2$ 薄膜置於空氣中以攝氏兩百度的溫度進行熱退火，則空氣中的氧原子會進

入 CuInSe$_2$ 薄膜填補 V$_{Se}$ 缺陷的位置，減少 V$_{Se}$ 缺陷的濃度。對於 p-type 的 CuInSe$_2$ 薄膜（而高效率的 CIGS 太陽能電池，CIGS 吸收層皆扮演著 p-type 的角色），具有施體性質的 V$_{Se}$ 缺陷之減少，無疑是一件好事。

在 CuInSe$_2$ 薄膜或者摻雜 Ga 原子後的 Cu(Ga$_x$In$_{1-x}$)Se$_2$ 薄膜內部，皆有含量豐富的缺陷，圖 5.8 的兩張圖為 CuInSe$_2$ 和 Cu(Ga$_x$In$_{1-x}$)Se$_2$ 可能出現的缺陷的圖示[8]，在這其中，普遍而言，Ga 的摻雜對位於受體能階的缺陷不會有太大的影響，但是對位於施體能階的缺陷而言，Ga 的摻雜會使之生成於更深入禁帶（forbidden band）的能階位置，使得這些施體上的電子需要較大的能量才能被激發到導帶上，因此 n-type 半導體的特性會被減弱，也因此，在價帶傳輸的電洞也會有著比較小的機率與電子復合，所以電洞的電導率也會因而有所提升。另外，摻雜鎵原子進入 CuInSe$_2$ 取代銦原子的位置成為 Cu(Ga$_x$In$_{1-x}$)Se$_2$，會導致較多各式各樣的缺陷產生，也就是說，原子排列較容易偏離黃銅礦結構的原子排列方式，這是因為鎵原子的原子半徑較大，與其他元素鍵結成為黃銅礦結構時，會撐大晶格，導致原子較不容易排列整齊，造成缺陷的產生。

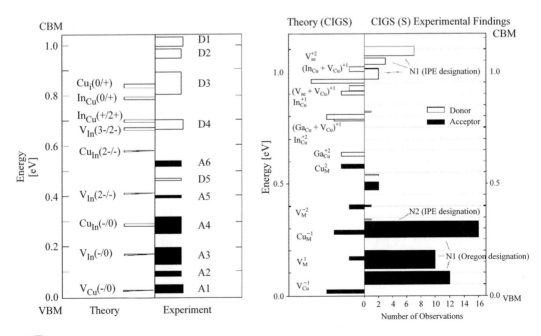

圖5.8 點缺陷及能階位置（施體／受體類的點缺陷距離導帶／價帶邊緣的能量差距）之示意圖[8]

　　黃銅礦結構的 $CuInSe_2$ 為 CIS 系列太陽能電池吸收層所需要的結構，然而，在製程當中，也有可能產生不同的結構，也就是有可能產生不同的相（phase）。圖 5.9 為銅銦硒三種原子，隨著各別的濃度不同，所可能產生的相之示意圖[9]。一般 $CuInSe_2$ 薄膜常見的製程方式之中，薄膜形成的環境為高溫且含有較高濃度的硒蒸氣。在這種製程條件之下所能產生的相，皆落在圖中 Cu_2Se 以及 In_2Se_3 兩點所連成的直線附近。黃銅礦結構的 $CuInSe_2$ 落在此線大約中點的位置，另外，在此點的右邊，有著 ODC（ordered defect compound）相的存在。ODC 也常被稱為 OVC（ordered vacancy compound），這是因為在製程當中，這種相是由於 V_{Cu} 以及 In_{Cu} 兩種與銅空缺有關的缺陷所構成的複合物 $2V_{Cu} + In_{Cu}$ 而產生的特殊相。圖 5.9 中也顯而易見 ODC 皆座落於 Cu 濃度較低的區塊。ODC 相的晶格結構，可由黃銅礦結構當中，規律地出現本質缺陷所形成的結構來描述。ODC 可能的分子式為 $Cu_2In_4Se_7$、$CuIn_3Se_5$、$CuIn_5Se_8$……等，其分子式會因為缺陷濃度的多寡而有所改變。ODC 通常存在於 CIGS 薄膜的表面，有研究指出，在 CIGS 薄膜表面形成的 ODC 層，在 CdS/CIGS 異質接面上扮演著緩衝層的角色，能產生一層能隙大小介於 CdS 與 CIGS 之間的結構，幫助載子的傳輸。這一層 ODC 的形成原因，可能是因為銅原子在製程當中，發生遷移而離開了薄膜表面，留下缺乏銅（Cu depletion）的表面。這樣的遷移現象會因

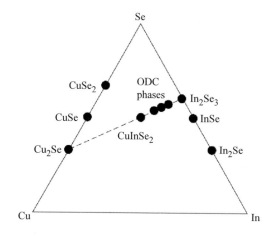

圖5.9　銅、銦、硒三種元素可能形成的相，與組成元素比例的關係示意圖[9]

為 CuIn₃Se₅ 的形成而停止，因為更進一步的 Cu 遷移，需要有晶格結構的改變，才有可能會發生。ODC 相關的研究，仍然無法直接量測到 ODC 的性質，只能觀察到 Cu 的濃度隨著薄膜內部的量測位置，離膜面越近而 Cu 的濃度有下降的趨勢。但銅遷移的現象確實已被證實，而且研究指出銅遷移會造成缺乏銅的表面淺層，有著 p-type 轉換為 n-type 的效果。

關於 Cu₂Se 以及 In₂Se₃ 兩點所連成直線的詳細描述，可由圖 5.10 表示。下圖為在該線上座落於 CuInSe₂ 黃銅礦結構附近的相圖[9]。圖中的橫軸為製程時銅原子的濃度，縱軸為製程溫度。其中，α 相代表黃銅礦結構的 CuInSe₂，β 相代表著 ODC 相，δ 相代表閃鋅結構。閃鋅結構的 δ 相只有在高溫時才會出現，而黃銅礦結構的 CuInSe₂ 在相圖中所占有的區域並不多。由圖中可見，α 相在 550℃～600℃ 左右的區域，些微地往 Cu-poor 的方向延伸，在此有著一些 Cu 含量上的調變空間，也就是高效率 CIGS 太陽能電池的 Cu 含量浮動的容忍。因此，高效率的 CIGS 太陽能電池，其製程溫度座落於 500℃ 附近，且吸收層皆是些微的 Cu-poor 薄膜，其 Cu 濃度所占的比例稍微低於 25%，解釋了與銅空缺相關的缺陷之形成能量較低這件事實。

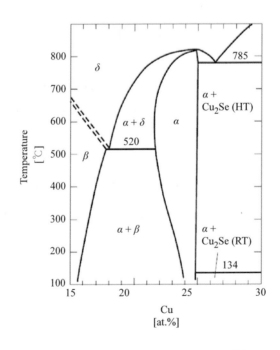

圖5.10　銅、銦、硒三種元素的相圖：銅元素比例與製程溫度的關係[9]

　　若在 CuInSe$_2$ 當中摻雜 Ga，產生 Cu(Ga$_x$In$_{1-x}$)Se$_2$，相圖仍然不會有大變動，只是二次相的 In$_2$Se$_3$ 的組成會改變為 Ga$_2$Se$_3$。然而，當 Ga 的濃度提高，使 [Ga]/([In] + [Ga]) 的比例（GGI ratio）超過 0.6，Cu(Ga$_x$In$_{1-x}$)Se$_2$ 的結構會開始有所變化，偏離黃銅礦結構。因此 Ga 的濃度也必須在適當的範圍內做調整。此外，摻雜 Ga 能抑制 ODC 的形成。如先前所提及，ODC 相的形成肇因於 2V$_{Cu}$ + In$_{Cu}$ 的存在，而在摻雜 Ga 的情形之下，ODC 相的形成必須仰賴 2V$_{Cu}$ + Ga$_{Cu}$ 的存在。然而，產生 Ga$_{Cu}$ 所需的的形成能量比 In$_{Cu}$ 的形成能量來得大，因此比起生成 2V$_{Cu}$ + In$_{Cu}$ 複合物，2V$_{Cu}$ + Ga$_{Cu}$ 生成複合物的機率較低，所以 ODC 相比較不易出現，而在相圖當中，摻雜 Ga 也會因此而使得黃銅礦結構的 α 相之範圍增大。摻雜 Ga 的 Cu(Ga$_x$In$_{1-x}$)Se$_2$，其能隙隨著 Ga 的比例 x 變化之情形，可以用此公式來描述：$E_g = 1.010 + 0.626x - 0.167x(1 - x)$[6.7]，公式中等號兩邊的單位皆為電子伏特 eV，其中 1.010eV 為純 CuInSe$_2$ 的能隙值，若將 1 代入 x，可求出純 CuGaSe$_2$ 的能隙值 1.636eV，而公式中的 0.167 被稱為 bowing coefficient。圖 5.11 為隨著摻 Ga 濃度的不同，Cu(Ga$_x$In$_{1-x}$)Se$_2$ 的能隙變化示意圖[10]，圖中也標示了在特定摻 Ga 量之下，有可能出現的施體缺陷或者受體缺陷的能階位置。對於一個半導體材料，其能隙大小會隨著溫度升高而縮減，反之也會因溫度下降而變大。半導體材料的能隙大小隨著溫度變化的行為，遵循著下列公式：$E_g(T) = E_g(0) - aT^2 / (b + T)$，其中 T 代表溫度；$E_g(T)$ 為在溫度 T 時，能隙的大小；而 $E_g(0)$ 在絕對零度時的能隙大小，溫度單位皆為凱氏溫度（Kelvin）；而 a 與 b 是兩個常數，常數 a 與電子及聲子耦合以及熱膨脹係數有關；而常數 b 與德拜溫度（Debye temperature）有關。一般而言，Cu(Ga$_x$In$_{1-x}$)Se$_2$ 隨著溫度升高的能隙變化 dEg/dT 大約為 -2×10^{-4}eV/K。半導體關於光性的重要參數還有折射率（refraction index）n，與消光係數（extinction coefficient）k。然而，由於 nk 的量測是藉由分析膜面的反射光，接著進行數學公式適配（fitting）而來，CIGS 是多晶薄膜，其膜面與薄膜內部相同，也有著許多晶粒，因此膜面的平整度（roughness）相當差，如此粗糙的膜面會造成反射光嚴重散射而使 nk 的量測結果失準。這個問題可以透過使用王水將 CIGS 薄膜表面蝕刻至平整而得以改善。

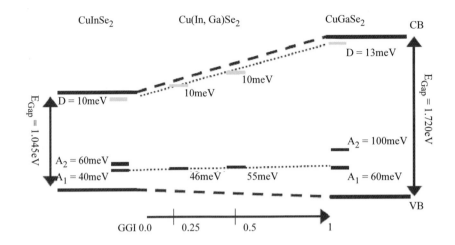

圖5.11 摻雜鎵元素至 $Cu(Ga_xIn_{1-x})Se_2$ 造成能隙變化的情形，以及在特定摻鎵比例的情形下，可能出現的缺陷能階位置示意圖[10]。

以上的敘述為 $Cu(Ga_xIn_{1-x})Se_2$ 的材料基本物理特性的相關說明。以下將依照元件的結構依序分別介紹。

5.1 基板

　　CIGS 太陽能電池最常使用的基板為 Soda lime glass（SLG），俗稱鈉玻璃，是一種純度較低的普通玻璃。這種玻璃品質較差，裡面有許多助融劑，造成許多鈉元素存在於其中，因而得名。這種玻璃極為廉價，能有效地壓低元件的製造成本。成長薄膜在基板上，需要考慮基板對薄膜施加的舒張應力（tensile stress）或者壓縮應力（compression stress），是否會嚴重影響薄膜的特性。誠如先前所提及，$Cu(Ga_xIn_{1-x})Se_2$ 在成長薄膜之時，環境溫度高達攝氏五百多度。薄膜成長完成後，尚未降溫之時，薄膜與基板之間的應力很小，然而，從攝氏五百多度降溫至室溫之後，基板與薄膜因熱膨脹係數的差異所產生的應力將會相當可觀。應力會造成薄膜的龜裂（crack）或是包含著空隙（void），甚至劣化薄膜的附著力而造成薄膜脫落。$Cu(Ga_xIn_{1-x})Se_2$ 的熱膨脹係數大約為 $9 \times 10^{-6}/K$，與鈉玻璃相近，且鈉玻璃在攝氏五百多度時，仍然耐得住高溫，因此是良好的基板選擇。再者，在高溫之下成長薄膜時，鈉玻璃中的鈉離子會穿過背電極[11,12]，擴散進入 $Cu(Ga_xIn_{1-x})Se_2$ 薄膜，而鈉離子對於 $Cu(Ga_xIn_{1-x})Se_2$ 薄膜有著正向的影響。鈉離子能使 $Cu(Ga_xIn_{1-x})Se_2$ 的晶粒變大，也能增長其 p-type 的電性，鈍化薄膜內的缺陷態，甚至間接使 V_{oc} 增大，但鈉離子影響 $Cu(Ga_xIn_{1-x})Se_2$ 真正的機制仍然欠缺完善的解釋，且眾說紛紜。使用鈉玻璃當 CIGS 太陽能電池的基板時，廉價的鈉玻璃有時在表面存在著本質缺陷，對於薄膜在進行成長的機制時，元素在基板上跑動、成核、聚集成膜等動作，有著負面的影響。但除此之外，鈉玻璃是成長 CIGS 太陽能電池的良好基板。CIGS 太陽能電池也能成長在塑膠片上、不鏽鋼片上，形成可撓式 CIGS 太陽能電池。

5.2 背電極

　　鉬（Molybdenum, Mo）是 CIGS 太陽能電池最常使用作為背電極/背反射層的材料。上面鍍有一層鉬的玻璃，俗稱鉬玻璃。鉬之所以會成為 CIGS 太陽能電池的首選，是因為在 $Cu(Ga_xIn_{1-x})Se_2$ 攝氏五百多度的製程溫度之下，鉬元素相較於其他金屬，表現較為穩定；在攝氏五百多度之下，鉬元素並不會與銦或者鎵反應，形成合金。鉬金屬通常是以 e-gun 或者 RF 濺鍍的方式沉積，其薄膜本身是由多細長的晶粒緊鄰堆疊而成，而這樣細長的晶粒皆垂直於鈉玻璃表面，這種結構有助於鈉離子擴散進入 CIGS 吸收層。根據不同的製程條件，鉬金屬層所展現的物理特性也會有所差異。若在製程時以大量的電漿或是電子轟擊鉬靶材，產生高密度的鉬電漿到達基板，會沉積出高密度的鉬金屬層。這樣的鉬金屬層，晶粒與晶粒緊密堆疊，承受著壓縮的應力，晶粒之間的孔隙小，因此電阻較低，有利於載子傳輸，但是這樣的鉬金屬層對於鈉玻璃基板的附著力較小，容易脫落；反之，若在製程時以較少量的電漿或是電子轟擊鉬靶材，會產生較低密度的鉬電漿到達基板，而沉積出密度較低的鉬金屬層。這樣的鉬金屬層晶粒之間的孔隙較大，承受著舒張的應力，電阻較高，較不利於載子傳輸，但是對於鈉玻璃的附著力較大，較不易脫落。作為背電極的鉬金屬層當然需要低電阻的特性以利於傳輸載子，但是若鉬金屬層自基板脫落，由於薄膜本身厚度太薄，無法提供足夠的機械力支撐本身的結構，將會立即崩解。解決這樣矛盾課題的方法，可藉由先在鈉玻璃上鍍一層低密度高電阻的鉬金屬以避免脫落基板的情況，接著再鍍上高密度低電阻的鉬金屬層，而得以滿足需求。

　　鉬金屬的厚度必須要考慮鈉離子擴散的問題。若鉬金屬厚度太厚，鈉離子將難以通過鉬金屬擴散進入 CIGS 主動層，而無法滿足此外 CIGS 主動層所需要鈉離子的濃度，造成元件效率下降。一般而言，最佳化的鉬金屬背電極厚度約為 200 奈米左右。摻雜著鈉元素的鉬金屬也被嘗試作為 CIGS 太陽能電池的背電極，以達到元件在效率上的提升。此外，有研究指出，在沉積 CIGS 主動層之時，將會有一層厚度極薄 $MoSe_2$ 層形成於鉬金屬與 CIGS 之間[13]。此 $MoSe_2$ 層只會在攝氏五百度以上的環境產生，屬於一種因製程環境而生成的產物。這一層 $MoSe_2$ 能使 Mo/CIGS 接面的蕭基位障（Schottky barrier）轉變為近乎歐姆接觸（Ohmic contact），改善載子的萃取。

5.3 吸收層

　　Cu(In, Ga)Se 主要有下列的製程方法：

5.3.1 共蒸鍍（co-evaporation）

　　共蒸鍍法是現在最常用於製備銅銦鎵硒（$Cu(In, Ga)Se_2$）吸收層的製程，為製造出目前效率最高的 CIGS 太陽能電池所使用的製程方法。共蒸鍍法所使用的蒸鍍源為分別為銅、銦、鎵單一元素蒸鍍源，由於硒的黏滯係數較低以及蒸氣壓力高，因此生長時維持在硒豐富的環境，若是硒含量不足會導致 In_2Se 與 Ga_2Se 的形成困難。在蒸鍍中藉由調整銅、銦、以及鎵的比例，可大幅影響薄膜生長出的品質，其中銦與鎵的比例主要影響薄膜的能隙，而銅的比例對薄膜晶粒大小以及表面形貌的變化有著顯著的貢獻。在薄膜成長厚度的問題中，由於銅、鎵、與銦這三種元素的黏滯係數都相當高，因此在成長時只需調整蒸鍍源的流量就可控制生長薄膜的厚度，現今共蒸鍍製程最常見的有四種：

1. 第一種為最簡單的製程法[14]，各種蒸鍍源的流量以及基板的溫度都維持在常數直到成長結束，此種成長方法雖然相較之下可以簡單的成長出薄膜，但晶粒大小與電性低於銅豐富（Cu-rich）條件下所生長的薄膜。

2. 第二種方法為 1980 年代美國波音公司所研發出[15]，此法首先以銅豐富的條件成長並得到大晶粒的薄膜，但此時除了 $Cu(InGa)Se_2$ 外，還存在 Cu_xSe 二次相，後以銦豐富（In-rich）生長出高電性的薄膜，且其中 In_3Se_2 會與 $CuxSe$ 完全反應並將 Cu_xSe 消除。由於在第一階段以 Cu-rich 生長出的薄膜呈現 p-type 特性，而後以 In-rich 的薄膜由於銦原子偏多而為 n-type，薄膜最後會接近本質半導體（intrinsic）。以此法長出的薄膜太陽能電池實驗室效率可高達 12%，由於是分先後長出 Cu-rich 與 In-rich 薄膜，因此又稱為 bilayer process。

3. 第三種方法為流量漸變式製程，這個概念最初是以模擬的方式呈現，而後才有實作的出現。此種方法為固定銅、銦、鎵的流量，並使基板依序移過此三種蒸鍍源，因此蒸鍍源對基板的流量隨著基板移動時間的變化為一種漸變的形式。

4. 最後一種常用的方法為三階段式製程，目前最高效率保持團隊 NREL 即是使用此種蒸鍍法。此法藉由在不同階段中給予不同蒸鍍源的流量，可得到更平滑的表面以及調變出漸變能隙而得到最佳的轉換效率。

   ① 第一階段：將已鍍上鉬的鈉玻璃加熱約 300℃ 的溫度並提供銦、鎵、硒成長出 $(In, Ga)_2Se_3$。

   ② 第二階段：將銦與鎵源關閉，並提升基板溫度至 550℃，提供銅與硒，並使成長環境維持在 Cu-rich 的條件，此時形成 $Cu(In, Ga)Se_2$ 化合物且同時存在 Cu_xSe。

   ③ 第三階段：關閉銅蒸鍍源，改提供銦、鎵與硒源，溫度維持在

550℃。銦與鎵在繼續提供五到十分鐘後關閉，最後在高溫充滿硒環境中進行熱退火處理以提升晶體品質。銦與鎵的再提供會與 Cu_xSe 反應並在表面形成 $Cu_2(In, Ga)_4Se_7$ 或 $Cu(In, Ga)_3Se_5$。且鎵在薄膜中濃度的梯度分布，使導帶呈現 V 形並提供一電場，使電池頂部與底部的電子往 p-n 接面移動並複合，這樣可以減少電子在頂部與底部介面處的複合，也可增強電荷的收集以及增加吸光波段。更甚者，藉由改變導帶 V 形兩邊的斜率，可將電池的效率最佳化。

5.3.2 二階段製程（Two-step process）

第二種常見的製程為二階段製程，又稱硒化（selenization）製程[16]，目前記錄中，二階段製程銅銦鎵硒太陽電池最高效率為 16.2%，而在商業用的模組中最高效率可到達 13.4%。

在此製程中，一層 Cu/In/Ga 薄膜先以濺鍍的方式預鍍到基板上，而後會在 300 到 400 ℃ 的硒化氫（H_2Se）或純硒氣體中，進行硒化反應三十到六十分鐘，溫度與時間參數，都需視最佳化條件而定。在純硒環境中，經由熱蒸鍍的方式，預鍍層會與硒形成銅銦鎵硒薄膜。若是利用氫化硒作為硒來源，優點在於硒化過程可在一般大氣環境中而不需要在真空環境下，而減少製程成本，且氫化硒流量可以被準確的控制，進而製備出品質均一的銅銦鎵硒吸收層。但是硒化氫為劇毒氣體，在使用上及廢棄處理上需要格外小心。

在二階段製程所製備的銅銦鎵硒薄膜中，鎵元素會傾向靠近鉬玻璃處聚集，而形成 $CuInSe_2$/$CuGaSe_2$/Mo 介面，因此元件的表現會相似於 $CuInSe_2$，而缺少寬能隙材料的優點且無法增加開路電壓（open voltage）。但是 $CuGaSe_2$ 的形成可以增加 $CuInSe_2$ 與 Mo 背電極的附著力，且可增加元件的表現，這是由於晶體品質上升以及缺陷的減少。若是再經過退火的處理，可讓銦與鎵有效的互相擴散而形成較單一的能隙。

二階段製程最大的優點在於更加標準化且成熟的技術，而可有效的利用在量產上。但其最大的幾個缺點有著元素組成無法自由控制而無法使能隙值上升，這個限制讓元件的表現無法達到像是共蒸鍍那樣的效率，其他的缺點像是必須要克服附著力不佳的問題，以及硒化氫氣體的劇毒，還有處理上的高成本等。

5.3.3　非真空製程

　　雖然真空製程（如共蒸鍍）可製備出高效率薄膜太陽能電池，但其成本花費過高以及材料的利用率低對於商業化來說，都是一個很大的阻礙。而非真空製程對於商業化無疑是另一種解決的方向。

　　在非真空製程中，薄膜的形成常分為兩階段，第一階段為前驅物的沉積，第二階段為銅銦鎵硒薄膜的形成。而形成的方法可分為三種：電化學沉積、奈米粒塗布法、溶劑法。此三種方法雖然效率與真空製程皆無法相比，但對於未來大面積商業化量產還是有很大的研究價值。

5.4　緩衝層

　　在銅銦鎵硒薄膜太陽電池中，最常用來成長緩衝層的方法為化學水浴法（Chemical Bath Deposition, CBD）[17]，可視為一種液相的化學氣相沉積法（Chemical Vapor Deposition），此法常用於成長二元硫化物（chalcogenide）結構的材料，特性為低成本、大面積成長，可製備的材料有硫化磷（PbS）、硫化鎘（CdS）、硒化鎘（CdSe）等材料。其中硫化鎘由於與銅銦鎵硒的晶格不匹配程度很低，因此常用來與 CIGS 形成 P-N 接面以及緩衝層。以硫化鎘為例，成長時環境為鹼性水溶液，其中包含了鎘的化合物（i.e. $CdSO_4$、$CdCl_2$、CdI_2），錯位劑（i.e. NH_3），以及硫化物（$SC(NH_2)_2$），並將 CIGS 薄膜浸入溶液中，在 60 到 80℃ 下，沉積硫化鎘緩衝層數分鐘。在反應過程中，硫化鎘的形成有離子反應、叢集反應、或膠狀物等多種可能的形成方式，而晶格結構則要視水浴法條件的改變而有不同，有六方晶系，立方晶系，或是以上兩種晶系的混和。而晶粒大小通常為數十個奈米的等級。在沉積過程中常有雜質的出現，如氫，碳，與氮等雜質會大幅增加載子濃度。這些雜質的出現也會導致硫化鎘的光學能隙值減低，以及立方晶格的數量會多於六方晶格的數量等影響。化學水浴法除了可快速簡單形成硫化鎘層以外，在沉積過程中，當銅銦鎵硒浸入容易時，表面的原生氧化物會被氨水移除，而達到表面清潔的效果。生長完後由穿透式電子顯微鏡（Transmission electron microscopy, TEM）的觀察，可發現硫化鎘的生長方向與銅銦鎵硒為平行關係，且硫化鎘與純銅銦硒的晶格不匹配度極低，但隨著鎵含量的上升，晶格不匹配度會逐漸增加，即使如此，硫化鎘還是一種極為適合與銅銦鎵硒形成 PN 接面的材料。

5.5 本質氧化鋅

CIGS 太陽能電池有著漏電流（shunt leakage current）問題，可能肇因於 CIGS 吸收層粗糙的表面，或是化學水浴法製成的硫化鎘單薄的厚度。此問題可藉由濺鍍上一層厚度約 50 奈米左右未摻雜且具有高阻抗的本質氧化鋅，而得以改善。另外，本質氧化鋅層也有著保護硫化鎘與 CIGS 吸收層的介面，避免濺鍍透明導電層之時，元件的 pn 接面遭受高溫以及離子撞擊所造成的破壞。本質氧化鋅層在元件之中所扮演的角色仍然倍受爭議。

5.6 透明導電層

CIGS 太陽能電池的透明導電層一般選用摻雜鋁元素的氧化鋅（Al:ZnO, AZO）、摻雜鎵的氧化鋅（Ga:ZnO, GZO），或者摻雜硼元素的氧化鋅（B: ZNo, BZO）作為透光以及讓載子傳輸至電極之用。其能隙大於硫化鎘也有助於電子傳輸。另外，此透明導電層上面，可鍍上一層抗反射薄膜，以增加入射光強度。抗反射薄膜常使用的材料為氟化鎂（MgF_2）。

5.7 發展現況

誠如前面章節所提，太陽能電池的發展悠久，現今的相關產業成就是過去一個世紀以來的研究累積。早在 1876 年就有科學家發現光伏現象的存在，到了 1953 年，貝爾實驗室也研發出第一種矽太陽能電池。但由於當時一直無法突破得到更好的研究結果，太陽能電池發展又逐漸的沉寂。直到後來美國與蘇聯的太空競爭以及阿拉伯石油危機，太陽能電池的研究才又如雨後春筍地出現。

目前除了用於太空的太陽能電池外，商業化的太陽能電池皆朝著降低成本並可大量生產的目標前進。但現今常用的矽太陽能電池無論在成本控制及大量生產上，似乎都碰到了難以跨越的瓶頸。銅銦鎵硒（$Cu(In, Ga)Se_2$）太陽能電池的出現，無疑為太陽能電池的發展提供了一個新的希望。銅銦鎵硒太陽能電池與傳統矽太陽電池相比下，有著許多優異的特性，如：吸光範圍廣、製作成本低、可應用於可撓式太陽能電池、可大面積且大量生產等。雖然與矽晶太陽電池相比有著如此優異的特性，銅銦鎵硒太陽電池在量產製備上遭遇許多困難，且未來仍有很大的發展空間，因此包含台灣在內的許多國家皆已投入大量的資源如火如荼的進行研發，期望做出可取代現有商用模組的新型太陽電池。

國內目前已成立台灣 CIGS 產業聯盟，參與廠商有台積電、友達、均豪、光洋、旺能、正峰新能源等多家廠商正進行銅銦鎵硒太陽電池的研發，涵蓋範圍包括了製程端，材料端，設備端，以及系統端。且依行政院「綠能產業旭升方案」，在 2015 年台灣在太陽光電的產值可突破 4,500 億台幣。目前已開始量產且有完整製程能力的綠陽光電（AxunTek Solar Energy）目前已達成轉換效率 10% 以上，良率 70% 以上的大尺寸銅銦鎵硒太陽能電池模組的生產，目前已有 25MW 的年產能，且正往 100MW 年產能與 85% 以上良率的目標邁進。台積電也與美國廠商 Stion 合作，目標設在三年內達到模組轉換效率 14%。而學術機構有工業技術研究院，工研院所研發的太陽電池在實驗室階段轉換效率已高達 16%，且持續發展中。國外廠商主要以美國，德國，及日本為主。美國方面有 Nanosolar，SoloPower，Miasole，Global Solar 等廠商，其中 Nanosolar 的小面積 CIGS 型太陽電池的轉換效率經過美國國家再生能源實驗室（NREL）的認證，確定高達 16.4%，而量產轉換效率平均為 11%，值得一提的是 Nanosolar 的製程技術為印刷技術，將金屬前驅物混和後印刷至基板上再進行 RTP（Rapid Thermal Process），為一種連續卷軸式技術，可大量生產。而 Global Solar 所使用的為共蒸鍍（Co-evaporation）或是印刷連續卷軸式製程，且擁有最早的 Roll-to-Roll 專利，目前量產轉換效率達到 11.7%。而 Miasole 使用濺鍍與硒化二階段製程，Solar Power 使用電鍍與硒化連續卷軸式製程，量產的轉換效率皆有 10%以上的水準。日本的廠商主要有 Solar Frontier，Honda 與 Showa Shell 三家公司，也都已投入大量資金在銅銦鎵硒太陽電池的研發生產。德國方面主要有 Wurth Solar，Avancis，Odersun，Q-cell 等大廠，Wurth Solar 與 Q-cell 主要使用共蒸鍍技術，模組效率皆為 11% 左右。而 Avancis 使用濺鍍與 RTP 硒化及硫化法，此公司宣稱他們的模組轉換效率已達到 15.5% 並獲得 NREL 的認證。而 Odersun 使用電鍍與硫化法，模組轉換效率也在 10% 以上。以上介紹的全球各公司，都正如火如荼地進行產能擴張及轉換效率的提升，以期未來能取代薄膜矽太陽能電池，也顯示了銅銦（鎵）硒太陽電池在未來具極大的潛能。

5.8 銅鋅錫硫／硒 $Cu_2ZnSn(S, Se)_4$ 太陽能電池

雖然銅銦鎵硒（CuInGaSe$_2$）有眾多適用在光伏元件的優點，但是在製作上有著環境方面的議題[17,18]：

1. 稀土元素的使用：銦（indium）與鎵（gallium）在地球中屬於稀有金屬類，若要用作量產，會有成本上的問題以及對於地球資源濫用的議題。

2. 毒性物質的使用：銦與鎵的使用除了有稀有金屬的問題外，在製程上也會產生高毒性的物質，在節約能源的目的與傷害環境的結果之間，

存在著矛盾。

以上提到的問題，無論在成本方面或是對環境的影響方面，都與綠色能源的發展理念不符，對於銅銦鎵硒太陽能電池的開發，無疑是很大的障礙。

銅鋅錫硫（硒）（Cu₂ZnSn(S, Se)₄），堪稱最有可能取代銅銦鎵硒的材料，近年來受到相當大的矚目。它是以鋅（Zn）、錫（Sn）替換 CuInSe₂ 中 In 的位置所形成的四元化合物，特性上與 Cu₂InGaSe₂ 有著許多相似處，目前常見的 CZTS 與 CZTSe 根據元素在晶格中占據位置的不同，存在著不同的晶格結構。CZTS 常以 kesterite 的形式存在於自然界中，而 CZTSe 則同時有著 kesterite 與 stannite 兩種不同的結構存在，這兩種是對 I₂-II-IV-VI₄ 族而言最穩定的結構。kesterite 與 stannite 的晶格結構如圖 5.12 所示[19]。

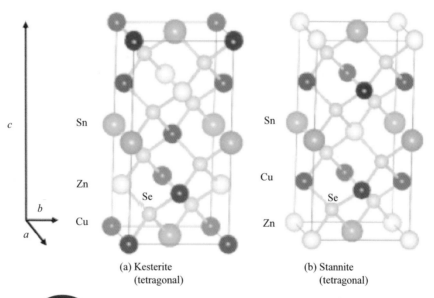

(a) Kesterite
(tetragonal)

(b) Stannite
(tetragonal)

圖5.12 CZTSe 的兩種不同晶格結構：(a) Kesterite；(b) Stannite

CZTS（Se）藉由調整 S 與 Se 的比例，能隙值可從 0.8 eV 調變至 1.5 eV[20]，且其中所使用的鋅與錫皆為低毒性的富土元素，作為太陽能電池，理論上的光電轉換效率可超越 30 %[21]。但是由於製程中所產生的缺陷，如錯位（anti-side）、空缺（vacancy）等會在材料中形成陷阱中心（trap center），在電子電洞往電極移動時，形成阻礙並降低轉換效率，因此在製程上除了要克服成本，還需考慮到製成方法對於元件品質的影響。

目前 CZTS（Se）太陽能電池有多種製作方法，可略分為真空法與非真空法。

1. 真空法：優點在於成長出來的吸收層薄膜品質較佳，但卻有著成本高以及較難量產等限制，目前常見的真空法有蒸鍍與濺鍍兩種，其中又以蒸鍍所能達到的效率較高。

2. 非真空法：非真空法主要的特性是可以大面積且快速的生產，非真空法又可細分為噴墨法、溶液法等等，但是非真空製程經常需要使用到高毒性液體如聯氨（Hydrazine），因此在工安與後續的廢液處理需要特別注意。

以 CZTS（Se）為吸收層的電池效率與 CIGS 太陽能電池相比，普遍來說是低很多的。目前 CZTSe 太陽能電池的最高效率以美國再生能源實驗室（NREL）以真空製程製作出的 8.4% 居冠[22]。而以 CZTSSe 為吸收層的元件，則是 IBM 公司所進行的研究中，以非真空溶液法所製作出的 9.7% 為最高效率[23]。另外，CZTS 太陽能電池的最高效率則是以真空法所製作出的 6.7% 為目前最高效率紀錄[24,25]。

雖然目前 CZTS（Se）太陽能電池的效率仍然無法超越矽基與 CIGS 太陽能電池，但只要能夠達成技術上的突破，CZTS（Se）太陽能電池除了有著跟 CIGS 太陽能電池匹敵的效率外，對於環境的破壞更是遠小於 CIGS 太陽能電池。

習題

1. 下圖為各種半導體材料對應入射波長的吸收係數曲線。請問對於波長為 600 奈米的入射光而言，非晶矽吸收係數為何？而 $CuInSe_2$ 的吸收係數為何？

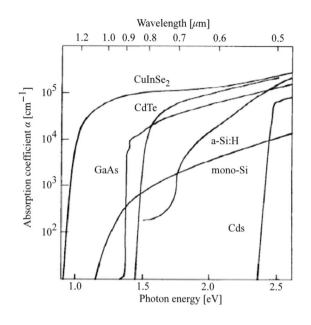

2. 下圖為 CIGS 隨銅元素比例以及成長薄膜溫度不同所對應的相圖。若銅元素占所有參與反應元素 22% 的比例,請問若欲只產生黃銅礦結構,製程溫度需維持在什麼範圍內?又若欲在最低的製程溫度下產生黃銅礦結構,需控制銅元素占所有參與反應元素的比例在什麼範圍內?(假設製程結果能忠實遵守相圖)

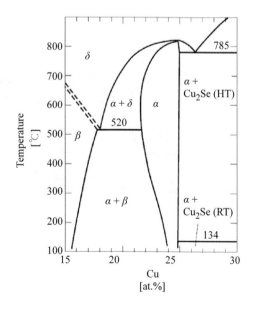

3. 根據公式 $E_g = 1.010 + 0.626x - 0.167x(1 - x)$，試問摻鎵元素比例為 0.2 的情況下的 CIGS 能隙大小為何？

4. 下圖為 CIGS 常見的缺陷種類以及其能階位置。請問 V_{Cu}^{-1} 以及 $(In_{Cu} + V_{Cu})^{+1}$ 點缺陷屬於施體還是受體？其理論值的能階位置在何處？

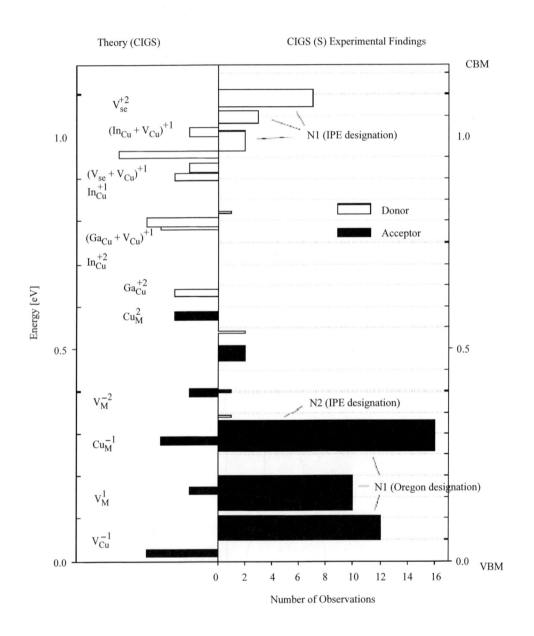

1. Repins, M. A. Contretras, B. Egaas, C. DeHart, J. Scharft, C. Perkins, B. To, and R. Noufi, "19.9%-effcient ZnO/CdS/CuInGaSe$_2$ Solar Cell with 81.2% Fill Factor," Prog. Photovoltaics 16, 235 (2008).

2. P. Jackson, D. Hariskos, E. Lotter, S. Paetel, R. Wuerz, R. Menner, W. Wischmann, and M. Powalla," New world record efficiency for Cu(In, Ga)Se$_2$ thin-film solar cells beyond 20% ,"Prog. Photovoltaics: Research and Applications 19 894-897 (2011).

3. H. Hahn, G. Frank, W. Klingler, A. D. Meyer, G. Storger, "Untersuchungen uber ternare Chalkogenide. V. Uber einige ternare Chalkogenide mit Chalkopyritstruktur," Z. Anorg. Allg. Chem. 271, 153-170 (1953).

4. L. L. Kazmerski, F. R. White, G. K. Morgan, "Thin-film CuInSe2/CdS heterojunction solar cells," Appl. Phys. Lett. 29, 268 (1976).

5. R. A. Mickelsen and W. S. Chen, "Development of a 9.4% efficient thin film CuInSe2/ CdS solar cell, "Proc. 15th IEEE Photovoltaic Spec. Conf.," pp. 800-804 (1981).

6. S. B. Zhang, S. H. Wei, A. Zunger, and H. Katayama-Yoshida, "Defect physics of the CuInSe2 chalcopyrite semiconductor," Phys. Rev. B 57, no.16, pp. 9642-9656 (1998).

7. W. N. Shafarman and L. Stolt, "Cu(In, Ga)Se$_2$ Solar Cells", in "Handbook of Photovoltaic Science and Engineering," A. Luque, S. Hegedus (eds). Wiley Sons: Chichester, pp. 567-616 (2003).

8. P. K. Johnson, "The effect of trapping defects on CIGS solar-cell performance," Ph.D. Thesis, Department of Physics, Colorado State University (2003).

9. T. Godecke, T. Haalboom, and F. Ernst, "Phase Equilibria of Cu-In-Se," Z. Metallkd. 91, no.8, pp. 622-634 (2000).

10. N. Rega, S. Siebentritt, J. Albert, S. Nishiwaki, A. Zajogin, M.Ch. Lux-Steiner, R. Kniese, and M.J. Romero "Excitonic luminescence of Cu(In, Ga)Se$_2$," Thin Solid Films 480-481 286-290 (2005).

11. S. Seyrling, A. Chirila, D. Guttler, P. Blosch, F. Pianezzi, R. Verma, S. Bucheler, S. Nishiwaki, Y. E. Romanyuk, P. Rossbach, and A. N. Tiwari, " CuIn$_{1-x}$Ga$_x$Se$_2$ growth process modifications: Influencea on microstructure, Na distribution, and device properties" Sol. Energy Mater. & Sol. Cells 95 1477-1481 (2011).

12. L. Kronik, D. Cahen, and H. W. Schock, "Effects of sodium on polycrystalline Cu(In,

Ga)Se$_2$ and its solar cell performance," Adv. Mater. 10, no.1, 31 (1998).

A. Chirila, S. Buecheler, F. Pianezzi, P. Bloesch, C. Gretener, A. R. Uhl, C. Fella, L. Kranz, J. Perrenoud, S. Seyrling, R. Verma, S. Nishiwaki, Y. E. Romanyuk, G. Bilger and A. N. Tiwari, "Highly efficient Cu(In, Ga)Se$_2$ solar cells grown on flexible polymer films," Nature Materials 10, pp857-pp861 (2011).

13. W. N. Shafarman and J. Zhu, "Effect of substrate temperature and deposition profile on evaporated Cu(In, Ga)Se$_2$ films and devices," Thin Solid Films, 361, pp. 473-477 (2000).

14. R. Klenk, T. Walter, H. Schock, D. Cahen, "A model for the successful growth of poly-crystalline films of CuInSe2 by multisource physical vacuum evaporation," Adv. Mater. 5, 114-119 (1993).

15. G. M. Hanket, W. N. Shafarman, B. E. McCandless, and R. W. Birkmire, "Incongruent reaction of Cu-(InGa) intermetallic precursors in H2Se and H2S," J. Appl. Phys. 102, 074922 (2007).

16. D. Hariskos, M. Powalla, N. Chevaldonnet, D. Lincot, A. Schindler and B. Dimmler, "Chemical bath deposition of CdS buffer layer: prospects of increasing materials yield and reducing waste," Thin Solid Films 387, 179-181 (2001).

17. Kyoo-Ho Kim, Ikhlasul Amal, "Growth of Cu$_2$ZnSnSe$_4$ Thin Films by Selenization of Sputtered Single-Layered Cu-Zn-Sn Metallic Precursors from a Cu-Zn-Sn Alloy Target," Electronic Materials Letters 7, No. 3, 225-230 (2011).

18. Alex Redinger, Susanne Siebentritt, "Coevaporation of Cu$_2$ZnSnSe$_4$ thin-films," Appl. Phys. Lett. 97, 092111 (2010).

19. Satoshi Nakamura, Tsuyoshi Maeda, and Takahiro Wada, "Phase Stability and Electronic Structure of In-Free Photovoltaic Materials:Cu$_2$ZnSiSe$_4$, Cu$_2$ZnGeSe$_4$, and Cu$_2$ZnSnSe$_4$," Japanese Journal of Applied Physics 49 121203, (2010).

20. Katagiri H., "Cu$_2$ZnSnS$_4$ thin-film solar cells." Thin Solid Films 2005; 480-481: 426-432.

21. Wooseok Ki, Hugh W. Hillhouse, "Earth-Abundant Element Photovoltaics Directly from Soluble Precursors with High Yield Using a Non-Toxic Solvent," Adv. Energy Mater. 1, 732-735 (2011).

22. NREL Highlights SCIENCE, NREL Makes Substantial Progress in Developing CZTSe Solar Cells. (2011).

23. Teodor K. Todorov, Kathleen B. Reuter, and David B. Mitzi, "High-Efficiency Solar Cell with Earth-Abundant Liquid-Processed Absorber," Adv. Mater. 22, E156-E159, (2010).

24. Hironori Katagiri, Kazuo Jimbo, Satoru Yamada, Tsuyoshi Kamimura, Win Shwe Maw, Tatsuo Fukano , Tadashi Ito , and Tomoyoshi Motohiro, "Enhanced Conversion Efficiencies of Cu_2ZnSnS_4-Based Thin Film Solar Cells by Using Preferential Etching Technique," Applied Physics Express 1, 041201 (2008).

25. K. Wang, O. Gunawan, T. Todorov, B. Shin, S. J. Chey, "Thermally evaporated Cu_2ZnSnS_4 solar cells," Appl. Phys. Lett. 97, 143508 (2010).

26. 資料來源：http://www.californiasolarcenter.org/history_pv.html

第 **6** 章

III-V族太陽能電池

6.1 III-V 族太陽電池發展簡史

III-V 族太陽電池的發展研究始於 1950 年代，至今已有五十多年的歷史。早期的研究中，以砷化鎵（GaAs）為主要研究材料；近期則搭配不同材料的堆疊及聚光模組的應用，使 III-V 族太陽電池的效率更進一步的提升。

1954 年，韋克爾首次發現 GaAs 材料具有光伏效應（Photovoltaic effect）。

1955 年，美國無線電公司（RCA）開始研究砷化鎵太陽電池，其光電轉換效率約為 6.5%。

1956 年，LoferskiJ.J.和他的團隊探討了製造太陽電池的最佳材料的物性，他們指出 Eg 在 1.2～1.6eV 範圍內的材料具有最高的轉換效率。（GaAs 材料的 E_g = 1.43eV，在上述高效率範圍內，理論上估算，GaAs 單結太陽電池的效率可達 27%）。

1962 年，砷化鎵太陽電池光電轉換效率達 13%。

1970 年，俄羅斯科學院（Russian Academy of Sciences）之物理學家阿羅發諾夫（Zh. I. Alferov）率領其研究團隊製作出第一顆異質接面砷化鎵太陽電池。

1973 年，因砷化鎵材料之相關磊晶技術開始蓬勃發展，砷化鎵太陽電池光電轉換效率已可達 15%。

1980 年，砷化鎵太陽電池光電轉換效率達 22.5%。

1995 年，高效聚光型砷化鎵太陽電池光電轉換效率達 32%。

2006 年，美國波音（Boeing）公司之子公司 Spectrolab 研發出轉換效率達 40.7%之聚光型砷化鎵太陽電池。

從上世紀 80 年代後，GaAs 太陽電池成長技術經歷了從 LPE 到 MOCVD，從同質接面到異質接面，從單接面到多接面的幾個發展階段，其發展速度日益加快，效率也不斷提高，目前實驗室最高效率已達到 50%（來自 IBM 公司數據），量產品之轉換效率亦可達 30%以上。

6.2　III-V 族太陽電池優缺點

III-V 族太陽電池屬於與化合物半導體（Compound semiconductor）太陽電池，由週期表中 III 族與 V 族元素所構成。與矽基太陽電池相較，III-V 族太陽電池具備相對其他材料的優點：

1. 由於 III 族與 V 族元素構成，材料種類眾多，且調整組成成分比例，可以具有不同比例的材料特性。例如：藉由調變成分比例來改變材料能隙，去匹配理想太陽能電池材料的能隙，以達到最佳的量子轉換效率。

2. III-V 族材料大多為直接能隙，可減少間接能隙中多餘的能量損耗。

3. III-V 族材料對可見光的吸收係數高，例如：InGaN 約為 $10^5 cm^{-1}$，GaAs 約為 $10^4 cm^{-1}$，因此大部分的可見光在表面的數百奈米到幾微米以內就可被吸收，因此適合製作薄膜型太陽能電池結構，可以節省材料成本。

4. 優良的抗輻射能力，在高聚光倍率下，太陽電池不會因此快速劣化，仍然有良好的輸出功率。

III-V 族太陽能電池雖然有上述的優點，但其兩個缺點：製作基板昂貴，複雜的磊晶技術。因此製造成本上以目前的技術仍高於矽材料，但利用其良好的抗輻射能力製作聚光型太陽能電池，可有效降低發電成本。

6.3　III-V 族太陽電池製程技術

III-V 族太陽電池的磊晶成長技術主要可分為以下四種：液相磊晶法（LPE）、有機金屬氣相磊晶法（MOVPE）、分子束磊晶法（MBE）、化學束磊晶法（CBE）。

6.3.1　液相磊晶法（Liquid Phase Epitaxy, LPE）

　　液相磊晶法的研究甚早，早在 1963 年即應用於 III-V 族或 II-VI 族半導體光電元件上。該技術主要是利用高溫將欲形成磊晶層之元素融化為液態，並藉由溫度的控制，使熔融態液體維持在飽和或過飽和的狀態。當磊晶基板與液體材料接觸時，過飽和溶液便會沉積晶膜於基板上進而成長為晶體。液相磊晶法之成長方式可分為浸入式（dipping）、傾斜式（tipping）與滑行式（sliding）三種，圖 6-1 為其成長示意圖；其對應的成長裝置分別為垂直爐管（Vertical furnace）、傾斜爐管（Tipping furnace）與多容器爐管（Multi-bin furnace），圖 6-2 為成長裝置示意圖。其中浸入式為將基板整個沒入溶液中進行成長；傾斜式為將基板置於爐管中之一端，而溶液則因爐管傾斜的關係而位於另一端，當爐管往另一方向傾斜時，溶液便會與基板接觸而進行成長；而滑行式則是將溶液置於不同的容器間，將基板置於滑行船（sliding boat）上在不同容器間滑動，使基板可與不同溶液接觸而成長不同磊晶層。

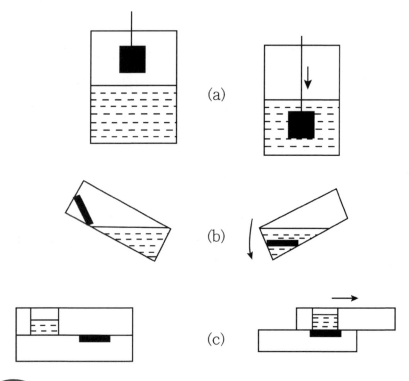

圖6.1　液相磊晶法三種常用方法示意圖：(a) 浸入法；(b) 傾斜法；(c) 滑行法。

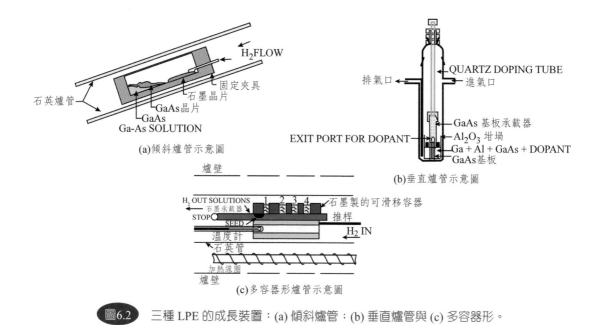

圖6.2　三種 LPE 的成長裝置：(a) 傾斜爐管；(b) 垂直爐管與 (c) 多容器形。

　　液相磊晶法具有系統成本低、操作簡易、缺陷濃度低、材料性質再現性佳等優點。但液相磊晶法之成長速度慢，成長薄膜時厚度不易控制，異質磊晶成長時易形成漸變接面，且相較於有機金屬氣相磊晶法（MOVPE）或分子束磊晶法（MBE）等其他磊晶技術，液相磊晶法之磊晶表面型態較差。因此目前許多化合物半導體的磊晶技術都改用 MOVPE 或 MBE 進行磊晶成長。

6.3.2　有機金屬氣相磊晶法（Metal-Organic Vapor Phase Epitaxy, MOVPE）

　　有機金屬氣相磊晶法亦可稱作有機金屬化學氣相沉積法（Metal-Organic Chemical Vapor Deposition, MOCVD）是目前製作 III-V 族化合物半導體元件的主流技術之一。化學氣相沉積法的原理是將化學氣體注入反應腔體中與高溫基板接觸，因熱分解與化學反應而成長磊晶薄膜。有機金屬化學氣相沉積法指的是半導體薄膜成長過程中所採用的反應源（precursor）為有機金屬材料。

　　有機金屬氣相磊晶法之主要優點如下：(1) 有機金屬材料來源之選擇性

廣。(2) MOVPE 系統對真空環境的要求不像 MBE 系統嚴苛，可在一大氣壓下操作，故系統價格低，維修簡易。(3) 相對於 LPE 系統，MOVPE 系統成長速度快，且成長過程不需溶劑，可免除事後除去溶劑的麻煩。(4) 磊晶膜表面平滑、材料性質再現性佳、摻雜深度、濃度及薄膜厚度可精確控制，且可成長陡峭的異質接面，如超晶格（superlattice）與布拉格反射鏡（Distributed bragg reflector），可避免 LPE 系統在成長異質磊晶時，易形成漸變接面的問題。(5) 可大規模量產化。

有機金屬氣相磊晶系統一般可分為幾個部分：

(1) 氣體混合系統（Gas mixing system）

MOCVD 技術採用 III 族金屬有機化合物作為 III 族反應源或 p-type 摻雜源，並使用氫化物作為 V 族反應源或 n-type 摻雜源，故可分為有機金屬反應源與氫化物（Hydride）氣體反應源兩種。

有機金屬反應源一般都是以 III 族元素之甲基或乙基化合物為主，如三甲基銦（Trimethylindium, TMIn）、三甲基鋁（Trimethylaluminum, TMAl）、三甲基鎵（Trimethylgallium, TMGa）等等，可作為 III 族有機金屬來源。而 p-type 摻雜源則使用如二甲基鋅（Dimethylzinc, DMZn）、二乙基鋅（Diethylzinc, DEZn）、四溴化碳（CBr_4）等等。有機金屬反應源一般以不鏽鋼罐（cylinder bubbler）密封，並利用高純度載流氣體（carrier gas）將反應源的飽和蒸氣帶至反應腔體。載流氣體一般是以氫氣（H_2）為主，另外也有使用氮氣（N_2）或氦氣（He）作為載流氣體。

氫化物氣體如砷化氫（AsH_3）、磷化氫（PH_3）、氨化氫（NH_3）等等，常用作 V 族有機金屬來源；而 SiH_4、矽乙烷（Si_2H_6）、H_2Se 等等，則常被作為 n-type 摻雜源。氫化物氣體儲存於氣密鋼瓶內，以壓力調節器（Regulator）及流量控制器（Mass flow controller, MFC）控制各個管路中的氣體流入反應腔的流量，其中氣體傳輸管路係以不鏽鋼材質製作而成。

由於有機金屬反應源與氫化物氣體反應源均屬於毒性物質，在尾端排氣處之未反應氣體常含有毒性，故 MOCVD 系統需備有良好的防護措施與廢氣處理系統，以防止對環境的污染及生物的傷害。

(2) 電子訊號控制系統（Electric control system）

電子訊號控制系統除了負責接收來自使用端的執行指令外，也處理各系統之聯繫、傳輸、監控等行為，並回傳各系統之狀況至使用端，使用者可觀察設定值與實際值是否吻合，推測磊晶成長之情形，並進一步判斷實驗參數調節的方向。

(3) 反應腔體（Reactor Chamber）

反應腔體主要是氣體混合、加熱及發生反應的地方，腔體材質通常是以不鏽鋼或石英所構成。依照腔體設計的不同，可分為水平式、垂直式、行星式、垂直噴淋式與高速轉盤式，圖 6-3 為各反應腔體示意圖。腔體內部設有一載盤用以傳遞熱能、乘載基板，通常使用石墨製載盤，因其不會與反應氣體發生反應。加熱器的設置則分腔體內與腔體外兩種，加熱方法則有紅外線燈管、熱阻絲及微波等數種，其中微波加熱可達到較高的腔體溫度，較適用於須高溫成長的材料。反應腔體內設有冷卻水流動之通道，以達到穩定腔體

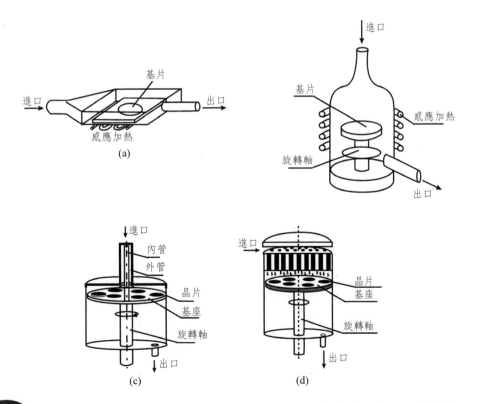

圖6.3　常用的四種 MOCVD 反應器類型：(a) 水平式；(b) 垂直式（RDR）；(c) 行星式；(d) 垂直噴淋式。

溫度及快速降溫的效果。

(4) 廢氣處理系統（Toxic gas scrubber）

廢氣處理系統位於 MOCVD 系統最末端，其作用在於吸附及中和所有通過系統的有毒氣體，以減少對環境的污染。常用的廢氣處理系統可分為乾式、濕式及燃燒式等種類。乾式廢氣處理系統主要是利用活性碳或樹脂類產品吸附有毒物質。濕式廢氣處理系統則是利用化學藥品與有毒物質反應以形成其他化合物，該方法在處理酸性氣體上有較高的效率，但會產生廢水處理的問題。燃燒式廢氣處理系統則藉由氧氣的加入，以燃燒毒性物質或將其以高溫分解。廢氣處理系統可藉由兩種或兩種以上的搭配，以將環境的污染降到最低。

MOVPE 系統雖具有技術與量產上之優勢，但其設備與反應物來源昂貴、成長過程須使用毒性氣體，且不能如 MBE 系統般加裝現場分析儀器（in-situ analysis），成長過程須避免厚度與濃度分布不均，這些都是MOVPE 系統有待克服的問題。

6.3.3　分子束磊晶法（Molecular-Beam Epitaxy, MBE）

分子束磊晶法為 1960 年代晚期由美國貝爾實驗室研究員 J. R. Arthur 與Alfred Y. Cho（中研院院士卓以和先生）等人所研發而出的新型磊晶技術。分子束磊晶技術的問世，使厚度為原子、分子數量級的磊晶生長得以實現。這項技術捨棄了傳統熱平衡式的磊晶成長方法，改採用真空蒸鍍的方式，由於該技術的磊晶環境須於超高真空度下執行，蒸發源亦須精準地控制，並搭配即時厚度監控系統，故 MBE 技術可精準地控制化學組成和摻雜剖面，進而生長出傳統真空蒸鍍法所無法獲得的高品質薄膜磊晶成長。該技術能夠讓有序材料以單原子層為單位進行生長為其優點。MBE 技術可說是開拓了半導體科學的一塊新領域，其應用領域涵跨了發光二極體、雷射、太陽電池、射頻開關與功率放大器等電子與光電半導體元件，因此許多研究機構均著眼於 MBE 磊晶成長之研究，以期能進一步了解半導體材料的發展對半導體物理和半導體元件的影響。

此法是利用超高真空（$10^{-10} \sim 10^{-11}$ torr）環境下，成長單晶薄膜，在此真空條件下，蒸鍍物質將以分子束形式直接射擊至基板表面進行磊晶成長，減少薄膜熱應力與雜質產生。MBE 利用快門阻隔與否控制蒸發分子束是否射出，而 MBE 的特點就是快門的反應時間小於成長單一分子層所需之時間，所以磊晶厚度可精確成長，可達幾個原子大小厚度，可形成陡峭的磊晶接面。加上 MBE 系統的成長腔體需達到超高真空標準，對於材料源的純度要求達到 99.9999% 以上，所以具有防止雜質污染的特性，故可提供高品質的磊晶薄膜。此方法非常適合製作超晶格（superlattice）、量子井（quantum well）與量子點（quantum dot）等結構。

分子束磊晶矽統的結構包含固態元素源、真空系統、反應式高能量電子繞射儀、基板加熱器、液態氮低溫板和殘餘氣體分析儀，如圖 6-4。

(1) 固態元素源

位於成長腔體側邊有數種材料源，有 Ga、Al、In、Si、N_2、Mg 等元素源，由加熱線圈增加元素源的蒸鍍溫度，且由流量偵測器控制流量。例如：氮化物成長，除了氮氣的要求是超高純度，在通過純化器後並經由產生電漿方式，將氮氣分解成氮電漿。為確保每一個分子束源能獨立操作並與成長腔隔絕，每一個坩鍋具有獨立的溫控器與氣動式檔板（shutter），所需蒸鍍材料以固態元素型態放置在坩鍋內。由於氣動式檔板可控制在幾個毫秒內開關分子束源，因此控制每一層薄膜的厚度非常精確。當元素材料經坩鍋加熱以蒸氣噴出分子束，與氮的電漿形成氮化物成長於基板。且為了精確的了解成長時合成物的組成比例，在成長前可利用流量偵測器（beam flux gauge）來偵測各元素到基板位置的蒸氣壓。且為了提高磊晶層品質，使用基板自旋方式，提高磊晶層的均勻性。

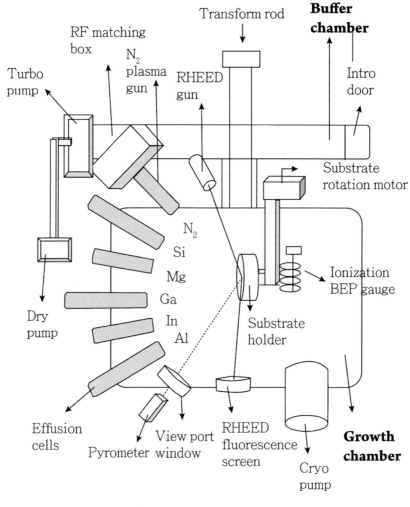

圖6.4　分子束磊晶系統結構圖

(2) 真空系統

　　真空系統由不鏽鋼腔體組成。為了使磊晶時所有腔體能達到 10^{-10} Torr 的環境下，必須使用數個幫浦抽出殘餘的氣體分子。首先在緩衝腔體使用機械式薄膜幫浦與渦輪幫浦，可使真空度降到大約 10^{-8} torr。而成長腔中真空系統利用冷凝幫浦中低溫葉片吸附殘餘的空氣分子，真空度維持在 10^{-11} torr。又成長腔與材料源的腔壁具有雙層的結構，填充液態氮降低腔壁的溫度且減少殘餘氣體分子；可達到確保成長腔的超高真空和隔絕分子束源避免溫度互相影響的目的。

(3) 反應式高能量電子繞射儀（Reflection High Energy Electron Diffraction, RHEED）

　　主要是可觀察沉積薄膜之成長速度、化學特性及表面變化情形。如圖 6-5 所示，為了對樣品成長過程進行即時監控，可透過反應式高能量電子繞射儀（RHEED）將高能量電子束傾斜入射薄膜表面，繞射圖形顯示於對應的螢光幕上，可了解樣品表面的平坦度與結晶狀態，並經由加裝光偵測器來知悉其強度週期變化，可更精確掌握磊晶薄膜厚度。

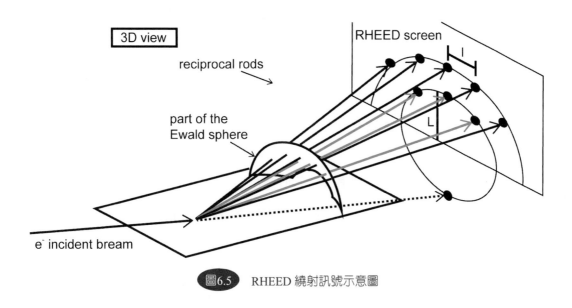

圖6.5　RHEED 繞射訊號示意圖

6.3.4　化學束磊晶法（Chemical Beam Epitaxy, CBE）

　　化學束磊晶法之原理與設計概念與分子束磊晶法相似，其主要差異在於分子束磊晶法之有機金屬反應前驅物為純元素，而化學束磊晶法之反應前驅物與有機金屬氣相磊晶法一樣，皆為氣態物質。與有機金屬氣相磊晶法相較，**化學束磊晶法具有以下特點：**

　　① 低工作壓力

　　有機金屬氣相法之工作壓力約從 10 torr 到一大氣壓左右，而化學束磊晶法之工作壓力則約在 10^{-6}torr 左右，因此化學束磊晶系統本身即可搭配各種量測儀器於磊晶時觀察成長情形。

② 無黏滯邊界層（stagnant boundary layer）的形成

有機金屬氣相磊晶法中，反應前驅物在到達基板前，須藉由擴散以通過形成於基板表面的黏滯邊界層，才可到達基板表面進行化學反應。而化學束磊晶法則無黏滯邊界層的形成，反應前驅物到達高溫基板後，可直接形成分子束。

與分子束磊晶法相較，化學束磊晶法具有以下特點：

① 較佳的成長環境：電子儀器即時流量的監控，可精確的控制氣體流量，可確保較佳的成長環境。

② 可避免卵形缺陷的產生：在分子束磊晶系統中，卵形缺陷通常因鎵或銦元素微粒由高溫的 effusion cell 射出而形成。化學束磊晶法因反應物來源為常溫氣態元素，可避免鎵或銦元素之蒸發而形成卵形缺陷。

與 MBE 技術相比較，則具有下列特點：

① 提供了大量生產可能性：因為 CBE 中 III 族有機金屬源在室溫時是氣體，加上氣體源供應可不中斷，在經由電子儀器準確地控制氣體流率，提供了大量生產可能性。

② 磊晶層組成高均勻性：因為是使用單一 III 族氣體束，磊晶層組成均勻性較高。

③ 當高成長率下，因為無 Ga 元素蒸發，所以可摒除蛋卵形缺陷存在。

④ 具有較高的成長率。

CBE 法若與 MOCVD 技術相比較，具有下列特點：

① 磊晶層薄：由於分子束的磊晶特性可獲得非常陡峭異質接面，可成長非常薄的磊晶層。

② 成長環境乾淨：成長需求在高真空腔體，因此成長環境較乾淨。

③ 可以加裝分析儀器：可增加現場分析使用，如 RHEED（Reflected High Energy Electron Diffraction）或 RGA（Residual Gas Analyzer）等。

6.4 III-V 族太陽電池材料簡介

III-V 族化合物半導體，即為以週期表上 III 族元素與 V 族元素所組成的半導體化合物，大部分為閃鋅礦（zinc blende）結構，其應用範圍廣泛，主要被用以製作光電半導體，如發光二極體、雷射二極體……等等，III-V 族太陽電池亦為其應用之一。常見的 III-V 族化合物如砷化鎵（GaAs）、氮化鎵（GaN）、磷化銦（InP）等等，均具有半導體的特性，因其組合成分為兩種元素，故稱之為二元化合物半導體（Binary compound semiconductor），表 6.1 為常見的 III-V 族二元化合物半導體之物理常數。

表6.1 常見的 III-V 族二元化合物半導體之物理常數

III-V binary compound	Atomic number Z	Lattice parameter (Å)	Bandgap energy (eV)	Refractive index (n)	Effective mass			Dielectric constant ($\varepsilon/\varepsilon_0$)	Election affinity χ(eV)
					(m_c/m_0)	(m_{hh}/m_0)	(m_n/m_0)		
InSb	50	6.47937	0.17	4.0	0.0145	0.44	0.016	17.7	4.69
InAs	41	6.0584	0.36	3.520	0.022	0.41	0.025	14.6	4.45
GaSb	41	6.09593	0.73	3.820	0.044	0.33	0.056	15.7	4.03
InP	32	5.86875	1.35	3.450	0.078	0.8	0.012	12.4	4.4
GaAs	32	5.65321	1.424	3.655	0.065	0.45	0.082	13.1	4.5
AlSb	32	6.1335	1.58	3.400	0.39	0.5	0.11	14.4	3.64
AlAs	23	5.6622	2.16	3.178	0.11	—	0.22	10.1	—
GaP	23	5.45117	2.26	3.452	0.35	0.86	0.14	11.1	4.0
AlP	14	5.451	2.45	3.027	—	0.63	0.20	—	—

隨著組合元素的不同，化合物的晶格大小與能隙也不相同。一般而言，晶格常數越小，半導體之能隙則越大。當 III-V 族化合物之組成元素超過兩種以上，可依組成元素的數目而稱其為三元化合物半導體（Ternary compound semiconductor）或四元化合物半導體（Quaternary compound semiconductor）。三元化合物的組成為 III-III-V 或 III-V-V 形式，依元素間比例的不同而註記為 $III_x III_{1-x} V$ 或 $III V_y V_{1-y}$，隨著元素所占比例的不同，其晶格常數與能隙也會有所改變，圖 6.6 即為 III-V 族化合物之晶格常數對能隙的關係圖，圖中圓圈所在之點即為不同種類的二元化合物半導體，而圓圈與圓圈之間的連線即為介於兩種二元材料之間的三元材料。觀察圖形可知，三元化合

物半導體之晶格常數與材料組成呈線性關係，此現象為 Vegard's Law。根據 Vegard's Law，三元化合物半導體 $A_xB_{1-x}C$ 由兩種 III-V 族二元化合物 AC 與 BC 所形成，其晶格常數 a 與組成元素之比例 x，可寫成如下關係式。

$$a_{ABC} = xa_{AC} + (1 - x)\,a_{BC}$$

一般認為 Vegard's Law 亦適用於四元化合物半導體。

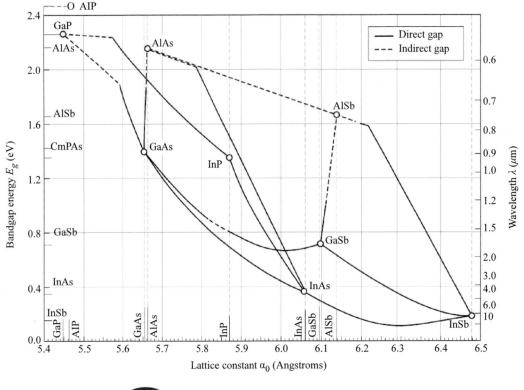

圖6.6　III-V 族化合物之晶格常數與能隙的關係圖

而三元材料之能隙 E_g 與組成元素之比例 x 可寫成如下關係式：

$$E_{gABC}(x) = xE_{gAC} + (1 - x)E_{gBC} + x(1 - x)B$$

其中 B 為曲率參數（bowing parameter），一般而言 III-V 族材料之 B 值不會太大，但 GaN_xAs_{1-x} 之 B 值相當大，因此隨著 N 含量的增加，GaN_xAs_{1-x} 之晶格常數與能隙皆變小。表 6.2 為常見的 III-V 族三元化合物半導體之組成元素比例 x 與能隙之關係式。

表6.2 常見的 III-V 族三元化合物半導體之組成元素比例在 300K 與能隙之關係式

Ternary	Direct energy gap E_g(eV)
$Al_xGa_{1-x}As$	$E_g(x) = 1.424 + 1.247x$
$Al_xIn_{1-x}As$	$E_g(x) = 0.360 + 2.012x + 0.698x^2$
$Al_xGa_{1-x}Sb$	$E_g(x) = 0.726 + 1.139x + 0.368x^2$
$Al_xGa_{1-x}Sb$	$E_g(x) = 0.172 + 1.621x + 0.43x^2$
$Ga_xIn_{1-x}P$	$E_g(x) = 1.351 + 0.643x + 0.786x^2$
$Ga_xIn_{1-x}As$	$E_g(x) = 0.360 + 1.064x$
$Ga_xIn_{1-x}Sb$	$E_g(x) = 0.172 + 0.139x + 0.415x^2$
GaP_xAs_{1-x}	$E_g(x) = 1.424 + 1.15x + 0.176x^2$
$GaAs_xSb_{1-x}$	$E_g(x) = 0.726 - 0.502x + 1.2x^2$
InP_xAs_{1-x}	$E_g(x) = 0.36 + 0.891x + 0.101x^2$
$InAs_xSb_{1-x}$	$E_g(x) = 0.18 - 0.41x + 0.58x^2$

6.5 單接面 III-V 族太陽能電池

6.5.1 簡介

近年來，製作 III-V 太陽能電池材料，二元材料包括 GaAs、GaSb、InP，三元材料包括 InGaP、AlGaAs、InGaN、InGaAs……等。理論上，單接面太陽能電池最高的能量轉換效率的能帶隙在 1.3～1.7eV 之間，會隨著日照光譜的不同，而略有不同。Si 的能帶隙為 1.12eV，GaAs 的能帶隙為 1.42eV，InP 的能帶隙為 1.35eV，GaSb 的能帶隙為 0.7eV。因此 GaAs 和 InP，理論上可做出較高能量轉換效率的太陽能電池，而目前太陽能電池在 AM1.5G 的照光情況下，單晶矽太陽能電池最佳的能量轉換效率為 25%，薄膜太陽能電池則為 19.1%。而 III-V 太陽能電池目前最佳的材料為 GaAs，薄膜型的 GaAs 太陽能電池最佳效率為 28.1%，而單晶 InP 則有 22.1%。

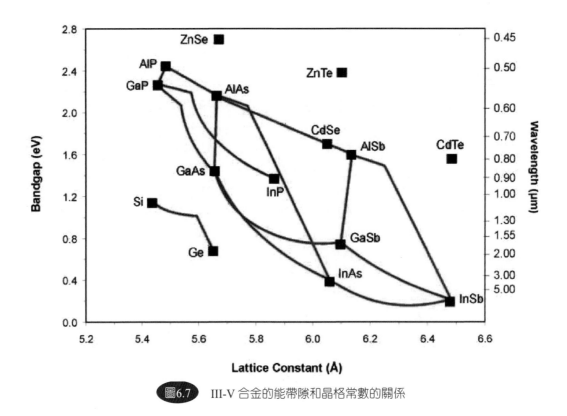

圖6.7　III-V 合金的能帶隙和晶格常數的關係

Table I. Confirmed terrestrial cell and submodule efficiencies measured under the global AM1.5 spectrum (1000 W/m²) at 25°C (IEC 60904-3: 2008, ASTM G-173-03 global)

Classification[a]	Effic.[b] (%)	Area[c] (cm²)	V_{oc} (V)	J_{sc} (mA/cm²)	FF[d] (%)	Test centre[e] (and date)	Description
Silicon							
Si (crystalline)	**25.0 ± 0.5**	4.00 (da)	0.705	**42.7**	82.8	Sandia (3/99)[f]	UNSW PERL[12]
Si (multicrystalline)	**20.4 ± 0.5**	1.002 (ap)	0.664	**38.0**	80.9	NREL (5/04)[f]	FhG-ISE[13]
Si (thin film transfer)	**16.7 ± 0.4**	4.017 (ap)	0.645	**33.0**	78.2	FhG-ISE (7/01)[f]	U. Stuttgart (45 μm thick)[14]
Si (thin film submodule)	**10.5 ± 0.3**	94.0 (ap)	0.492[g]	**29.7**[g]	72.1	FhG-ISE (8/07)[f]	CSG Solar (1-2 μm on glass; 20 cells)[15]
III-V cells							
GaAs (crystalline)	**26.1 ± 0.8**	0.998 (ap)	1.038	**29.7**	84.7	FhG-ISE (12/07)[f]	Radboud U. Nijmegen[6]
GaAs (thin film)	**26.1 ± 0.8**	**1.001 (ap)**	**1.045**	**29.5**	**84.6**	**FhG-ISE (07/08)**[f]	**Radboud U. Nijmegen**[6]
GaAs (multicrystalline)	**18.4 ± 0.5**	4.011 (t)	0.994	**23.2**	79.7	NREL (11/95)[f]	RTI, Ge substrate[16]
InP (crystalline)	**22.1 ± 0.7**	4.02 (t)	0.878	**29.5**	85.4	NREL (4/90)[f]	Spire, epitaxial[17]
Thin film chalcogenide							
CIGS (cell)	**19.4 ± 0.6**[h]	0.994 (ap)	0.716	**33.7**	80.3	NREL (1/08)[f]	NREL, CIGS on glass[18]
CIGS (submodule)	**16.7 ± 0.4**	16.0 (ap)	0.661[g]	**33.6**[g]	75.1	FhG-ISE (3/00)[f]	U. Uppsala, 4 serial cells[19]
CdTe (cell)	**16.7 ± 0.5**[h]	1.032 (ap)	0.845	**26.1**	75.5	NREL (9/01)[f]	NREL, mesa on glass[20]
Amorphous/nanocrystalline Si							
Si (amorphous)	9.5 ± 0.3[i]	1.070 (ap)	0.859	17.5	63.0	NREL (4/03)[f]	U. Neuchatel[21]
Si (nanocrystalline)	10.1 ± 0.2[j]	1.199 (ap)	0.539	24.4	76.6	JQA (12/97)	Kaneka (2 μm on glass)[22]
Photochemical							
Dye sensitised	10.4 ± 0.3[k]	1.004 (ap)	0.729	**22.0**	65.2	AIST (8/05)[f]	Sharp[23]
Dye sensitised (submodule)	8.2 ± 0.3[k]	25.45 (ap)	0.705[g]	**19.1**[g]	61.1	AIST (12/07)[f]	Sharp, 9 serial cells[24]
Dye sensitised (submodule)	8.2 ± 0.3[k]	18.50	0.659[g]	**19.9**[g]	62.9	AIST (6/08)[f]	Sony, 8 serial cells[25]
Organic							
Organic polymer	5.15 ± 0.3[k]	1.021 (ap)	0.876	**9.39**	62.5	NREL (12/06)[f]	Konarka[26]
Organic (submodule)	1.1 ± 0.3[k]	232.8 (ap)	29.3	0.072	51.2	NREL (3/08)[f]	Plextronics (P3HT/PCBM)[27]
Multijunction devices							
GaInP/GaAs/Ge	32.0 ± 1.5[j]	3.989 (t)	2.622	14.37	85.0	NREL (1/03)	Spectrolab (monolithic)
GaInP/GaAs	30.3[j]	4.0 (t)	2.488	14.22	85.6	JQA (4/96)	Japan Energy (monolithic)[28]
GaAs/CIS (thin film)	25.8 ± 1.3[j]	4.00 (t)	—	—	—	NREL (11/89)	Kopin/Boeing (4 terminal)[29]
a-Si/μc-Si (thin submodule)[j,l]	11.7 ± 0.4[j,l]	14.23 (ap)	5.462	2.99	71.3	AIST (9/04)	Kaneka (thin film)[30]

[a]CIGS = CuInGaSe2; a-Si = amorphous silicon/hydrogen alloy.
[b]Effic. = efficiency.
[c](ap) = aperture area; (t) = total area; (da) = designated illumination area.
[d]FF = fill factor.
[e]FhG-ISE = Fraunhofer Institut für Solare Energiesysteme; JQA = Japan Quality Assurance; AIST = Japanese National Institute of Advanced Industrial Science and Technology.
[f]Recalibrated from original measurement.
[g]Reported on a 'per cell' basis.
[h]Not measured at an external laboratory.
[i]Stabilised by 800 h, 1 sun AM1.5 illumination at a cell temperature of 50°C.
[j]Measured under IEC 60904-3 Ed. 1: 1989 reference spectrum.
[k]Stability not investigated.
[l]Stabilised by 174 h, 1 sun illumination after 20 h, 5 sun illumination at a sample temperature of 50°C.

 2011 年各種太陽能電池在照光條件 AM1.5G 最佳能量轉換紀錄

6.5.2　理想的單接面太陽能電池條件

(1) 能隙在 1.1eV 到 1.7eV 之間。

(2) 直接能隙半導體。

(3) 組成的材料無毒性。

(4) 大面積製造。

(5) 可利用薄膜沉積的技術。

(6) 具有高光電轉換效率。

(7) 可長時間運作的穩定性，不容易因環境影響而劣化。

6.5.3　InGaP 單接面太陽電池

磷化銦鎵（InGaP）為直接能隙半導體，其晶格常數可以 Vegard's Law 計算，如式 6-1 所示，其中 a_{GaP} = 0.54512nm，a_{InP} = 0.58686nm。能隙則可以式 6-2 計算，其中磷化銦鎵之 bowing parameter B (GaInP) 約為 0.65eV，計算之能隙約落在 1.8-1.9eV，吸收波長約在 300-600nm 之間。因為其能隙較大，一般會作為多接面太陽電池之上電池以吸收短波長之太陽光譜。若作為單一接面太陽電池，則通常會在 GaAs 基板上以 MOCVD 成長 InGaP 薄膜，藉由調變組成成分、生長溫度、摻雜濃度等成長條件，可得到不同的能隙大小。

$$a_{GaInP} = xa_{GaP} + (1 - x)\, a_{InP} \qquad （6\text{-}1）$$

$$E_g(\text{GaInP}) = xE_g(\text{Gap}) + (1 - x)E_g(\text{InP}) + x(1 - x)\, B\,(\text{GaInP}) \qquad （6\text{-}2）$$

常用的 InGaP 摻雜材料如下：

(1) n-type 摻雜材料

III-V 族化合物通常以硒（Se）或矽（Si）作為 n-type 摻雜材料。硒（Se）之來源為氫化硒（H$_2$Se）氣體。在一般的生長條件下，氫化硒氣體之分壓增加，則自由電子濃度亦隨之增加，直至飽和濃度 $2 \times 10^{19}\text{cm}^{-3}$ 為止。

當電子濃度高於 $2 \times 10^{18} \mathrm{cm}^{-3}$ 時，GaInP 之能隙較大，且其薄膜表面較平滑。但當硒濃度過高時，則薄膜表面趨於粗糙。矽的來源為乙矽烷（Si_2H_6）氣體，當矽濃度高於臨界值時，亦會造成 InGaP 之能隙增加。

(2) p-type 摻雜材料

其結構如圖 6.9 所示，由上而下分別為：表面電極、接觸層、抗反射層、窗層、吸收層、背電場、緩衝層、基板、背電極。

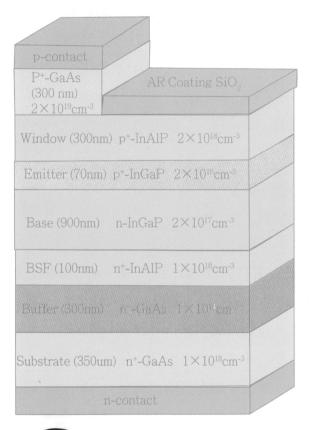

圖6.9　InGaP單接面太陽電池之結構示意圖

以下分別說明各層之功用：

(1) 表面電極（Front contacts）

表面電極通常是用蒸鍍的方法成長在 Cap 層上，主要是用來收集載子。在材料的選擇上，金屬的功函數（working function）必須和 Cap 層材料的費米能階（Fermi level）形成歐姆接觸，才可以增加載子的收集。表面電極必須特別的設計其遮蔽率（shading loss），因為要避免金屬的集膚效應（skin death effect）使入射光被表面電極吸收。通常表面電極對入射光所造成的遮蔽率必須小於 5%，以防止入射光的浪費與避免電池元件的光電轉換效率損失。

(2) 接觸層（Cap layer）

接觸層位於表面電極與窗層中間，其功能是作為半導體與金屬的連接，為了使接觸層與表面電極之間形成良好的歐姆接觸，接觸層必須是重摻雜濃度（heavy doping）的半導體，使其造成退化半導體，且接觸層與金屬電極之間形成的接觸電阻必須低於 $10^{-4}\Omega\text{-cm}^2$ 的數量級[26]，以降低兩者間內部串聯電阻 Rs。一般的接觸層厚度介於 0.2 到 $0.4\mu m$ 之間；此外 Cap 的摻雜濃度必須很高，通常視材料而定，摻雜濃度介於 1×10^{19} 到 $6\times10^{19}\text{cm}^{-3}$ 之間。

(3) 窗層（Window layer）

窗層為一層能隙較大的材料，可以讓大部分的入射光通過，其主要的作用為防止電子與電洞擴散至太陽能表面，受到表面缺陷的影響而再次結合。因為磊晶完後，最上層材料的邊界會佈滿許多未鍵結的懸浮鍵（dangling bonds）。懸浮鍵很容易捉捕電子或是電洞，形成電子電洞的再結合中心。若懸浮鍵接觸到空氣並且與氧氣結合，將使元件的表面形成一層氧化層，加速電子與電洞再結合的速率，嚴重影響太陽能電池的光電轉換效率。因此，必須在主要吸收層上再長一層保護層（窗層），防止與氧氣產生作用，也就是所謂的鈍化處理（passivation）。窗層必須滿足三個要素：①厚度要薄；②能隙要大過主要吸收層的能隙，這樣才能使大部分的光通過；③晶格常數要與主要吸收層的晶格常數匹配。

(4) 主要吸收層（Active region）

主要吸收層是由射極（emitter）和基極（base）這兩層形成 p-n 接面，主要吸收層是太陽能電池中負責吸收入射光，產生電子電洞對的地方。所以主要吸光層必須滿足兩項條件：①吸收層的厚度必須夠厚，才可以完全吸收入射光子。② p-n 接面造成的內建電位（built-in voltage, V_{bi}）必須夠大，以提供電場有效分離產生的電子電洞對。

(5) 背電場（back surface field, BSF）

背電場（BSF）即是在 base layer 與背電極之間製作一層薄且較基極摻雜濃度更高的薄膜 (n⁺-n)p⁺-p 結構，如圖 6.10 所示，此重摻雜的層會在 base layer 的下方形成一位能障，可以增加多數載子的吸收，並反射少數載子回去，增加少數載子被送至另一側的機會，可增加少數載子被正向電極收集的機率。增加背電場這一層的目的主要是要提供一個電場，且為了避免造成電池元件串聯阻抗的增加，所以厚度通常很薄。

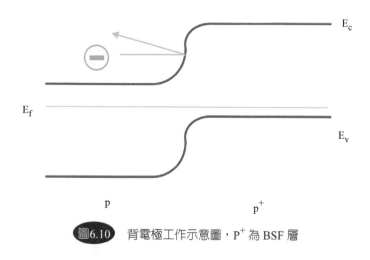

圖6.10　背電極工作示意圖，P⁺ 為 BSF 層

(6) 緩衝層（buffer layer）

通常會先在晶圓表面成長一層緩衝層，以減少直接將電池元件成長在晶圓上而造成的晶格缺陷。其導電性要求與接觸層（Cap layer）相同，都是接近金屬的退化型半導體。

6.5.4　GaAs 單接面太陽能電池

GaAs 太陽能電池在 50 年代被發現有著良好的光電特性，隨後世界各地研究團隊嘗試發展不同的 GaAs 太陽能電池，例如：Thin film GaAs 太陽能電池、GaAs 太陽能電池（Ge 基板）和 GaAs 太陽能電池（Si 基板），以下會一一介紹不同的 GaAs 單接面太陽能電池：

(1) GaAs 太陽能電池（GaAs 基板）

高光電轉換效率是Ⅲ-Ⅴ族太陽能電池最有價值的地方，在 2001 年 Carlos Algora 等人，發表關於 GaAs 太陽能電池的文章，當時所發表的文章提到其光電效率在 1,004 個太陽強度下，有 26.2% 的高轉換效率，提到影響轉換效率的因素有抗反射厚度、射極摻雜濃度、基極摻雜濃度、串聯電阻與元件結構等等。

隨後研究團隊利用低溫液相磊晶法（low temperature liquid phase epitaxy, LT-LPE）成長 GaAs 太陽能結構，首先在 GaAs 基板上成長 n-$Al_{0.1}Ga_{0.9}As$ 背面電場層，再成長 n-GaAs 的 base 層（$10^{17}cm^{-3}$, Te-doped, 3-4 μm），接著再成長 p-GaAs 的 emitter 層（$10^{19}cm^{-3}$, Mg-doped, 1.0-1.5 μm），最後成長 p-$Al_{0.85}Ga_{0.15}As$ 的窗層（Mg-doped, 0.04-0.05um），太陽能電池結構及俯視圖如下圖所示：

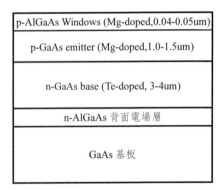

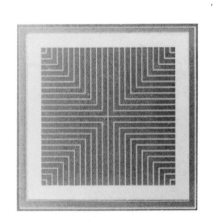

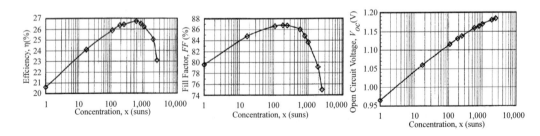

圖6.11　太陽能電池結構與俯視圖

(2) GaAs 太陽能電池（metal 基板）

Ⅲ-Ⅴ族太陽能電池是典型高效率的太陽能電池，美國 Alta 研究團隊利用 thin-film 砷化鎵的太陽能電池，將 Lift-off 技術把砷化鎵基板置換金屬基板，首先利用有基金屬氣相沉積法來沉積 GaAs 在 GaAs 基板上，形成常見的 GaAs 太陽能電池，接著在沉積背面接觸金屬，再把金屬基板黏接在背面接觸金屬，接著再利用水酸溶液蝕刻 AlAs 層，GaAs 基板也會隨著移除，最後再利用黃光微影和金屬蒸鍍系統完成最後的製程，其製程示意圖，如下圖 6.12 所示：

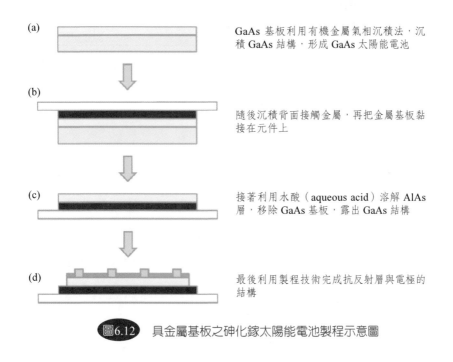

(a)　GaAs 基板利用有機金屬氣相沉積法，沉積 GaAs 結構，形成 GaAs 太陽能電池

(b)　隨後沉積背面接觸金屬，再把金屬基板黏接在元件上

(c)　接著利用水酸（aqueous acid）溶解 AlAs 層，移除 GaAs 基板，露出 GaAs 結構

(d)　最後利用製程技術完成抗反射層與電極的結構

圖6.12　具金屬基板之砷化鎵太陽能電池製程示意圖

利用 Lift-off 技術置換基板的太陽能電池，在 AM 1.5G 一個太陽強度下，量測到的光電換效率為 27.6%，元件的基板置換成金屬基板可以使得製作成本獲得降低，圖 6.13 附有元件的俯視圖和 IV 曲線：

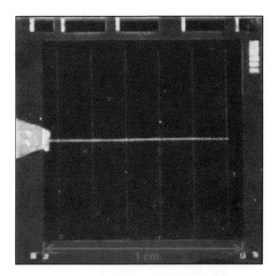

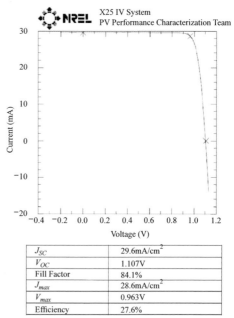

J_{SC}	29.6mA/cm^2
V_{OC}	1.107V
Fill Factor	84.1%
J_{max}	28.6mA/cm^2
V_{max}	0.963V
Efficiency	27.6%

圖6.13　元件俯視圖與 IV 曲線

(3) GaAs 太陽能電池（Ge 基板）

　　在 1996 年時，第 25 屆的 PVSC 會議中，美國 NREL 研究團隊得知，以往單接面 GaAs 太陽能電池，成長在 GaAs 基板的光電轉換效率在 AM1.5G 下量測為 29.5%；但由於使用 GaAs 基板，製作成本會大幅增加，後來根據半導體物理研究，發現 Ge 的晶格常數為 5.65 埃，GaAs 的晶格常數為 5.653 埃，其晶格不匹配度相差甚微，所以適合做為取代 GaAs 基板的材料，且具有讓成本降低的優勢。

　　接著研究團隊利用有機金屬氣相沉積法（MOCVD）從 Ge 基板逐一成長，首先先在 Ge 基板成長 n 摻雜 2μm 的 GaAs 吸收層，再成長一層 n 摻雜 0.2μm 背面電場層，接著再長 n 摻雜 GaAs 主動層的 Base 層（2.5μm），再長未摻雜的 GaAs 層，再把 p 摻雜 GaAs 主動層的 Emitter 層（0.3μm），接著長 p 摻雜 AlGaAs 的窗層（400 埃），最後再利用黃光微影與金屬蒸鍍系統，完成抗射層與電極的製備，其元件結構圖，如下圖 6.14 所示：

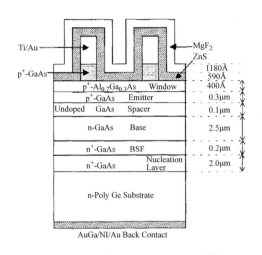

Area (cm^2)	Avg-Grain Size	Substrate Polishing Dents	V_{OC} (V)	J_{SC} (mA/cm^2)
0.25	1-2mm	None	0.975	26.3
0.25	1mm	Yes	0.87	25.8
0.25	1mm	None	0.91	25.7
0.25	0.5 mm-1 mm	None	0.902	24.9
0.25	2mm	None	0.945	24.9

圖6.14 抗射層與電極元件結構

但在利用有機氣相氣體沉積法成長 GaAs 時,會發現 GaAs 晶粒平均尺寸會改變開路電壓與短路電流,推測可能晶界的多寡,會影響到載子的移動,導致開路電壓與短路電流會有改變。最後改變成長的參數,得到最佳的開路電壓與短路電流,分別為 0.9944V 與 23.00mA/cm^2,其光電轉換效率為 18.2%。

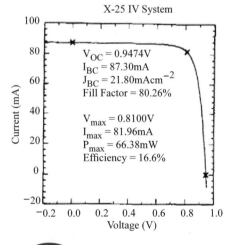

圖6.15 GaAs 晶粒光電轉換效率

6.6 InGaN 太陽能電池

6.6.1 前言

氮化銦鎵（InGaN）為寬能隙半導體材料，如圖 6.7 所示。氮化鎵材料能隙可由（InN）0.7eV 到（GaN）3.4eV，幾乎涵蓋了整個紅外光波段及紫外光波段。由於氮化鎵材料具有相當良好的吸收效率，材料對於光的吸收係數約為 10^5cm^{-1}，因此在製作太陽能材料上是不可多得的材料選項之一。

氮化鎵材料不同於其他 III - V 族半導體的立方體結構，其氮化合物的晶體結構主要是穩定的六面體結構所構成的閃鋅結構。

在早期對氮化合物的研究中，很多的研究群致力於如何去成長高品質的氮化鎵薄膜，由於氮化鎵材料晶體結構為六面體結構，一直缺乏晶格常數與熱膨脹係數相匹配的基板材料，而且又必須在極高溫的環境下成長薄膜，所以高品質的薄膜一直難以取得。

直到 1983 年，S.Yoshida 等人以藍寶石（sapphire, Al₂O₃）為基板，先高溫成長一層氮化鋁（AlN）緩衝層，接著再長上氮化鎵薄膜，而得到較好品質的薄膜。1986 年，I.Akasaki 與 H. Amano 等人使用有機金屬氣相沉積法（metalorganic chemical vapor deposition, MOCVD）來成長氮化鎵薄膜，同樣以藍寶石為基板，先以低溫成長一層氮化鋁作為緩衝層，接著再以高溫長上一層氮化鎵薄膜，薄膜品質因而獲得重大的突破。

由於氮化鎵材料本身有著偏向 n- 型的高背景載子濃度值，如何有效地降低成長時的高背景濃度，以利於 p- 型氮化鎵的成長，一直是氮化鎵材料研究的瓶頸。1989 年，I. Akasaki 等人首先以有機金屬 CP_2Mg 作為鎂的摻雜源來成長 p- 型氮化鎵薄膜，在成長氮化鎵薄膜後，再經由低能量電子束照射，使鎂原子活化，進而得到 p- 型氮化鎵薄膜。同年，日本日亞化學公司（Nichia Chemical Industries）的 S.Nakamura 投入了氮化鎵材料的研究，先以二流式（two-flow）MOCVD 成長氮化鎵薄膜，並且做了兩項重要的改變與突破。首先，Nakamura 捨棄了以氮化鋁為緩衝層，而改以低溫成長的氮化鎵作為緩衝層；再者以熱退火處理取代了低能量電子束照射來活化摻雜的鎂雜質，發現只要熱退火溫度在 700℃以上時，使得鎂受子被活性化，即可產生低阻值的 p- 型材料。隨著 p- 型氮化鎵薄膜的研發成功，在 1993 年，Nakamura 研製出第一個雙異質接面結構，立刻引起了全世界的注意，使得更多的研究群投入了氮化鎵材料的研究工作。

然而自從 2002 年以來，在半導體材料氮化銦（InN）被確認其能隙約落在約 0.7 電子伏特（eV）後，便被預測可作為全波段太陽能電池。藉由半導體材料 $In_xGa_{1-x}N$ 合金系統的組合，理論上我們可以設計從 0.7 eV 紅外光波段到 3.4 eV 紫外光波段能隙最佳化的串接式（tandem）光伏元件，如此一來，利用單一磊晶（epitaxy）系統來達到超高效率串接式太陽能電池的製作便大為可行。除此之外，InGaN 不僅具備好的熱穩定性以及抗輻射能力，更具備不易被化學溶液腐蝕的絕佳化學容忍度。且 $In_xGa_{1-x}N$ 在半導體能隙附近具有很大的吸收係數（~$10^5 cm^{-1}$），因此在材料製備上不需要成長太厚的半導體材料，便可以有效達到足夠的內部量子效率（internal quantum efficiency, IQE）。但是 $In_xGa_{1-x}N$ 半導體成長在藍寶石基板上時，由於晶格常數不匹配，限制了高品質的 $In_xGa_{1-x}N$ 其磊晶厚度，尤其在成長高銦含量的氮化銦鎵合金。因此高品質的氮化銦鎵材料又具備低能隙（< 2 eV）且足夠的吸收層厚度（> 200 nm），目前仍然是磊晶技術為一大挑戰。

6.6.2 磊晶的挑戰

(1) 晶格不匹配

由於氮化銦鎵與基板材料（藍寶石或碳化矽）間的晶格不匹配，故氮化銦鎵成長時，所產生的應力（stress）作用與應變（strain）效應在氮化鎵材料中所扮演的角色，如表 6.3 所示，為目前熱門的 III-V 材料及基板之 a 和 c 方向上晶格常數、熱膨脹係數與 a 方向上晶格不匹配度。

表6.3 氮化合物及基板之晶格常數、熱膨脹係數與不匹配度對照表

Material	a-Lattice Constant (Å)	c-Lattice constant (Å)	a-Thermal exp.Coeff. ($10^{-6}K^{-1}$)	c-Thermal exp.Coeff. ($10^{-6}K^{-1}$)	a-Lattice mismatch (%)
GaN	3.188	5.185	5.59	3.17	0.0
AlN	3.112	4.982	4.2	5.3	2.4
InN	3.542	5.72	−4	−3	−12
Sapphire	4.758	12.99	7.5	8.5	−14

　　在氮化銦鎵材料的成長過程中，高品質氮化銦鎵薄膜的成長是較氮化鎵薄膜的成長來得困難很多。一般氮化鎵的成長溫度約在 1,050℃，由於氮化銦分解溫度較低（～600℃），在氮化鎵與氮化銦的適合成長溫度差異極大，使得成長氮化銦鎵三元化合物更顯困難。其成長溫度約在 700～800℃左右，此時，在成長氮化銦鎵過程中，銦（In）含量在氮化鎵中的溶入量是相當有限的，且有銦含量在薄膜中的分布十分不均勻的問題，易造成薄膜中有錯位缺陷的產生。當所成長的銦含量愈高時，愈容易有相位分離（phase separation）的現象發生，以致於在量子井中，可能會產生像量子點結構。晶格間的不匹配所產生的應力作用，使量子井裡產生壓電場（piezoelectric field）。在成長氮化銦鎵薄膜的過程中，當銦含量愈高時，所產生的壓電場也就愈大，對晶體結構的影響也就愈大。

(2) 應變的產生

　　在成長異質結構（heterostructure）的過程中，當所成長的兩種異質結構材料的晶格常數不匹配時，樣品會有應力的累積，隨著成長的厚度愈厚時，所累積的應力也就愈大，當樣品成長至超過某一個臨界厚度時，樣品無法再承受此應力作用時，則以其他的形式來釋放應力。圖 6.7 中，為各種不同化合物半導體的晶格常數與其能隙的關係圖，在成長各種不同的異質結構材料時，可依其所需來作適當的選擇。

　　應力的產生主要是來自於材料間晶格常數的不匹配所造成的。

　　如圖 6.16(a) 所示，當磊晶層的晶格常數（a_L）是較基板的晶格常數（a_S）來得大時，在磊晶層厚度（t_L）尚未超過臨界厚度時，磊晶層會受

到一個壓縮應力（compressive stress）作用，而有壓縮應變（compressive stain）的產生，此壓縮應變使得基板與磊晶層間形成一個契合性結構（coherent structure），此時磊晶層受到一個均勻的應力作用，也就是受到一個平行界面之應變（misfit strain）作用，而此應變層就稱為假晶態應變層（pseudomorphic strained layer）。

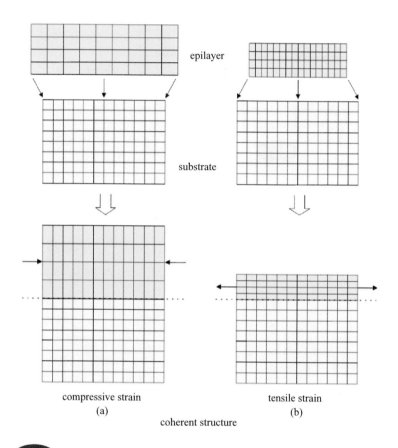

圖6.16 應變的產生：(a) $a_L > a_S$，壓縮應變；(b) $a_L < a_S$，伸張應變。

圖 6.16(b) 為磊晶層的晶格常數比基板的晶格常數來得小時，磊晶層則是受到一個伸張應力（tensile stress）的作用而有伸張應變（tensile strain）的產生。當磊晶層的成長厚度超過臨界厚度時（$t_L > t_c$），其所累積的應力就會以差排錯位（misfit dislocation）的形式來釋放能量，如圖 6.17 所示。定義晶格間不匹配程度 ε 為：

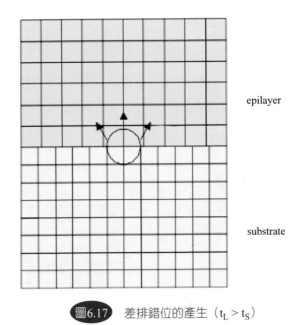

epilayer

substrate

圖6.17　差排錯位的產生（$t_L > t_S$）

$$\varepsilon(x) = [a_{sbus} - a(x)] / a(x) \qquad （6\text{-}3）$$

當此磊晶層為一個三元化合物時，例如：氮化銦鎵（$In_xGa_{1-x}N$）成長在氮化鎵上，其晶格常數是與銦含量的組成有關的，氮化銦鎵三元化合物之晶格常數為：

$$a(In_xGa(1-x)N) = a_{InN} \cdot x + a_{GaN}(1-x) \qquad （6\text{-}4）$$

而晶格間不匹配程度同樣地與銦含量相關：

$$\varepsilon(x) = \frac{a_{GaN} - a_{InxGa(1-x)}N}{a_{GaN}} \qquad （6\text{-}5）$$

同平面的應變在 x、y 方向的分量為 $\varepsilon_{xx} = \varepsilon_{yy} = e(x)$，$\varepsilon_{xx}$ 與 ε_{yy} 為負時，磊晶層是受到一個壓縮應變；為正時，磊晶層是受到一個伸張應變。

　　圖 6.18 所示為 $In_xGa_{1-x}N/GaN$ 量子井（Quantum Well）結構的示意圖。圖 6.18(a) 描述氮化銦鎵磊晶層在形變前，其晶格常數是較氮化鎵晶格常數大，因此磊晶時，氮化銦鎵與氮化鎵均會受到應力作用而產生形變。圖 6.18(b) 描述氮化銦鎵受到一個壓縮應力作用，產生壓縮形變與氮化鎵匹配成長，形成一個契合性結構。

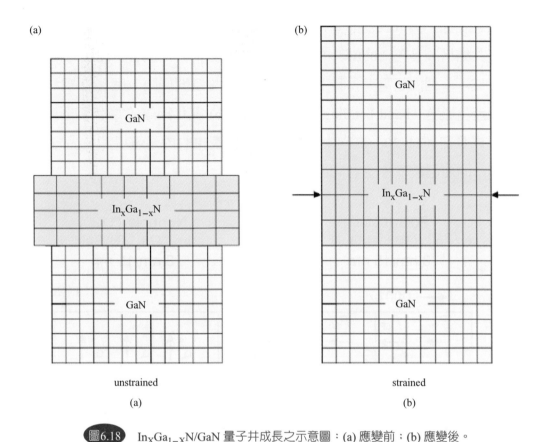

圖6.18　$In_xGa_{1-x}N/GaN$ 量子井成長之示意圖：(a) 應變前；(b) 應變後。

隨著磊晶技術的進步，只要適當地控制氮化銦鎵層的成長厚度不超過其臨界厚度，可減少差排錯位的產生。不同的 x 值會造成不同程度的晶格不匹配度 ε 值。所以在氮化銦鎵的成長過程中，銦含量愈大時，其厚度須更薄，以避免差排錯位的產生。

(3) 極化現象（Polarization Effect）

氮化銦鎵為閃鋅（wurtzite）結構材料，存在著一個極化（polarization, P）現象。此極化現象的來源主要有二：一為自發性極化（spontaneous polarization, Psp）；另一個則是壓電性極化（piezoelectric polarization, Ppz）。自發性極化是因為晶體中的正負電荷的中心位置不一致而產生偶極矩，正電荷或者負電荷往單一方向偏移累積。壓電性極化是由於晶格間不匹配所產生的應力效應，而有壓電性極化現象的產生。極化效應為自發性極化和壓電性極化效應相加，與成長磊晶基板面有相關性。如圖 6.19(a) 氮化銦鎵／氮化鎵量子井結構成長在（0001）方向上，兩異質結構界面間會有極化電荷的累積，形成了一個內建電場，載子的波函數會產生空間偏限效應。能帶因為極化現象產生形變（band bending）。而圖 6.19(b) 氮化銦鎵／氮化鎵量子井結構成長成長在（11-20）方向上，因極化現象產生的內建電場和磊晶方向垂直，載子的波函數不會產生空間偏限效應。

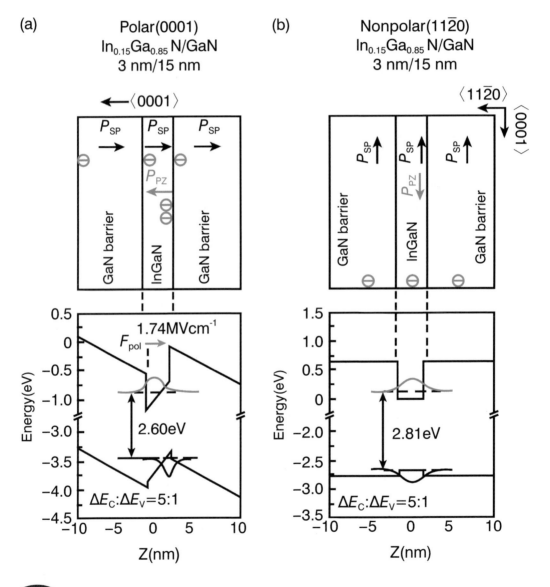

圖6.19　氮化銦鎵／氮化鎵量子井結構成長在方向上：(a) (0001)；(b) (11-20) 的能帶圖。極化電荷累積在晶體的介面上，引發內建電場。

(4) 氮化銦鎵／氮化鎵太陽能電池製作

① 氮化銦鎵太陽能電池元件結構設計

氮化銦鎵太陽能電池的結構，通常為成長在（0001）面的藍寶石基板上沉積 n 型氮化鎵，在成長氮化銦鎵，最後在成長氮化鎵。利用氮化銦鎵（InGaN）材料作為元件結構的主動層（Active layer）部分，利用其可調變的能帶隙的特性，亦即調變氮化銦和氮化鎵材料成分組合比例，使得半導體所能夠吸收光能量的範圍可以涵蓋從近紅外光、可見光到紫外光的波段，但由於氮化銦材料在氮化鎵中的溶解度有所限制，當銦含量超過 15% 時，會很容易產生氮化銦析出（Segregation）的問題，也因此不易得到高品質的氮化銦鎵。

② 電池結構

氮化銦鎵太陽能電池結構通常有兩種，其分別為中間的吸收層一種為塊材，另外一種為多重量子井的結構。氮化銦鎵太陽能電池通常使用金屬有機化學氣相沉積（Metal-organic chemical vapor deposition, MOCVD）磊晶成長在（0001）面（C-plane）的藍寶石基板（Sapphire，成分為氧化鋁 Al_2O_3）上，然後低溫成長氮化鎵成核層（Nucleation layer），然後成長厚約一個微米未摻雜的氮化鎵緩衝層；接著成長厚約 2.3 微米的 n 型高摻雜氮化鎵，在成長約 200 奈米氮化銦鎵作為主動層（Active layer），最後在成長約 100 奈米 p 型氮化鎵，此為 p-i-n 異質接面氮化銦鎵太陽能電池結構。而另外一種主流的氮化銦鎵太陽能電池結構是製作多重量子井電池結構，其是將主動層做成氮化銦鎵／氮化鎵量子井的結構，主要是這樣的技術可以克服氮化銦析出的問題，較氮化銦鎵塊材結構容易製作。

③ 透明導電層與內縮製程

在磊晶後，製作成太陽能電池元件，為了得到較佳的歐姆電極。傳統的做法鍍上幾十奈米鎳／金（Ni/Au）合金。而為了得到更佳的穿透率，目前製程改使用透明度高的銦錫氧化物（Indium tin oxide, ITO），再利用黃光微影製程將 ICP 蝕刻後的氮化鎵平台其上之 ITO 往內用鹽酸蝕刻 10 微米，在蝕刻完 ITO 之後裸露出 p 型氮化鎵，即完成透明導電層與內縮製程。此製程步驟可以防止電流順著邊緣形成漏電路徑。

④ n 電極與 p 電極製作

利用黃光微影製程，定義出 n 型和 p 型電極，再依序鍍上鋁與金（Al/Au），隨後浸泡丙酮溶液讓非定義區域圖形的光阻剝離（Lift-off），即完成 n 型和 p 型電極的製作，其中金屬鋁同時提供良好的歐姆接觸以及作為連接半導體與金之間良好的黏著層。

完成元件製作。如圖 6.20 所示。

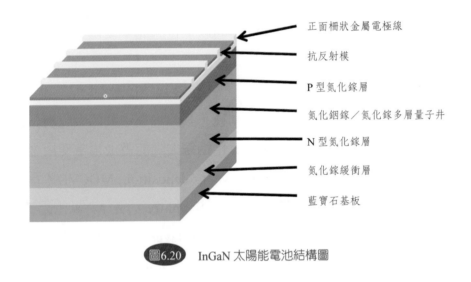

正面柵狀金屬電極線

抗反射模

P 型氮化鎵層

氮化銦鎵／氮化鎵多層量子井

N 型氮化鎵層

氮化鎵緩衝層

藍寶石基板

圖6.20　InGaN 太陽能電池結構圖

為了提升 InGaN 太陽電池能量之轉換效率，可以藉由下面幾種方式，達到較高的電池轉換效率：

A. 減少載子複合損失。因此提高晶體品質，減少錯置（dislocation）或者缺陷（pit）的產生，才能減少載子在未達電極時被複合的機率。

B. 設計電池表面電極形狀和密度，達到改善電極阻抗。

C. 改善元件設計，為了增加光的吸收，增加吸光層的銦含量，但如此一來也會提高 InGaN 和 GaN 之間的晶格不匹配，而且吸光層 InGaN 的臨界厚度會隨著銦含量增加而減少。如果想要提高元件的效率，可以設計視窗層（window layer）及背面表面電場層（back surface field layer），使介面的載子復合達到最小。成長一層視窗層作用是為能帶隙較大的吸收結構之材料，主要可以讓大部分的入射光通過此層，又可以抑制電子與電洞擴散到太陽電池表面，因而受到表面缺陷影響之問題。

D. 利用改善表面抗反射結構，增加光路徑，達到光散射（light scattering）和光捕捉（light trapping）的效果。

⑤ InGaN 材料製造太陽能電池的優點

A. 利用 InGaN 調整化合物材料的成分比例，可以讓材料特性有很大的分布範圍，因此可以調整材料能隙去吸收各個不同波段的太陽光，達到最大轉換效率，適合製造多接面太陽能電池。

B. InGaN 材料為直接能隙材料，所以入射光子將能量轉移至電子的過程動量不會變化，不會使能量散失。

C. 目前除了氮化物太陽能電池外，選用合適的磊晶基板和磊晶技術，可以生產出高品質、低缺陷的 III-V 族太陽能電池。

D. 優良的抗輻射能力，適合做聚光型太陽能電池，在使用菲涅耳透鏡（Fresnel lens）高倍率聚光會因聚光倍率的增加，元件會受到高熱。太陽能電池為半導體元件，通常會因為熱而加速劣化電池效率，例如：矽太陽能電池。InGaN 材料因為抗輻射能力優異，適合做聚光型太陽能電池或者太空太陽能電池。

E. 高載子遷移率。由於較高的遷移率材料具有較高的頻率響應，因此載子在元件中的漂移時間較短。且較高的遷移率會使太陽能電池具有較高的電流。

(5) 單接面 InGaN 太陽能電池

① p-i-n 單接面氮化銦鎵太陽能電池結構

2007 年喬治亞理工的團隊發表吸收層以塊材結構做為吸收層的氮化銦鎵／氮化鎵太陽能電池結構，如圖 6.21。這個電池結構的特色就是以厚度 200nm 氮化銦鎵做為吸收層。因為氮化銦鎵的吸收係數高達 $10^5 cm^{-1}$，越厚的吸收層可將越多的光子轉換成電子，故這個厚度較量子井結構厚，可以吸收更多的光。由於使用 MOCVD 磊晶的缺點是晶相品質較差，較不易製作出

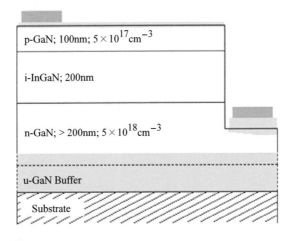

圖6.21　喬治亞理工發表 p-i-n 氮化銦鎵太陽能電池結構

高品質的氮化銦鎵層。為了得到高品質的磊晶層，通常會使用 MEB 成長。喬治亞理工團隊成功製作出 p-i-n 結構氮化銦鎵／氮化鎵太陽能電池成長於藍寶石基板上。緩衝層（u-GaN）成長於藍寶石基板上，在成長 n 態的氮化鎵薄膜，其厚度大於為 200 奈米，摻雜濃度為 $5 \times 10^{18} cm^{-3}$；在成長 200 奈米的氮化銦鎵薄膜本質層；最後一層是 p 態的氮化鎵薄膜，其厚度及摻雜濃度分別為 100 奈米和 $5 \times 10^{17} cm^{-3}$，結構如圖 6.21。這個結構的特色在於以厚度 200nm 本質氮化銦鎵層作為吸收層，因為這個厚度足夠將截止波長前的光吸收。太陽電池在一倍光增加 UV 光，其 V_{oc} 為 2.3 eV，Jsc 約為 6mA/cm^2，其結果如圖 6.22(a)。因為加入銦的比例非常低（～5%），高開路電壓反應了吸收層材料能隙值較高。而元件表面加上透明導電層後，減少蕭基效應（Schottky effect）的影響，V_{oc} 提升為 2.4eV 且改善了填充因子（F.F.），如圖 6.22(b)。

　　2008 年加州大學聖塔芭芭拉分校的團隊，更進一步發表了使用有機金屬化學氣相沉積法製作摻雜 12% 銦含量雙異質結構的 p-i-n 氮化銦鎵太陽能電池，主要吸收層的能隙降為 2.95eV。電池的結構為 n 態的氮化鎵薄膜成長於藍寶石基板，摻雜濃度為 $2 \times 10^{18} cm^{-3}$；在成長 200 奈米本質氮化銦鎵作為吸收層；之後在成長一層 p 態的氮化鎵薄膜，摻雜濃度為 $5 \times 10^{17} cm^{-3}$。在 p 態的氮化鎵薄膜上沉積 Ni 和 Au 分別各 5 奈米作為透明導電層，減少

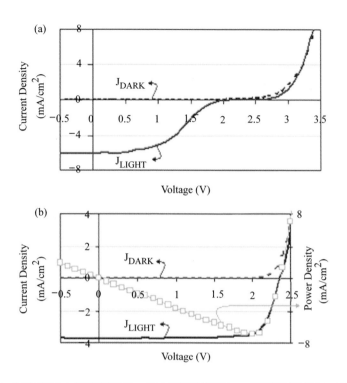

圖6.22 (a) p-i-n 氮化銦鎵太陽能電池在一個太陽光下增加 UV 波段光的電流─電壓關係曲線。
(b) p-i-n 氮化銦鎵太陽能電池表面製作 p 半透明導電層的電流─電壓關係曲線。

蕭基效應（Schottky effect）。最後在成長 5 微米鋁金合金作為電極，柵狀電極距離範圍分別為 25 和 166 微米。結構如圖 6.23(a) 和 (b)。將電池照射在 AM0 模擬光強下，其電流─電壓特性和量子效應，結果如表 6.4。優化了電極距離後，氮化銦鎵太陽電池的 V_{oc} 可達到 1.81eV，J_{sc} 為 4.2mA/cm^2，最大電功率為 mW/cm^2。且外部量子效應頻譜響應範圍由 370 到 410 奈米，最高值為 63%。

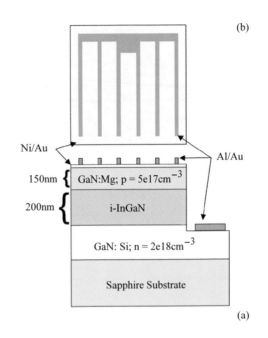

(b)

Ni/Au

Al/Au

150nm { GaN:Mg; p = 5e17cm^{-3}

200nm { i-InGaN

GaN: Si; n = 2e18cm^{-3}

Sapphire Substrate

(a)

圖6.23　(a) 氮化銦鎵／氮化鎵太陽能電池結構；(b) 柵狀電極設計圖。

表6.4　電池照射在 AM0 模擬光強下，氮化銦鎵／氮化鎵太陽能電池量測的電流—電壓特性。

Contact spacing	V_{OC} (V)	FF (%)	J_{SC} (mA/cm^2)	P_{MAX} (mW/cm^2)	Peak EQE (%)
25μm	1.75	75.1	3.5	4.6	51
166μm	1.81	75.3	4.2	5.7	63

② 量子井單接面氮化銦鎵太陽能電池結構

　　由於使用 MOVCD 成長數十奈米到數百奈米的本質氮化銦鎵不易，加上不容易製作高品質高銦含量（＞ 15%）的氮化銦鎵薄膜，所以近年來愈來愈多團隊多研究單接面量子井氮化銦鎵太陽能電池結構。2009 年 R. Dahal 等研究者發表高銦含量量子井單接面氮化銦鎵太陽能電池，吸收層由八對 3 奈米的氮化銦鎵薄膜和 8 奈米的氮化鎵薄膜所組成。其特點是氮化銦鎵薄膜參入分別為 30% 和 40% 的高銦含量，能隙會因摻雜高銦含量而降低且可吸收太陽光的波長範圍較寬。30% 和 40% 的銦含量電池的 V_{oc} 分別為 1.8 eV 和 2.0eV，反應了吸收層的銦含量。40% 的銦含量電池的 J_{sc} 較 30% 的銦含量電池表現差是因為高銦含量的氮化銦鎵薄膜的品質比較差，這也表現在 PL 量測上。

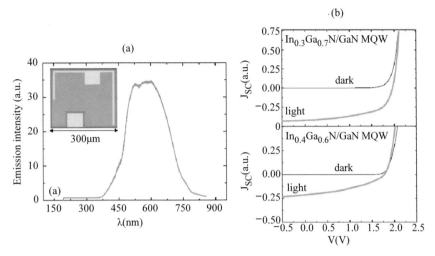

圖6.24 (a) 為實驗使用的模擬白光光源的發光響應頻譜。
(b) 30% 和 40% 銦含量量子井氮化銦鎵／氮化鎵太陽能電池的電流─電壓特性曲線。

(6) 理論多接面串聯氮化銦鎵太陽能電池

　　當入射光子的能量小於太陽能電池的能隙時，這些光子會通過元件而不被吸收，對太陽能電池而言，會造成電極無法有效萃取出光電流，造成效率損失。為了製造低成本高效率的太陽能電池，必須降低此損失，比較平常的做法是將數個不同能隙的單一接面太陽能電池疊起來，而且每個電池的能隙必須由上往下遞減，形成多接面疊合之太陽能電池，因此可調變能隙的 In-GaN 材料就非常適合製造多接面太陽能電池。

　　2005 年 H. Hamzaoui 等研究者經由理論計算，計算未來製作多接面氮化銦鎵太陽能電池的理論效率。他們做了一些假設，電流匹配（< 3%），少數載子濃度為 $1 \times 10^{18} cm^{-3}$，表面複合速度為 $10^3 cm/s$……等假設。將這些假設代入漂移─擴散定律中（**drift-diffusion equation**）等公式中。隨著串聯的太陽能電池越多，效率越提高；而串聯兩個氮化銦鎵太陽能電池，效率為 27.485%，當串聯六個不同銦含量的太陽能電池，其理論效率可高達 40.346%。其結果如表 6.5。

　　雖然現在還沒有研究團隊實際製作成功多接面串聯氮化銦鎵太陽能電池，仍然有很多技術方面需要克服，但利用氮化銦鎵材料製作高效率太陽能電池，在未來具有高度可能性。

表6.5　多接面串聯氮化銦鎵太陽能電池的理論效率

Number of junctions in the cell	J_{sc} (mA/cm^2)	V_{oc} (V)	Output peak power (mW/cm^2)	Efficiency (%)
2	27	1.22	26.48	27.485
3	18.2	2.22	32.42	33.642
4	13.5	3.28	35.48	36.825
5	11	4.28	37.68	39.105
6	9.1	5.34	38.88	40.346

6.7 結論

　　由於 III-V 族太陽電池具有高吸收係數，可製作薄膜型太陽能電池，以目前的技術而言，III-V 族單接面太陽能電池的能量轉換效率已經可以跟矽太陽能電池轉換效率相提並論。且 GaInP/GaAs/Ge 三接面太陽能電池的轉換效率已經高達 32%。雖然隨著接面數目增加，太陽能電池製作技術倍增困難，但理論計算提供了研究者努力的方向。改善磊晶技術，提升材料品質……等均是研究的課題。而 III-V 族材料具有高輻射係數，可利用透鏡去聚焦太陽光，提高照射在太陽能電池的光強，提升電池的轉換效率。目前聚光型的 III-V 族太陽電池效率可達到 30% 以上。具有比矽太陽能電池在長時間照光下較不易使電池光老化而降低電池的轉換效率的優點。聚光型太陽能電池亦可降低製作太陽能電池的成本。相信具有可調變能隙的 III-V 族材料在眾多研究者努力之下，未來可以製作出低成本、高效率的太陽能電池。

習題

1. 多接面太陽能電池中，越上層的材料能隙較下層大或小，可提供較大的光電流？為什麼？

2. 氮化銦鎵具有兩種極化，是哪兩種？產生的原因是？

3. 使用分子束磊晶法（MBE）的好處？

4. 使用量子井結構的太陽能電池的好處？

5. 計算 $In_{0.3}Ga_{0.7}P$ 的能隙？

參考文獻

1. 太陽電池 solar cell，黃惠良、曾百亨主編，p303，2008。

2. 太陽能電池技術手冊，戴寶通、鄭晃忠主編，p211，2008。

3. H. Hamzaoui, A.S. Bouazzi, B. Rezig, "Theoretical possibilities of InxGa1-xN tandem PV structures," Sol. Energy Mater. Sol. Cells 87, 595-603 (2005).

4. C. J. Neufeld, N. G. Toledo, S. C. Cruz, M. Iza, S. P. DenBaars, and U. K. Mishra, "High quantum efficiency InGaN/GaN solar cells with 2.95 eV band gap", Appl. Phys. Lett. 93, 143502-1-143502-3 (2008).

5. R. Dahal, B. Pantha, J. Li, J. Y. Lin, and H. X. Jiang," InGaN/GaN multiple quantum well solar cells with long operating wavelengths", Appl. Phys. Lett. 94, 063505-1-063505-3 (2009).

6. O. Jani, I. Ferguson, C. Honsberg, and S. Kurtz, "Design and characterization of GaN/InGaN solar cells," Appl. Phys. Lett. 91, 132117-1-132117-3 (2007).

7. H. Yamashita, K. Fukui, S. Misawa, and S. Yoshida, " Optical properties of AlN epitaxial thin films in the vacuum ultraviolet region," J. Appl. Phys. 50, 896-898 (1979).

8. O. Ambacher, J. Majewski, C. Miskys, A. Link, M. Hermann, M. Eickhoff, M. Stutzmann, F. Bernardini, V. Fiorentini, V. Tilak, B. Schaff, and L. F. Eastman, " Pyroelectric properties of Al(In)GaN/GaN hetero- and quantum well structures," J. Phys.: Condens. Matter 14, 3399 (2002).

9. Vurgaftman and J. R. Meyer, "Band parameters for nitrogen-containing semiconductors," J. Appl. Phys. 94, 3675-3696 (2003).

10. J. Wu, W. Walukiewich, K. M. Yu, W. Shan, J. W. Ager, E. E. Haller, H. Lu, W. J. Schaff, W. K. Metzger, and S. Kurtz, "Superior radiation resistance of In1?xGaxN alloys: Full-solar-spectrum photovoltaic material system," J. Appl. Phys. 94, 6477-6482 (2003).

11. J. Wu, W. Walukiewicz, K. M.Yu, J. W.AgerIII, E. E.Haller, H .Lu,W.J.Schaff, "Small bandgap bowing in In1-xGaxN alloys,"Appl.Phys.Lett. 80 4741-4743 (2002).

12. J.F. Muth, J.H. Lee, I.K. Shmagin, R.M. Kolbas, H.C. Caser, B.P. Keller, U.K. Mishra, S.P. DenBaars, "Absorption coefficient, energy gap, exciton binding energy, and recombination lifetime of GaN obtained from transmission measurements," Appl. Phys. Lett. 71, 2572-2574 (1997).

13. F. Bernardini and V. Fiorentini, "Nonlinear macroscopic polarization in III-V nitride alloys," Phys. Rev. B 64, 085207-1-085207-7 (2001).

14. F. Dimroth, R. Beckert, M. Meusel, U. Schubert, and A. W. Bett, "A GaAs Solar Cell with an Efficiency of 26.2% at 1000 Suns and 25.0% at 2000 Suns," IEEE Trans. Electron Devices 48, 840-844 (2001).

15. M.A. Green, K. Emery, Y. Hishikawa, W. Warta, E. D. Dunlop, "Solar cell efficiency tables (version 39)," Prog. Photovoltaics, 20, 12-20 (2012).

16. C. Algora, E. Ortiz, I. Rey-Stolle, V. Diaz, R. Pena, V. M. Andreev, V. P. Khvostikov, and V. D. Rumyantsev, " A GaAs Solar Cell with an Efficiency of 26.2% at 1000 Suns and 25.0% at 2000 Suns," IEEE Trans. Electron Devices 48, 840 (2001).

17. R. Venkatasubramanian, B.C. O'Quinn, J.S. Hills, P.R. Sharps, M.L. Timmons, and J. A. Hutchby, "18.2% (AM1.5) efficient GaAs solar cell on optical-grade polycrystalline Ge substrate.," Conference Record, 25th IEEE Photovoltaic Specialists Conference, Washington, May 1997; 31-36.

18. F. Bernardini, V. Fiorentini, "Nonlinear Behavior of Spontaneous and Piezoelectric Polarization in III-V Nitride Alloys, "physica status solidi (a) 190, 65-73, (2002).

19. H. Masui, S. Nakamura, S.P. DenBaars and U.K. Mishra, "Nonpolar and Semipolar II-Nitride Light-Emitting Diodes: Achievements and Challenges," IEEE Trans. Electron Devices 57, 88-99 (2010).

第 **7** 章

新穎太陽能電池

7.1 前言

在經濟迅速成長下，為避免氣候惡化，未來大多數的能源應該使用無碳科技。然而，現今光電技術仍然太過於昂貴，以致於無法與煤、石油、天然氣等礦物燃料競爭。因為能源危機的到來，必須盡快創造高效率和低成本的光伏特技術。為使用最前瞻之技術，以接受此高效率和低成本的挑戰，目標為利用最少的生產成本，完全轉換光電效率最少到達 15% 的矽薄膜奈米科技。研究提升光電元件捕捉入射的太陽光轉換效率，並以奈米結構[1]和金屬奈米顆粒[2]應用在太陽能表面上，形成漸變式的折射率方式，藉此讓入射太陽光子增加達成全方向抗反射結構和光子捕捉的能力，以提供符合成本效益與高元件效率之製作方式。

7.2 奈米結構矽太陽能電池介紹

要製作奈米結構於太陽能電池上有許多方式可以達成，例如: 電子束微影、奈米壓印技術、化學蝕刻法、黃光微影術等，本文章主要介紹低成本與簡易製作的奈米結構技術。主要是利用聚苯乙烯小球 polystyrene nanospheres 微影技術於結晶矽太陽能電池上，製備成梯形奈米柱結構，達成高光電轉換效率增益。利用 AM1.5G 之太陽光模擬器照射下，相較於傳統利用濕蝕刻粗化的微米結構矽晶太陽能電池，表面具有梯形奈米柱結構的矽晶太陽能電池有著將近 30%的效率提升。如此效率增益主要是源自於波長 400nm 至 1,000nm 波段優越的抗反射效果。針對這個範圍的波長，證實因為反射率下降而增益的入射光子能夠直接貢獻於載子的產生，並不會因為奈米結構的製程而讓電性遭到損害。另外，奈米結構所具有的全方位的抗反射特性，也經由變角度反射率量測系統得到證實。奈米結構的幾何條件經由以馬克士威方程式為基礎的數值計算方法進行進一步的分析。最佳化過後的短路電流密度已達到將近 40 mA/cm^2，相較於傳統的矽晶太陽能電池有著 16 % 的提升。

7.2.1 奈米結構矽太陽電池製程

　　圖 7.1 為聚苯乙烯奈米小球微影技術製作梯形奈米柱的製程流程示意圖。首先選用直徑為 600 nm 的聚苯乙烯奈米小球，利用旋轉塗布技術（spin coating）旋塗在 p 型矽晶太陽能晶片上面，藉由調變膠體奈米小球溶液的濃度、旋塗自旋速度等參數，可將小球製作成近最密堆積的樣貌在 p 型矽晶太陽能電池晶片上，如圖 7.1(a) 所示。接著利用反應性離子蝕刻的技術，蝕刻出梯形奈米柱的結構（見圖 7.1(b)），最密堆積的膠體小球即為成為蝕刻遮罩。圖 7.2 為完成梯形奈米柱結構的掃描式電子顯微鏡照片。在此之後，利用丙酮將膠體奈米小球完全移除。接下來，利用高溫爐管的方式完成 p-n 接面（見圖 7.1(c)），並且濺鍍一層 SiNx 作為表面鈍化之功用。最後網印上電極與燒結，以及切割製造出梯形奈米結構矽太陽能電池（見圖 7.1(d)）。同時將利用化學蝕刻方式使用氫氧化鉀製作出微米結構粗化表面的傳統矽晶太陽能電池，以此與具梯形奈米柱結構的太陽能電池相比較。

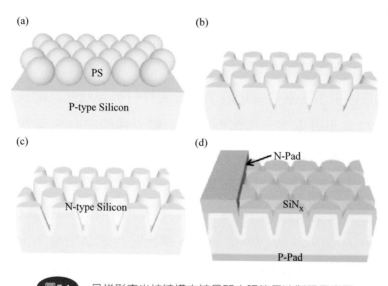

圖7.1 具梯形奈米柱結構之結晶矽太陽能電池製程示意圖

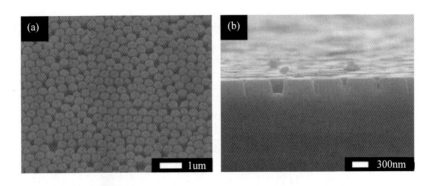

圖7.2　梯形奈米柱結構的掃描式電子顯微鏡照片

　　圖 7.3 以及表 7.1 為具梯形奈米柱之矽晶太陽能電池,與微米結構粗化表面的傳統矽晶太陽能電池的結果比較。圖 7.3(a) 之中,具梯形奈米柱結構的矽晶太陽能電池的反射率在 400nm 到 1,000nm 之間的反射率皆比傳統太陽能電池來得低,顯示了在太陽光頻譜的範圍內,梯形奈米柱更甚地降低了元件的反射率,進而造成了短路電流的提升(見表 7.1)。圖 7.3(b) 為具梯形奈米柱之矽晶太陽能電池,與傳統矽晶太陽能電池的外部量子效率比較,圖中也顯示著梯形奈米柱結構的元件的外部量子效率皆比傳統太陽能電池來得高。其中,對於波長為 400nm 之前的入射光而言,梯形奈米柱結構帶來了等效漸變折射率的效用;對於波長為 400nm 之後的入射光而言,梯形奈米柱結構則提供了漸變式折射率介於元件材料以及空氣的抗反射層。為檢測奈米結構是否會傷害元件電性,故比較元件的吸收率與外部量子效率的趨勢,顯示於圖 7.3(c),其中,以一減去反射率的數值表示吸收率。在圖 7.3(c) 之中,吸收率的趨勢與外部量子效率的趨勢完全吻合,顯示了入射元件的光子皆能有效地被轉換成載子,進而被萃取出來,而在波長 400nm 以及波長 1,000nm 附近,發現外部量子效率比吸收率高出很多,這個事實可用以解釋具梯形奈米柱結構的元件之開路電壓比傳統元件來得高的現象。表 7.1 顯示了具梯形奈米柱結構的矽晶太陽能電池,相較於傳統矽晶太陽能電池,能產生更大的短路電流,因此帶來了效率上將近 30% 的提升。

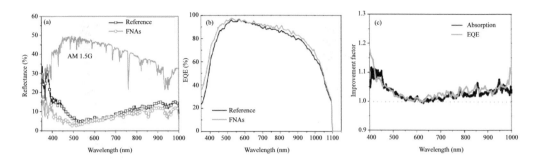

圖7.3 (a) 梯形奈米柱結構的矽晶太陽能電池與微米粗化結構的傳統矽晶太陽能電池的反射率比較，(b) 梯形奈米柱結構矽晶太陽能電池與傳統矽晶太陽能電池的外部量子效率比較，(c) 梯形奈米柱結構矽晶太陽能電池吸收率與外部量子效率的比較。

表7.1 梯形奈米柱結構（FNAs）矽晶太陽能電池與微米粗化（Micro-textures）的傳統矽晶太陽能電池的電性參數比較

Type	V_{OC} (V)	J_{SC} (mA/cm^2)	FF (%)	η (%)	R_S (mΩ)	R_{sh} (Ω)
*FNAs	0.60	37.59	68.41	15.43	25.2	819
Micro-textures	0.59	34.22	59.49	12.01	45.4	176

*FNAs: frustum nanorod arrays

7.2.2 奈米結構的非晶矽太陽能電池

　　非晶矽薄膜太陽能電池的主動吸收層太薄，使得光學吸收受到限制，故增強光線吸收技術顯得格外重要。傳統上使用的抗反射（antireflection）以及光捕捉（light traping）結構是獨立分開的技術，在此希望藉由一個嵌入式仿生奈米結構（embedded biomimetic nanostructure, EBN）來製作非晶矽薄膜太陽能電池而同時達成抗反射及光捕捉效果。實驗方式先將氮化矽（SiN）薄膜沉積在透明玻璃之上，接著利用聚苯乙烯奈米球微影術再搭配反應式離子蝕刻在氮化矽薄膜上製作嵌入式仿生奈米結構，藉由調變聚苯乙烯奈米球大小可以調製奈米結構的大小與週期，另外控制乾蝕刻氣體與時間，可以得到不同深度的仿生奈米結構，之後奈米結構的輪廓會隨著沉積非晶矽材料時，一層一層的轉移，如圖 7.4 所示。

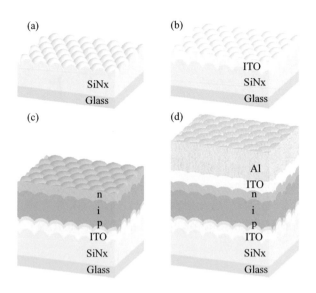

圖7.4 具備嵌入式仿生奈米結構（EBN）的非晶矽薄膜太陽能電池簡易製作流程示意圖

　　藉由奈米球微影術再搭配反應式離子蝕刻技術所製作的太陽能電池可以同時具備抗反射與光捕捉效應。而在外部量子效率上有寬頻譜的提升，在此，同時與傳統方式使用 Asahi U 玻璃基板所製作的元件相比較，此 Asahi U 玻璃基板為業界普遍使用的具優良光捕捉效應之基板。整體來說，EBN 基板太陽能電池可以達到 17.74 mA/cm^2 的較大短路電流密度，相對於沒有仿生奈米結構元件有 37.63% 的增加，而光電轉換效率可由 5.36% 提升至 8.32%。另外 EBN 基板薄膜太陽能電池效率相較於傳統的 Asahi U 玻璃基板薄膜太陽能電池有 8% 效率增加量。

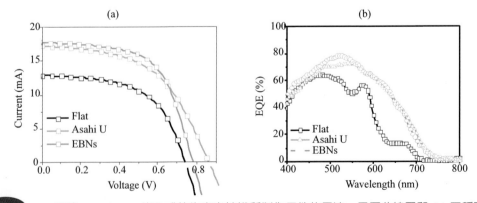

圖7.5 (a) 平的、Asahi U、嵌入式仿生奈米結構所製作元件的電流－電壓曲線圖和 (b) 三種不同太陽能電池元件的外部量子效率特性曲線圖。

此外，嵌入式仿生奈米結構元件，即使在光線以 60°大角度入射時，依然能維持非常好的效率，這有助於使用在真實環境之中。而此新式的結構亦可用於其他薄膜太陽能電池，並不侷限在非晶矽薄膜太陽能電池之上。

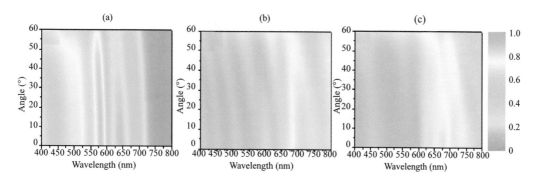

圖7.6　三種元件量測所得的變角度吸收頻譜結果：(a) 平的元件；(b) Asahi U 元件；(c) EBN 元件。

7.2.3 奈米及微米複合結構抗反射層

由於目前太陽能電池發展朝向低成本，而矽太陽能電池的材料成本更是占有相當高的比例，目前是世界各國的團隊都朝向 100 μm 以內的薄基板矽太陽能電池技術發展，然而由於矽為非直接能矽的材料，若發展薄矽技術必然會遇到其有效吸收長度不足，因此良好的光侷限技術就成了關鍵因素。利用電子槍沉積技術製作氧化銦錫（ITO）奈米結構並結合具有表面金字塔微米結構的矽太陽能電池，同時結合微米結構與奈米結構達到寬頻譜與大收光角度的抗反射特性，並且藉由其結構尺度的光學散射，將可以提升入射光在元件所行走的路徑。如圖 7.7 所示，其 (a)、(b) 為奈米結構均勻分布在矽的金字塔結構上。(c) 為傳統的氮化矽抗反射層的太陽能電池；(d) 為結合奈米結構與微米結構的複合式抗反射層太陽能電池，其表面在各角度的觀察下，都呈現均勻的黑色。

圖7.7　(a) 氧化銦錫奈米梳狀結構均勻沉積於金字塔結構的矽太陽能電池上 (b) 側視圖；(c) 對照組：僅沉積氮化矽薄膜的太陽能電池；(d) 製作氧化銦錫奈米結構的太陽能電池，表面呈現明顯的黑色。

　　此種奈米結構的成長特性可以藉由其不同的成長時間來達到調控的效果，如圖 7.8 所示，在初期的時候，此種奈米結構在表面形成，呈現短柱狀的奈米結構，大約是 9 分鐘的蒸鍍時間。當蒸鍍時間來到了 27 分鐘，這由於此種奈米結構在此時會達到一個高度上的飽和狀態，其高度大約到達了 720nm 左右，並形成部分的梳狀結構，此時的光學抗反射特性達到最好，由於其結構疏密度具有明顯的空間漸變特性。隨著成長時間加長達 45 分鐘以後，其反射特性反而會變差，這乃是由於其梳狀結構變得太密，反而形成了一層均勻的介質。

圖7.8　氧化銦錫奈米結構的成長流程圖，側視圖：(a) 為 9 分鐘；(b) 27 分鐘；(c) 45 分鐘。俯視圖；(d) 9 分鐘；(e) 27 分鐘；(f) 45 分鐘。其長度條為 200 奈米。

　　為能了解這種結構抗反射特性，於研究的過程中，特別去分析氧化銦錫奈米結構的光學特性，藉由橢圓偏光儀去量測計算入射光在此種奈米結構表面的反射，並搭配模擬其材料折射率的計算方式去擬合其反射率的量測結果。發現此種寬頻譜抗反射特性來自於這種奈米結構薄膜的折射率具有空間中的漸變特性，這是因為在成長的過程中，可以使奈米結構的底部較密而其頂部較為稀疏，因此當入射光進入本介質時，由於其頂部與底部的折射率漸變特性，而不會在界面處產生顯著反射，而這正是太陽能電池所需的設計。其相關成果如圖 7.9 所示，其 (a) 奈米結構的量測反射率及模擬計算的結果；(b) 為折射率 n 與 k 的對空間的漸變特性。

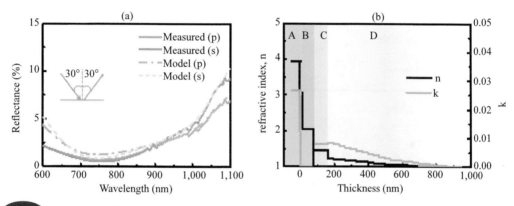

圖7.9　(a) 奈米結構的量測反射率及模擬計算的結果；(b) 為折射率 n 與 k 的對空間的漸變特性。

　　搭配此種奈米結構應用在一般的矽基太陽能電池，可將轉換效率自 16.1% 提升至 17.2%，這乃是由於此種奈米結構所展現的效果，從圖 7.10(a) 也可看出這種 ITO 奈米結構太陽能電池具有較寬頻譜的吸收範圍，而 600nm 到 1,000nm 的提升，使得元件效率變得比傳統的太陽能電池來得好，這技術要發展薄型化的太陽能電池具有重要價值。

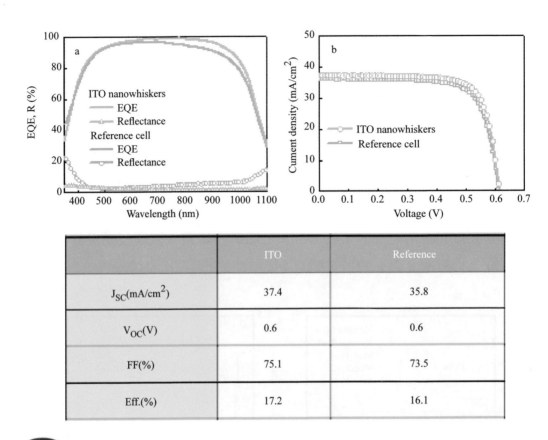

	ITO	Reference
$J_{SC}(mA/cm^2)$	37.4	35.8
$V_{OC}(V)$	0.6	0.6
FF(%)	75.1	73.5
Eff.(%)	17.2	16.1

圖7.10 ITO 奈米結構太陽能電池與一般矽基太陽能電池的元件特性：(a) 量子效率量測結果；(b) 電流—電壓特性曲線。

　　利用膠體小球於結晶矽太陽能電池以及非晶矽太陽能電池上，製作仿生奈米結構，進而達到抗反射以及光捕捉的效果，展現優越的光學特性。於結晶矽與非晶矽太陽能電池上，皆能使元件捕捉更多入射光子，以達到效率上顯著的提升。此外，將奈米及微米複合結構抗反射層，將其應用在矽基太陽能電池上，可有效提升其紅外波段之吸收，並且探討其抗反射特性及散射特性的機制。這樣表面結構的製作是利用均勻的電子槍蒸鍍技術沉積氧化銦錫奈米梳狀結構於微米蝕刻後的表面。這些奈米結構由於其空間結構中的疏密分布不同，對於入射光來說提供了一個等效折射率從 1 到 1.3 的接面，可大幅減少表面反射，提升入射光的穿透及元件的吸收。此種太陽能電池結構可在波段 460nm 到 980nm 間，達到 90%的量子轉換效率，這技術要發展薄型化的太陽能電池亦具有重要價值。

7.3 量子點（Quantum dot）

　　近年來奈米科技的蓬勃發展，使得日常生活中許多東西都和奈米材料有關。特別是材料的一個維度在 1 到 100 奈米之間，則稱之為奈米材料，奈米材料和一般的塊材有著極大的不同，奈米材料獨特的物理和化學性質，可以應用在光電、生醫、化學和機械工業等。近年來的許多相關文獻的探討與發表，其中又以硫化鎘量子點（CdS quantum dot）研究的最多[3]。

　　當材料的體積變得很微小時，能階開始不像塊材一樣擁有連續的能階，進而導致能階不連續的情形發生。如圖 7.11 所示，用混成軌域的觀點來看，當內部電子的數目增加，價帶的下層電子能階填滿後，會開始占據上層的能階，造成傳導帶和價帶的能階差越來越小，隨著材料越來越小，能階的差異越顯著，利用 $E = hc/\lambda$ 可以得知，材料的發光波段 λ 開始降低而產生藍位移（Blue-shift），此現象就稱為量子侷限效應（quantum confinement effect）。[4]

　　從另一種角度來看[5]，因為電子本身擁有波和粒子的雙重性，當電子的波長和奈米材料的粒徑相近時，就會有量子效應的存在。依照電子能階的公式：

$$E_n = n^2h^2 / 8mL^2 \tag{7-1}$$

$$\triangle E = E_{n+1} - E_n = (2n + 1)h^2 / 8mL^2 \tag{7-2}$$

其中$\triangle E$ 是電子能階差（當 n = 1 時，在這邊可視為能階差），其中 L 為奈米材料的粒徑大小。由上式 7-2 可知，當 L 變小，$\triangle E$ 應該會增加，所以當奈米材料的粒徑變小，能階會增加，發光波段就會跟著變小，發生藍移現象，這此理論也可用來解釋量子侷限效應。

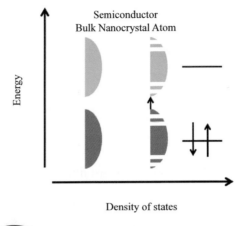

圖7.11　半導體材料的能階密度和能量關係圖。

　　如圖 7.12 所示，一般的奈米材料是三維材料（3-Dimension），擁有連續的能階，當我們將其中一維侷限住，得到二維結構（2-Dimension），如薄膜材料；若再將其中兩維侷限住，可得一維結構（1-Dimension），如奈米線；如果三個維度都被侷限住，則稱零維結構，像是奈米點（Quantum dots）。當維度逐漸下降，其能態密度也越來越不連續，在奈米點材料時（0-Dimension），能態密度近似為一個 δ-function，而非連續的能態密度，其能量與能態密度的關係式如下：

$$N(E) \propto E^{\frac{d}{2}-1}$$

其中 d 稱為維度（d = 1, 2, 3）。

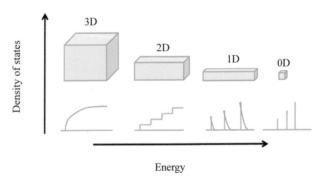

圖7.12　半導體材料的能階和密度和能量的關係圖。有三維、二維、一維和零維的區分。

　　因此量子點能階與一般塊材不一樣，量子點具有獨特的發光特性，其發光波長是可以藉由量子點大小來調控的，其中 CdSe 量子點粒徑大約是在 2.1～4.6(nm) 的變動範圍內，所對應的波段為可見光，故可利用 CdSe and CdS 量子點吸收與發光特性作為熱門研究的主題。

7.3.1 量子點的合成

　　目前量子點的製備可分為物理性和化學性方法。物理性製程的特色可藉由高能量的輸入方式製備出量子點，包括分子束磊晶（Molecular beam epitaxy）、有機金屬化學氣相沉積法（MOCVD）等，而化學性方法則在製備過程加入高溫以合成出量子點，流程如圖 7.13。而化學性製備法藉由控制溶液的溫度與濃度可得到準確的尺寸與穩定的產率，相較之下擁有較多的優點。以高溫液相化學法為例，控制反應來修飾官能基的變化，可獲得粒徑大小和外貌形狀均勻的奈米晶體結構。另外，為了提高 CdSe 內部激子的量子侷限效應，在高溫下先將 CdO 和 ZnO 前驅物和油酸形成較為穩定的錯合物之後，加入裝有 TOPO 包覆劑的容器之後，將另一種反應物溶液 TOP-Se 注入到前述的三頸瓶內，在高溫下，奈米晶體 $Cd_xZn_{1-x}Se$ 能快速成核，同時因為有包覆劑的保護和調控，便可以得到結晶性高而且形貌大小均勻的 $Cd_xZn_{1-x}Se$ 奈米晶體結構，控制反應時間的長短，可以獲得發光波段不同的量子點。

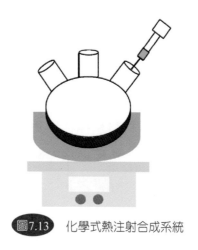

圖7.13　化學式熱注射合成系統

7.3.2　量子點在太陽能上的應用

　　追求高效率單結晶矽和非結晶矽太陽能電池為近年來主要的研究課題。主要矽原料為地球上產量豐富的資源與環保，再加上成熟的半導體工業的技術，使得單結晶矽和非結晶矽太陽能電池有很好的穩定功率轉換效率。然而，矽晶太陽能電池要達成高轉換效率，仍然存在許多問題。特別是，菲涅爾反射率（Fresnel reflection）效應，這是由於高對比度的折射率介於矽晶太陽能電池表面，這個效應會讓許多入射光被反射掉，讓矽晶太陽能電池無法順利吸收光子，嚴重影響矽晶太陽能電池元件的光─電轉換特性[6]。為了降低菲涅爾反射以及增加光子的吸收，因此製作有效的抗反射塗層在太陽能電池表面上顯得格外重要[7,8]，傳統上，製作抗反射塗層必需滿足四分之一波長厚度，抗反射層才能有效地增加光在不同介質間的穿透性，而將四分之一波長之光學薄膜堆疊起來，即可達到較寬頻譜的抗反射塗層，單層與多層抗反射示意圖如圖 7.14 所示。

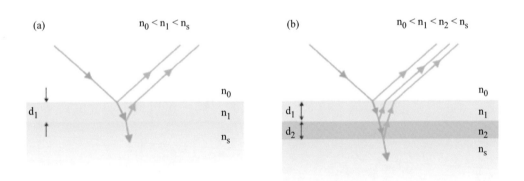

圖7.14　(a) 單層；(b) 多層抗反射膜光學示意圖。

　　然而，要製作寬頻譜低反射多層抗反射塗層，除了需要昂貴的儀器設備和高真空沉積方式，也必須考慮材料選擇性與每層厚度控制，這些因素會把太陽能電池整體成本提高；另外，抗反射塗層雖然可以抑制光線反射，但隨著光線入射角的增大，它的效果也會隨之下降，如圖 7.15 所示。

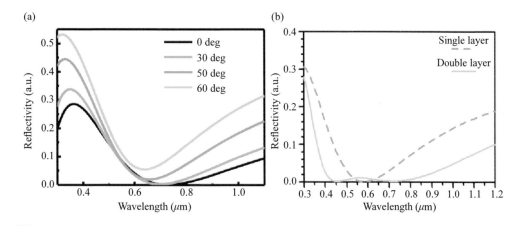

圖7.15　(a) 單層抗反射層不同角度入射光的反射率；(b) 單層與多層抗反射層正向光入射抗反射率。

　　因此，為了解決成本與太陽能電池效率問題，近年來許多研究與文獻在探討次波長結構（sub-wavelength structures），用以減少太陽能電池表面的反射率同時提升太陽能電池光─電轉換效率，例如：奈米線（nanowire）和奈米針（nanotip）[9,10]，因為只有涉及一種材料，所以次波長結構比表面抗反射模更加穩定與持久；另外，隨著光線入射角的增大，抗反射效果維持穩定。而奈米結構主要目的是要引進折射率漸變的機制，減少材料層與空氣層間介面的反射率，如 7.16 圖所示。

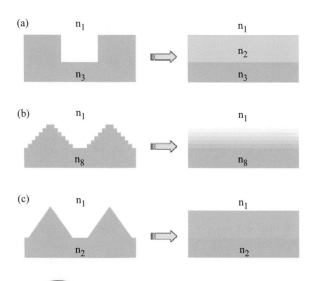

圖7.16　奈米結構相對應的折射率漸變示意圖

　　然而，大多數的奈米結構都製作出一個漸變式錐形或尖狀的形貌，但這樣的表面形貌對太陽能電池卻是相對不利的，主要是因為表面相當多缺陷會抓住光生載子（photo-generated carriers）。另外，在太陽光譜中有一部分紫外光線（UV）雖然會被元件吸收，但卻會被表面的缺陷影響，導致光生載子無法順利被萃取出來，進而限制矽晶太陽能電池的光－電轉換效率。

　　為了解決以上問題，成功了應用硫化鎘量子點（CdS quantum dots）在單晶矽奈米柱陣列太陽能電池上，藉由量子點光學特性可以有效地吸收 UV 光同時轉換成可見光，減少表面光生載子的複合機率。相較於無硫化鎘量子點的單晶矽奈米柱陣列，太陽能電池增加功率轉換效率高達 33%。藉由 I－V 特性和量子效率的量測可以觀察到明顯地提升。因此可以發現硫化鎘量子點可以提高太陽能電池效率，特別是在短路電流（short-circuit current, JSC）和填充因子（fill-factor, F.F.）部分。透過頻譜響應和光學量測，我們證明了硫化鎘量子點不僅在紫外區域能有效地將短波長轉換為長波長，稱之為光子下轉換（photon down-conversion），而且還提供額外的抗反射效果與改善元件的導電性，以上這些優勢大大改善太陽能電池的效率。

　　在實驗中，利用了膠體微影方法式製作單晶矽奈米柱陣列太陽能電池。製作示意圖如圖 7.17 所示。圖 7.17(a)，首先，利用旋轉塗布方式將單層聚苯乙烯（polystyrene）奈米球自我組裝（self-assembled）覆蓋於 P 型單晶矽晶片表面上。在這過程中，調整基板的親疏水性、旋轉速度以及混合小球的濃度，這些因素將可以在單晶矽晶片表面上產生單層最密堆積（nearly-close-packed）聚苯乙烯奈米球。之後利用電感耦合電漿離子（inductively coupled plasma reactive ion etching）乾刻蝕系統，蝕刻具有奈米小球遮罩的單晶矽晶片，引入氯氣反應氣體同時轟擊奈米球和單晶矽表面，其中電漿功率為 1,000 瓦，偏壓功率為 150 瓦，5 毫托壓力以及溫度 60 度，蝕刻時間為 140 秒。蝕刻完之後泡浸純丙酮溶液五分鐘，將單晶矽奈米柱陣列殘留的奈米球清洗乾淨，如圖 7.17(b) 所示。其次，P 型單晶矽奈米柱陣列利用高溫爐管擴散方式摻入三氯氧磷（POCl$_3$），形成厚度約約 200nm 的 N 型層。之後使用釋後的氫氟酸（HF）酸去除表面層磷矽酸玻璃（PSG），如圖 7.17

(c)。再利用電漿增強化學氣相沉積（PECVD）系統，在單晶矽奈米柱陣列表面沉積約 80 奈米厚的氮化矽（SiN$_x$）當作鈍化層（passivate）。利用網印印刷技術網印正面與背面的金屬接觸電極，再放入 850 度的高溫爐中燒結，最後，將濃度為 5 毫克／毫升的硫化鎘量子點膠體溶液，利用旋轉塗布方式在表面上旋塗上硫化鎘量子點，如圖 7.17 (d)。另外，對照組為無硫化鎘量子點的單晶矽奈米柱陣列太陽能電池。

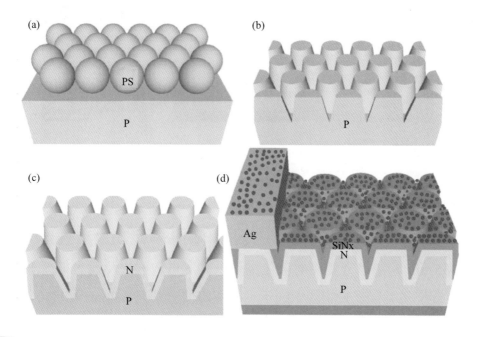

圖7.17 為製作硫化鎘量子點與單晶矽奈米柱陣列太陽能電池製程流程示意圖：(a) 單層聚苯乙烯（polystyrene）奈米球自我組裝（self-assembled）覆蓋於 p 型單晶矽晶片表面上；(b) 利用乾蝕刻技術製作出單晶矽奈米柱陣列；(c) 高溫爐管擴散 n 型於單晶矽奈米柱陣列表面上；(d) 沉積氮化矽（SiN$_x$）以及網印燒結最後旋轉塗布硫化鎘量子點於單晶矽奈米柱陣列形成太陽能電池。

圖 7.18 (a) 顯示出單晶矽奈米柱陣列掃描的電子顯微鏡（scanning electron microscopic）圖像，從圖中可以發現最密堆積奈米球在單晶矽表面上經過乾蝕刻製程之後，正確轉移圖形於單晶矽表面上形成奈米柱陣列深度為 550 奈米，其中奈米柱陣列的高度與形狀，可以輕易地被控制經由蝕刻時間與氣體流量。此乃為了觀察硫化鎘量子點是否與單晶矽奈米柱陣列太陽能電

池相結合。實驗中利用穿透電子顯微鏡（Transmission electron microscope）證實結果。從圖中可以發現硫化鎘量子點約為 6 奈米左右覆蓋於單晶矽表面上，如圖 7.18(b) 所示。我們也對硫化鎘量子點的元素進行了分析能譜儀（EDS），由此佐證硫元素與鎘元素存在，顯示在圖 7.18(b) 右下角的插圖。

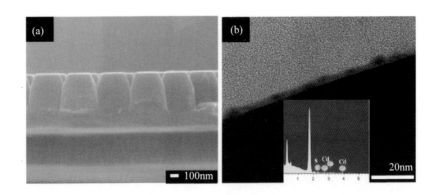

圖7.18　(a) 單晶矽奈米柱陣列側面掃描電子顯微鏡（SEM）圖像，深度約 550nm。(b) 硫化鎘量子點覆蓋於單晶矽表面上穿透電子顯微鏡（TEM）圖，硫化鎘量子點大小約 6 nm，利用分析能譜儀（EDS）分析出硫元素與鎘元素，顯示在插圖中的圖像。

為了瞭解量子點的吸收與放光波長，利用 uv-vis 光譜儀測量吸收以及使用 365 nm 的激發光源照射硫化鎘量子點測得放射光譜圖，如 7.19(a) 圖所示。 從光激發螢光光譜圖中顯示了兩個峰值分別在 430nm 和 550 nm。激發出寬的光譜是由於陷阱態硫化鎘量子點所造成的[11]，而在吸收光譜中顯示出隨著波長愈短，吸收愈強的趨勢。從圖中可以很明顯看出硫化鎘量子點表現出光子下轉換機制，包含從紫外光到可見光（320～430 nm）。這種轉換的光機制可以提供更多的光子被單晶矽奈米柱陣列太陽能電池的內部所吸收。圖 7.19(b) 顯示出不同波長下反射率量測。發現結合硫化鎘量子點單晶矽奈米柱陣列太陽能電池有較低的抗反射率，特別在波長範圍從 450nm 到 1,100nm，當我們比較與無硫化鎘量子點的情況下。從結果得知硫化鎘量子點提供了一個合適的折射率，匹配介於矽晶太陽能電池中形成優越的抗反射層，以利增加光的收集機率。

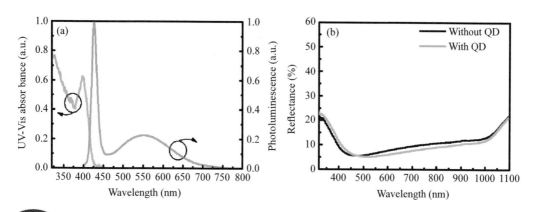

圖7.19 (a) 硫化鎘量子點（紫外光—可見光）吸收光譜（紅）與光激螢光光譜（藍），(b) 有無硫化鎘量子點結合單晶矽奈米柱陣列太陽能電池反射率。

為了證實量子點矽晶太陽能電池光—電轉換效率，利用標準 A 級太陽模擬器、氙閃光燈管 IEC904-9 與室溫條件下，進行電流—電壓（I-V）特性量測。圖 7.20 顯示出結合硫化鎘量子點單晶矽奈米柱陣列太陽能電池與無硫化鎘量子點的情況下，元件的電流—電壓特性。量測出來元件特性總表顯示在表 7.2。經由硫化鎘量子點的作用，短路電流密度（J_{SC}）提升到 32.03 mA/cm^2，而轉換效率從 9.45% 提高到 12.57%，而總整體轉換效率提升至 33%。在開路電壓（V_{oc}）方面幾乎沒什麼太大的改變。值得注意的是，填充因子（FF）被提高了，因為硫化鎘量子點的作用使得串聯電阻被改善，主要原因是量子點在矽晶太陽能電池表面上經由太陽光的照射下，將短波長的光

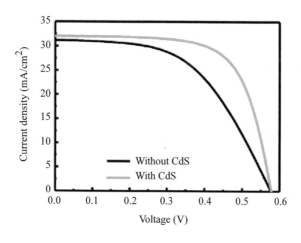

圖7.20 有與無硫化鎘量子點單晶矽奈米柱陣列太陽能電池 I-V 特性曲線

型式 Type	開路電壓 Voc（V）	短路電流 J_{sc} (mA/cm²)	填充因子 FF (%)	效率 η (%)
有硫化鎘量子點	0.577	32.03	67.9	12.57
無硫化鎘量子點	0.576	31.17	52.6	9.45

表7.2　有與無硫化鎘量子點單晶矽奈米柱陣列太陽能電池效率表

轉成長波長的光讓矽晶太陽能電池內部所吸收，減少表面光生載子被矽晶的缺陷所限制住而產生複合機率。因此，硫化鎘量子點在單晶矽奈米柱陣列表面不僅可以減少載子的複合機率，並且改善串聯電阻，也提供優越的抗反射效果。

　　為了進一步探討標準太陽光源照射下，硫化鎘量子點單晶矽奈米柱陣列太陽能電池和無硫化鎘量子點太陽能電池能夠產生多少載子，因此對這兩元件進行了外部量子效率（external quantum efficiency）量測，如圖 7.21(a) 所示。從圖中發現硫化鎘量子點單晶矽奈米柱陣列太陽能電池外部量子效率的提升從波長 320nm 到 1,100nm。圖 7.21(b) 顯示出硫化鎘量子點單晶矽奈米柱陣列太陽能電池增強因子相對強度。根據圖 7.19(a)，吸收光譜顯示了一個峰值在波長 320nm，恰好對應外部量子效率的增強峰值位置在波長 335nm，證實了量子點下轉換機制，如圖 7.21(b) 所示。

　　小結，當增強對外部量子低於波長 400nm 的光子可以歸咎於量子點的光下轉換機制。經由紫外線照射下大多數電子電洞對在表面附近產生。然

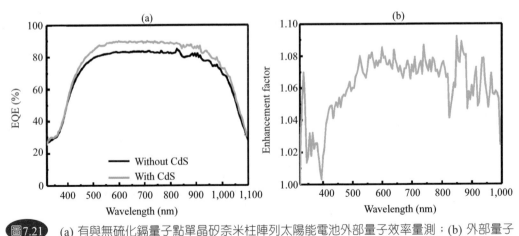

圖7.21　(a) 有與無硫化鎘量子點單晶矽奈米柱陣列太陽能電池外部量子效率量測；(b) 外部量子效率增加因子，光子下轉換機制出現在波長為 335 奈米。

而，表面缺陷造成的載子的複合，導致太陽能電池效率的下降。因此，當硫化鎘量子點在單晶矽太陽能電池表面上可產生光子下轉換機制，讓更多的光子具有可見光的波長使電池內部有效的被吸收，令光伏特元件效率得到提高。另一方面，當光子的波長大於 425nm 時，硫化鎘量子點層提供抗反射膜的效果，這也提高了光收集率。

成功利用了膠體微影與反應離子蝕刻技術製作出單晶矽奈米柱陣列結構。此外，也提出了一個方法，結合硫化鎘量子點與單晶矽奈米柱陣列太陽能電池，使得硫化鎘量子點可以有效地提高功率轉換效率與外部量子效率。其主要提升原因包括光子下轉換機制，抗反射機制與串聯電阻的改善。因此整體太陽能電池功率轉換效率提高至 33%。最後，我們認為，硫化鎘量子點適合應用於矽晶太陽能電池，同時我們也相信硫化鎘量子點未來能應用在其他元件上。

7.4　中間能帶型太陽能電池

為了達到高效率的太陽能電池，近年來，中間能帶（Intermediate-Band）的理論被提出，如圖 7.22 所示。雖然這個理論早在 1960 年代就有人提出，但當時並不受重視。當我們摻雜高濃度的原子，則原子與原子間會互相耦合，在導電帶和價電帶形成中間能帶，藉由這些中間能帶，我們可以使能量較低無法跨越原本能隙的光子，有機會吸收至主動區，以增加電子電洞對產生的機率。

因此可以運用量子結構的材料，如量子井（Quantum Well）、量子線（Quantum Wire）、量子點（Quantum Dot）、超晶格結構等，由於量子侷限效應，使得能階產生不連續的現象，正好可以成為中間能帶的材料。當我們在太陽能電池上加入量子點，則會將原本無法吸收的光子吸收，轉換成量子點的能隙並放出與量子點相符的光子，再讓原本材料的主動區吸收，可以增加吸收光子的波段範圍，以增加光電流，而且量子點的能階結構可以抑制聲子的能量釋放，因此中間能帶型太陽能電池逐漸受到重視。理論上，以矽

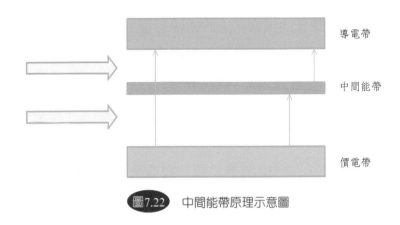

導電帶

中間能帶

價電帶

圖7.22　中間能帶原理示意圖

基板做成的太陽能電池效率大約在 32% 左右，其主要降低轉換效率的原因，歸咎於能量轉換大多以熱的形式散發出來。當我們運用中間能隙的太陽能電池，可以在還沒轉為熱能之前有效捕捉到載子，則太陽能電池的效率可以提高達 63% 左右。

7.5 熱載子太陽能電池

當發現以外界熱能輔助載子增加吸收能量的速率，大於載子在主動區能量釋放的速率，這些吸收了熱的載子，一般而言，溫度大多超越了晶格溫度（即聲子溫度），我們稱為熱載子（Hot Carrier）。熱載子太陽能電子不僅增加了開路電壓 V_{oc}，並且可產生更多的電子電洞對，以利我們載子的收集，如圖 7.23 所示。

為了減少載子的復合機率，我們必須考慮三種復合的情況：輻射復合（能量以光形式釋放）、非輻射復合（能量以熱形式釋放）、歐傑復合（Auger's Recombination），由於歐傑復合至少需要兩個電子以上才能參與反應，在低濃度摻雜下可忽略，故我們若能減少載子在復合時的能量釋放，讓晶格持續擁有自身的能量而不損耗，則會使得晶格的平均能量增加，產生熱載子的現象。這些熱載子在外加電場下，動能持續增加，導致和鄰近的原子發生碰撞，打破了原本的鍵結，產生了一個新的電子電洞對，如此反覆的碰撞與載子產生，我們稱為雪崩倍增。

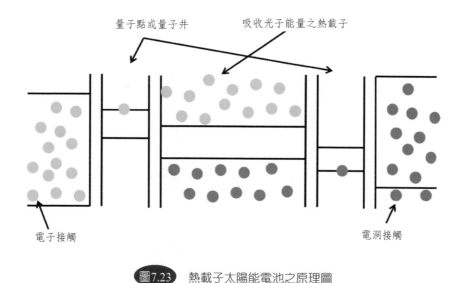

量子點或量子井　　吸收光子能量之熱載子

電子接觸　　　　　　　　　　　　　　電洞接觸

圖7.23 熱載子太陽能電池之原理圖

在一般的 P-N 二極體加上電壓即可達到熱載子現象的條件，然而太陽能電池通常是操作在零電壓的情況下（即無外加電場），且載子在能量釋放之前就必須激發其他元子，主動吸收層就必須很薄，意即須要很大的吸收係數，因此在應用層面上還是一大挑戰。

7.6 熱光伏特太陽能電池

熱光伏特太陽能電池和基本太陽能電池的結構設計類似，和傳統的太陽能電池吸收外部光源比較不同，熱光伏特太陽能電池是利用內部的高溫產生紅外線，這些紅外光的熱光子被元件的主動層吸收轉換成電子電洞對，和傳統的火力發電不太相同，如圖 7.24 所示。

一般而言，熱能轉換的溫度大約是 900 度到 1,300 度左右，由於此種元件在夜晚也可以使用，故又別名「夜間發電機」，然而此種熱光伏特元件的成本極高，目前僅應用在小型的電子元件上，未來會以降低成本應用於電力輸送為目標。

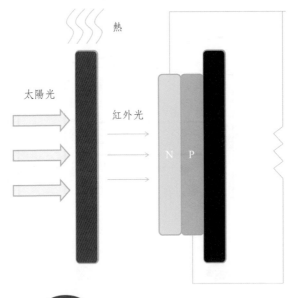

圖7.24　熱光伏特太陽能電池之原理圖

7.7 頻譜轉換太陽能電池

　　半導體材料擁有不同的能隙，可吸收不同能量的入射光子，為了使元件吸收光譜能和太陽光頻譜吻合，我們會在結構上做一些設計，可以分成以下三種來做討論：頻譜向上轉換型（如圖 7.25）、頻譜向下轉換型（如圖7.26）、頻譜集中轉換型。

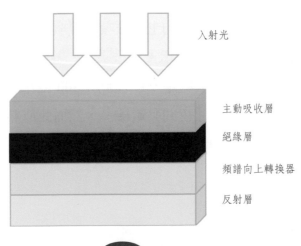

圖7.25　頻譜向上轉換型

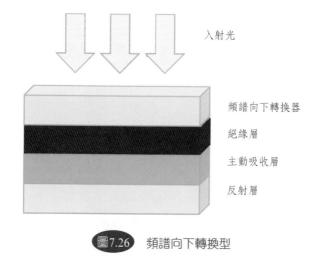

入射光

頻譜向下轉換器

絕緣層

主動吸收層

反射層

圖7.26 頻譜向下轉換型

頻譜向上轉換型是在太陽能電池的主動吸收層下，加上一個能轉換低能量光子的頻譜向上轉換器，使得原本因無法吸收而直接穿透的光子，合成為能量大於能隙的光子後，經由反射後被主動層吸收，這樣可以增加我們能吸收光子的數目，提升光電流及轉換效率。

頻譜向下轉換型是在太陽能電池的主動吸收層上，加上一個轉換器，將高能量的光子轉換成較低能量的光子。若我們入射光子的能量是大於能隙兩倍以上，則經由轉換可以變成兩個大於能隙的光子被主動層吸收，如此我們可以增加吸收光子的數目，也可以提升電子電洞對產生的機率。

頻譜集中轉換型是綜合了頻譜向上轉換型和向下轉換型，將轉換器分別加在主動層兩側，使得能量小的光子可結合成能量高的光子，能量高的光子可分成能量小（能量還是高於能隙）的光子，在主動區耦合吸收，理論上是有提高太陽能轉換效率的可能，但是在技術上還有待發展。

7.8 奈米結構太陽能電池

奈米結構是指在三維的固體中，其中有一維或一維以上的尺度是在奈米等級，在這種結構中，古典物理的理論將不再適用，這時必須要引進量子化的觀念，因此量子侷限效應將不可忽略，常見的奈米結構有以下幾種：

(1) 零維奈米結構：在結構中的三個維度侷限在奈米尺度，如奈米晶粒等。

(2) 一維奈米結構：在結構中的兩個維度侷限在奈米尺度，如奈米柱、奈米線等。

(3) 二維奈米結構：在結構中的一個維度侷限在奈米尺度，如奈米薄膜等。

一維柱狀奈米結構由於有高的深寬比，當入射光進入奈米結構時，有抗反射的效果，使得進入主動吸收層的光增加。不僅如此，奈米結構還有可撓曲的特性，在下一代的太陽能電池將扮演重要的角色。

常見的太陽能電池奈米結構有奈米矽晶粒子、奈米碳管及氧化鋅奈米：

(1) 奈米矽晶粒子：由於此種矽晶粒子尺度已達奈米等級，在量子侷限效應之下，間接能隙的結構將轉變成直接能隙。

(2) 奈米管：在入射等量的光子值下，利用奈米管可以增加光子的收集效率，以提升光電流。奈米碳管可利用電弧放電法、雷射氣化或者是化學氣相沉積這些方法來製作，如圖 7.27 所示。

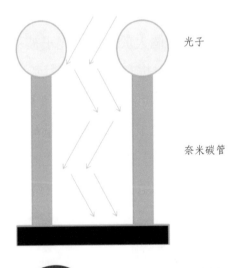

光子

奈米碳管

圖7.27　奈米碳管收集光子示意圖

(3) 氧化鋅奈米：氧化鋅是一種寬能隙的材料，具有極大的束縛能，故在空氣及水中，氧化鋅奈米可以分解出自由電子，留下帶正電的電洞，而可以持續和其他有機物發生反應。同時，氧化鋅奈米可以增加我們頻譜的吸收波段，以吸收更多的光子轉換成光電流，增加太陽能電池的轉換效率。氧化鋅奈米柱結構可利用化學氣相沉積或者是氣相傳輸的方法來製作，如圖 7.28 所示。

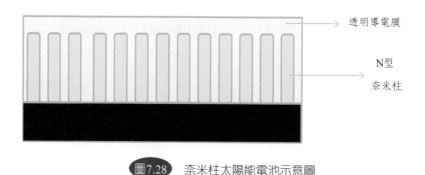

透明導電膜

N型
奈米柱

圖7.28 奈米柱太陽能電池示意圖

習題

1. 奈米結構太陽能電池的優缺點有哪些？

2. 量子點太陽能電池可以帶來什麼好處？

3. 什麼是光子下轉換以及什麼是抗反射？

參考文獻

1. M. A. Tsai, P. C. Tseng, H. C. Chen, H. C. Kuo, and P. Yu, "Enhanced conversion efficiency of a crystalline silicon solar cell with frustum nanorod arrays," Opt. Express 19 (S1 Suppl 1), A28-A34 (2011).

2. K. Q. Peng, X. Wang, X. L. Wu, and S. T. Lee, "Platinum nanoparticle decorated silicon nanowires for efficient solar energy conversion," Nano Lett. 9 (11), 3704-3709 (2009).

3. C. B. Murray, D. J. Noms, M. G. Bawendi, J . Am. Chem. Soc. 1993, 115, 8706.

4. A. P. Alivisatos, Science. 1996, 271, 933-937.

5. 王慧中，「有機電光材料修飾之硒化鎘奈米粒子的合成及性質研究」，國立中央大學，碩士論文，民國 93 年。

6. Y. J. Lee, D. S. Ruby, D. W. Peters, B. B. McKenzie, and J. W. P. Hsu,Nano Letters 8 (5),

1501 (2008).

7. D. J. Aiken, Solar Energy Materials and Solar Cells 64 (4), 393 (2000).

8. W. H. Southwell, Optics Letters 8 (11), 584 (1983).

9. K. Q. Peng, X. Wang, and S. T. Lee, Applied Physics Letters 92 (16) (2008).

10. T. Stelzner, M. Pietsch, G. Andra, F. Falk, E. Ose, and S. Christiansen, Nanotechnology 19 (29) (2008).

11. Y. W. Zhao, Y. Zhang, H. Zhu, G. C: Hadjipianayis, and J. Q. Xiao, Journal of the American Chemical Society 126 (22), 6874 (2004).

第 **8** 章

太陽能電池應用

8.1　前言

自從 1973 年第一次石油危機發生，世界各國警覺到石化能源的獨占性及有限性，因此積極開發太陽能源應用科技，以期利用太陽能源應用之技術減低對石化能源的依賴性。到目前為止，利用太陽能源作為化解石油危機的功能尚未真正發生。反而因石化能源隨人類文明增進而過度開發，導致全球氣候異常暖化。全球氣候環境異常變遷引起包括太陽能之再生能源技術之開發利用再度成為各國極力發展的課題。

太陽能的應用在現代社會中，與人們生活環境更趨密切，無論在食衣住行育樂各方面，都不難發現其和人類的密切關聯性。近幾十年來觀察太陽能產業的發展，能夠發現有持續增長的趨勢，在在顯示無污染的綠化能源已普遍受到重視。

8.2　食

可攜式冰箱[1]

自週休二日以來，人們常利用假日到野外郊遊、露營，因而開車到郊外旅遊的家庭逐漸增多。有些食物沒有在低溫的情況下會慢慢腐敗，會有食物安全上的疑慮；或者釣客釣到的戰利品，也需要保存。雖然已有市售的車用小冰箱存在，不過因市售行動冰箱的電力來源來自於車上的電瓶，通常也只在發動的情況下使用，較不環保；當電源停止供應後，此冰箱將因為沒有電力的供應，而只有短暫的時間保持低溫的狀態下，冰箱內的食品也會隨著時間增加而升溫並腐敗。因此用太陽能晶片作為電力供應之攜帶式冰箱，除可解決上述問題外，希望增加攜帶式冰箱的行動性，而加入小蓄電瓶來增加行動冰箱的續航力和儲存電力。

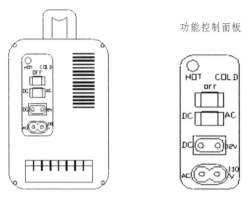

功能控制面板

圖8.1　(a) 實品圖　　　　　　　　　　　　　(b) 電路控制面板

攜帶式太陽能冰箱架構主要包含冰箱主體、致冷晶片、太陽能晶片模組與蓄電瓶、太陽能控制器等等元件。系統除了可利用太陽能晶片模組在接受太陽光之後所產生之供應電力外，① 經由太陽能控制器穩壓後傳送直流 DC 的電力給蓄電瓶充電，蓄電瓶再將電力供應給負載致冷晶片，致冷晶片在接受此電力後產生製冷力。② 此外其產生的 DC 電力還可經過變壓器而轉換為家用交流 110 V，攜帶式太陽能冰箱電路系統的整體電路圖如 8.2 (b) 圖所示：

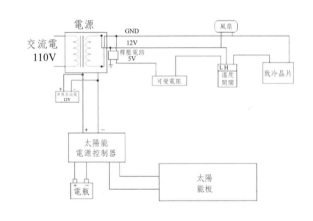

圖8.2　(a) 實驗樣品圖　　　　　　　　　　　(b) 電路圖

如果市售車用小冰箱停止電源供應後，在日曬及溫度的影響下，其保溫效果必受影響。攜帶式太陽能冰箱原有電力供熱外其外部加裝太陽能板，因此即使太陽能發電量不足，仍有電源供應且太陽能板本身有遮蔽作用，能使其增加低溫的時間。相較之下，更可顯出可攜式太陽能冰箱，能在不使用電源下便可延長保溫之特性及其動作的可行性。

太陽能水泵[2]

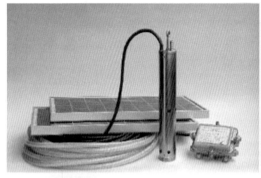

圖8.3　(a) 太陽能水泵實品圖　　　　　　　　　　(b) 實際運用圖

在灌溉的歷史上，早期是以河水引用，而後是以人力或獸力進行灌溉，再者是用馬達抽水灌溉，而馬達抽水灌溉是用電來完成，但是電力未到之處，如沙漠、高山等偏僻地區，太陽能電池正好可以解決這個問題。而這個太陽能水泵，無需繳納電費，可長久供應清澈的水，而陽光越強出水的量也就越多；既使有雲的情況下，照樣能夠運轉，只需連接 24 瓦的高可靠性、無旋轉式水泵，低流量且無一般潛水泵吸沙問題；無需專業維護，可以數小時乾燒而不會導致水泵損壞；水泵直徑小，以 8.0 釐米的水井即可使用，因此水井造價也相當低廉。

表8.1　揚程／日出水量（按每天 6 小時日照計算）

	晴天	陰天	雨天
5 米	636 公升	378 公升	168 公升
10 米	462 公升	294 公升	138 公升
15 米	372 公升	222 公升	108 公升
20 米	264 公升	168 公升	72 公升

技術簡介：

‧該水泵不能直接使用任何蓄電池供電。

‧水泵最大能夠承受功率 24 瓦。

‧太陽能電池輸出工作電壓 32.0 伏特，最低≧30.0 伏特。

‧水泵工作環境溫度：+1.0 ℃～+50 ℃。

‧驅動電子盒工作環境溫度：−10.0 ℃～+50 ℃。

‧水泵直徑 5.2 釐米，長度 36.0 釐米。

‧防水電纜直徑 9.0 毫米，長度 21.0 米。

‧輸水管內徑 9.0 毫米。

‧單個水泵最大工作電流 0.80 安培，最小 0.10 安培。

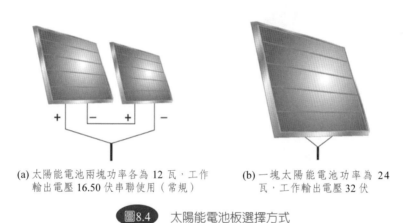

(a) 太陽能電池兩塊功率各為 12 瓦，工作
輸出電壓 16.50 伏串聯使用（常規）

(b) 一塊太陽能電池功率為 24
瓦，工作輸出電壓 32 伏

圖8.4　太陽能電池板選擇方式

太陽能定時澆水器[3]

　　適合用於缺電且陽光充足的地區中，當作定時灑水的工具，由日光進入太陽能板轉化成電力進而蓄電，再由蓄電電池來供應澆水器電力之用，內部電路可依日照設定自行運作，可以適用於園藝、溫室戶外種植中使用。

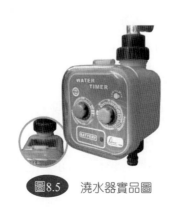

圖8.5　澆水器實品圖

廂式貨車製冷可用太陽能空調[4]

圖8.6　廂型貨車裝上太陽能面板圖

　　一種以太陽能驅動的空調系統已經研發成功，可用於卡車，在 2012 年初，就可以在市場上買到。這種名為「i 製冷」（i-Cool）的太陽能系統是一件創意作品，參與研發的公司有三菱化學公司，ICL 股份有限公司，日本弗呂霍夫有限公司（Nippon Fruehauf Co. Ltd），他們一起開發了這個系統，採用了三菱化學公司的太陽能電池，置於日本弗呂霍夫有限公司的座架上，安裝在卡車的集裝箱上，用以驅動集裝箱內的空調，卡車靜止時也可使用。

　　這一新系統，是把光伏電池裝在 ICL 公司的「i-Cool」系統中，發佈時間是 2011 年 5 月。這種「i-Cool」空調，在卡車行駛時，會向蓄電池充電；而在卡車的發動機熄火時，就使用電池供電。因增加了太陽能電池，就可保證蓄電池總是處於滿載狀態。

　　當卡車靜止不動時，「i-Cool」太陽能系統每小時可節省大約 1.8 公升輕油；卡車行駛時，平均每年大約節省 1% 的燃料，這要看具體的天氣和行駛環境。拿一輛 10 頓的卡車來說，這等於每年節省約 1,500 公升的輕油。

　　「i-Cool」太陽能系統的光伏電池是薄膜電池，安裝在集裝箱頂部兩翼，緊貼集裝箱頂，這個區域提供了相對較大的太陽能集熱面積。最大的輸出功率是 900 瓦，剩餘電力則被儲存在電池中，供陰天使用。

　　三菱化學是日本最大的化工製造公司，他們估計如果日本所有的卡車（約 140 萬輛）都使用了「i-Cool」太陽能系統，那國家的碳排放量將減少

165 萬噸。這些公司計劃測試這一卡車空調系統，使它能在 2012 年上市。他們也規劃了一種小型的系統，適用於轎車。日本京瓷公司（Kyocera）也生產薄膜太陽能電池板，可裝在車頂，準備用於下一代混合動力汽車。

8.3 衣

太陽能褲子與外套[5]

綠色能源正在全球掀起一股熱潮，其中的佼佼者太陽能已經成為許多人日常生活中的一部分。日本科學家曾發明過太陽能輪船，並計劃修建太陽能空間站。現在，他們又為全球帶來一款太陽能褲。

這款太陽能褲子的發明者是日本發明家 Silvr Lining。他介紹說，這條太陽能褲的外形設計時尚，為低腰休閒褲款式，腰部有黑繩能當腰帶，穿起來既運動又休閒。褲子的布料圖案為近幾年十分流行的黑色暗格，且採用特殊的紡織布料製成，具備良好的防水防油漬效果。褲腿的兩旁分別縫製有一個大口袋，每個口袋上面都安置了高科技太陽能電池板。

這條太陽能褲產生的電量雖不像發電廠那樣多，但是產生的 5 伏特的電壓足夠為隨身攜帶的 MP3 和手機充電。這條褲子在太陽底下連續直曬幾個小時後，太陽能就會儲蓄到衣服上的蓄電池中，通過口袋裡的 USB 連接埠，可以提供給手機或 MP3 等消費性電子產品充電。

據了解，太陽能褲現在的市場零售價為每條 920 美元，多花 20 美元還可以在褲子上另加一個太陽能電池板。目前這款產品有銀灰色和橄欖綠兩種顏色。此外，發明者還為太陽能褲設計了相搭配的太陽能外套和太陽能背心，讓穿戴者可以從頭到腳都利用太陽能發電，太陽能在人們以後的日常生活中將會被越來越廣泛地應用。

圖8.7　太陽能服飾

太陽能背心[6]

出門時、出國時經常要攜帶電腦、照相機等電子產品。如果遇到電力耗盡的狀況，總是令人措手不及，錯失良機。有一款太陽能背心現出了解決的曙光。照片的背心裝，在乍看之下，好像只是普普通通的攝影師用的帆布背心，其實它是內藏玄機的「太陽能背心」（SOLAR VEST）。

這件背心內裝 6 塊太陽能面板，可產生多少瓦電力？答案是 6 瓦特。為了在背心裡妥當儲存這些電力，背心口袋內放了一個 8,800 mA 電池，而且對應了可能使用的不同電子產品，有 5 伏特、6 伏特、9 伏特和 12-20 伏特等不同的輸出規格可供選擇！

以前最糗的是太陽能電池沒有太陽就不能！沒問題，沒有太陽時，也可以用 AC 轉換插頭充電，有 8 種轉換插頭跟 7 種裝置轉接器。如果你的設備是透過 USB 充電的，背心內的電池也包含一個 USB 插槽，輸出上限是 20 伏特。電池上有剩餘電力指示燈，綠色表示餘量 80%，橘色表示 30% 至 70%，紅色表示快用完了。生產的 Chinavasion 表示這些太陽能面板可以防水，但電池不行，在防水技術上，還有改進的空間。

圖8.8 太陽能 3C 電子產品

太陽能比基尼[7]

　　iPod、相機等電子產品幾乎已經變成現代人日常生活中不可或缺的商品，很多人更是喜歡將這些產品帶到海邊使用，不過令人困擾的是，如果沒電了要怎麼辦？30 歲的設計師安德魯施奈德（Andrew Schneider）就將光電池板與導電線縫在一起，設計了一款太陽能比基尼，號稱在海邊也能充電。

　　根據報導指出，此款太陽能比基尼還可以依每個人身材比例不同來量身打造，每件要花上 80 個小時才能製作完成，太陽能比基尼要價 120 英鎊（約合台幣 6,000 元）；只要透過 USB 連接就能充電，而且只要拔掉所有電器和保持 USB 插槽乾燥，還是可以穿著這件太陽能比基尼泳衣下水玩樂，完全不用擔心。

圖8.9 太陽能比基尼

施奈德先生表示，這件外觀看起來和一般的泳衣沒有什麼兩樣的太陽能比基尼，是用 40 片和紙一樣薄的靈活光電板，再放上軟導電線縫製而成；當然，男性也不用羨慕女生可以方便充電，因為施奈德現在正打算設計一款有冷卻裝置的男性泳裝，訴求在海邊也可以喝到冰啤酒。

8.4 住

太陽能帳篷[8]

圖8.10　太陽能帳篷

帳篷以回收膠質製成的膠粒打造而成，表面完全防水，且採用摺疊設計，方便運送。把帳篷張開可組合出一個容納六個成年人的空間，需時只需十至十五分鐘。臨時帳篷的篷身內置一種智能調溫物料，不但可阻隔猛烈陽光通過帳篷，還可以把帳篷內的「室溫」，控制在適合居住水準。帳篷表面可吸收太陽能，可把能量儲存為帳篷提供夜間照明及推動濾水系統。

帳篷上方的太陽能板設計，可以自行調整面對太陽角度，產生最好的發電效果。產生的電力有四種用途：取暖、照明、通訊、充電。

市電併聯型系統（Grid-Connected PV System）[9]

所謂的市電併聯型系統即是與電力公司的配電傳輸網路併接，成為電力系統上的一個小型發電設備。日間有陽光時候太陽光電系統與市電併聯發電，並供負載，晚上沒有陽光的時候，不夠的電由電力公司供電。好比將市電電力系統當作一個無限大、無窮壽命的免費蓄電池。

1. 定義：換流器（Inverter）具有逆送電功能，可操作於併聯模式之太陽光電發電系統。

2. 適用地點：電力正常送達之任何地點。

3. 工作方式：白天 PV 系統併聯市電發電、夜間由電力公司供電。將市電電力系統當作一個無限大、無窮壽命的免費蓄電池。

4. 優點：系統簡單、不需安全係數設計、維護容易。效率高，是目前太陽能發電系統主流。

5. 缺點：停電時為自動關機，因而無電可用，無防災功能。 一般併聯型 Inverter 無法直接搭配蓄電池使用（具特殊功能者例外）。

BIPV[9]

BIPV = Building Integrated Photovoltaics。按字面翻譯，其意義是整合光電系統的建築物或建築光電一體化；然其潛在內涵欲表達的是建築空間的新思維與構築材料的革新，更進而探討建築生命的哲思，建築物不再只是冰冷消耗資源的「客體」，也能成為自我供給與自然共存的「主體」。當太陽電池模板成為建築的構成材料，賦予建築物吸收陽光及發電的功能，一種開創空間體驗，新的建築類型已然誕生，我們扼要地稱它為「**光電建築**」。

1. 屋頂的 BIPV 案例

放置於屋頂的光電板最不受周遭環境因素的影響，因此也是較常見的裝置方式。光電板模具的多樣尺寸變化，及晶片脫開封裝的透明度，構成室內多彩豐富光影的空間氛圍。

圖8.11 建築屋頂上的太陽能光板

2. 外牆的 BIPV 案例

外牆以光電板取代，必須注意四周是否有造成遮蔭疑慮的物件，而目前光電板的發電效率仍多受太陽光入射角度的影響，據稱各大光電廠已正積極研發克服此一課題的材質，未來建築物立面將有機會由光電板替代玻璃，成為門窗的主要填充材。

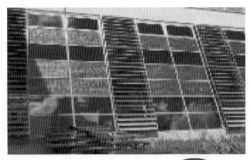

圖8.12　太陽能外牆的 BIPV

3. 遮陽板的 BIPV 案例

通常與建築體脫開的 BIPV 外遮陽板，很適合用在舊建築物的光電系統設計，除了一般架設原則，特別要注意上、下遮陽板間的互遮現象。

圖8.13　建築遮陽板的 BIPV

4. 雨遮的 BIPV 案例

非主體結構的雨遮，位於頂部構造，有利於吸取太陽能量，且施工難度相對較低，亦極適合應用在台灣處處可見的雨遮增建方式。

圖8.14　建築用雨遮的 BIPV

5. 建築整體的 BIPV 案例

　　整體的光電建築並不多見，一方面是構造形式，一方面是太陽方位與角度的因素考量。若基地條件及使用功能允許，建物的屋頂和外牆完全由 BIPV 構成，目前在技術上已可克服。

圖8.15　建築整的 BIPV

圖8.16　「染料敏化太陽能電池」製作成的相關產品—時鐘[10]

　　長期以來，染料敏化太陽能電池（DSSC）的關鍵材料「染料」被釕（Ru）金屬錯合物所主導，以釕金屬錯合物為光敏染料所開發出來的 DSSC 元件，最高光電轉換效能一直維持在 11.0-11.5 % 之間，在過去十多年的發展中，其元件效能並無顯著提升，而且釕為稀有金屬且具有潛在的環境污染問題，因此研究學者們無不絞盡腦汁開發新的無釕光敏染料，這其中又以紫質（porphyrin）分子作為光敏染料的 DSSC 系統最具發展潛力。

　　研究團隊指出，紫質分子可視為一種人工葉綠素（chlorophyll），葉綠素是一種眾所周知使植物呈現綠色的色素，它在植物中吸收太陽光進行光合作用而使二氧化碳與水轉換成醣類。紫質分子在 DSSC 中所扮演的角色類似於葉綠素分子在光合作用中所扮演的角色，它可以有效的吸收太陽光的可見光以及近紅外光部分再將之轉換為電能。

　　過去以紫質分子作為光敏染料的元件效能不彰，部分原因是一般紫質分子易於堆疊所造成，而中興大學化學系葉鎮宇教授與交通大學應化系刁維光教授共同組成的研究團隊，最近研發出一系列具推－拉電子基的高效能紫質染料可有效克服分子堆疊問題，其中一種命名為 YD2-o-C8 的紫質染料，經瑞士洛桑聯邦理工學院（EPFL）Grätzel 教授之研究團隊利用鈷（Co）錯合物做為電解質、並與有機染料 Y123 共吸附而將元件效能大幅提升，在模擬太陽光一半強度照射下達到光電轉換效率 13.1 %（全太陽光照射強度的效率為 12.3%）的世界紀錄，這是以釕金屬錯合物作為光敏染料的 DSSC 元件自 1993 年發表 10 %、2005 年發表 11 % 以來至今的最大突破。

　　具估計全人類能源的需求在 2050 年時會到達目前的兩倍，而目前全人類最主要的能源－石油將於未來四十年間用罄，世界各國科學家莫不積極尋找替代能源，預期該研究成果發表後，對於太陽能產品的應用發展有相當大的助益。

太陽能檯燈[11]

　　通過太陽能電池板利用光照，吸收太陽能將其轉換為電能，並貯存在蓄電池內。當需要照明時，打開開關，即可用於照明。採用超亮 LED 作光源，具有節能省電的特點，利用太陽能充電，無需頻繁更換電池，適應了清潔、環保的發展趨勢。該產品攜帶方便，操作簡單，是現代生活中理想的照明工具。

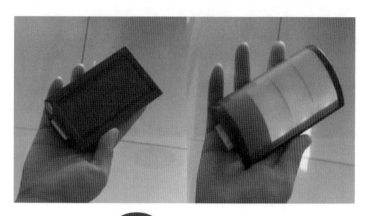

圖8.17 太陽能照明工具

8.5 行

太陽能車[12]

我們大家所熟知的太陽能汽車，便是利用太陽能電池應用中最明顯的例子。太陽能車在經過幾年來的改良後，發現只有太空式晶片可以經得起長時間的震動。國外太陽能汽車的成功實例時有所聞，在澳洲已開發出造型類似於太空飛碟的太陽能汽車—太陽快車二號（Sunswift II）。這輛太陽能快車二號的時速，每小時可高達 120 公里，性能相當優越。另外，它所消耗的能量不多，僅為一般車輛的十分之一，非常節省能源。澳洲所研發出來的此款太陽能汽車，採用先進的太陽能電池，成為一無污染的車型。事實上，澳洲在全球太陽能科技範疇，一直保持領先的地位，早於西元 1982 年便研發出全球第一輛太陽能汽車。

澳洲在太陽能汽車大賽中所應用的複雜科技，可以稱得上是一場「腦力賽」。然而，更重要的是讓人們省思在未來的世界中，能源並非是不虞匱乏的。更有專家指出，太陽能和電動汽車是利用再生能源的絕佳方法。在未來一、二十年間，太陽能電池將是最便宜的發電方式。未來的汽車消費者，最可能的方式是在家裡備有太陽能電池充電器，每天駕著充好電的電動車上下班，不必再花汽油錢，也不會再製造更多的二氧化碳。

圖8.18　太陽能電動車

太陽能導航燈[13]

　　它是一種利用太陽能板充電的導航燈，在陸上可用在道路施工、工程車、勤務車、警車、警機車；在海上可用於漁船作業、工程船、海上警示、箱網養殖等。現在很多路燈上也都加裝了小塊的太陽能板，藉以用來節省晚上要開燈時會消耗的用電。太陽能電池的應用會越來越多元化，可在不同的地方加裝太陽能電池面板，慢慢地取代汽油的燃燒、核能發電的使用和其他不可再生能源的消耗等，如此一來才可讓我們的地球永續發展。

圖8.19　太陽能導航燈

太陽能電板道路[14]

　　很難想像在亞洲的街道上舖設太陽能玻璃板，讓我們的嘟嘟車、腳踏車、踏板車、家用轎車唧唧嘎嘎地輾過這些看起來很脆弱的東西。但這卻是

Solar Roadways 創辦人 Scott Brusaw 所夢想的一個大膽的點子，且在美國交通部 10 萬美元的補助下，這個構想就快要成真了，最初的模型即將誕生。

好處就是每一塊即將取代人行道與停車格地面的太陽能電板每天可產生 7.6 千瓦小時的能量，用巨觀的觀點看，1 英哩長的區塊最多可產生足以供應範圍內所有內嵌 LED 標示燈與警告信號以及額外的 500 戶家庭用電的電量。

Brusaw 認為這些太陽能發電板有潛力可發展成一種能偵測到路面危險狀況並警告駕駛人減速的「智慧高速公路」，還可以加熱道路表面防止冰雪堆積，甚至還可以讓路過或停在停車格內的電動車充電。

這項應用目前最主要的缺點是成本過高，每片 12 英呎×12 英呎的發電板製造費用高達 7,000 美元（約新台幣 23 萬元），不過如果亞洲區的政府們願意致力於這方面的發展，最後利益應會大於成本。想像一下，一個國家的能源問題若可藉此解決，任何人應該都會希望這個巍峨的計畫繼續進行下去吧。

圖8.20　太陽能電板道路

太陽能 LED 道路指示牌[15]

藉由吸收太陽光後轉成電能儲存在電池中，當陰天或者是晚上時，會由充電電池供應給 LED 燈而發光，會比一般道路指示清晰，可以讓駕駛者更早做出反應，可提高交通安全性。

圖8.21　太陽能 LED 道路指示牌

太陽能公車亭[16]

　　由上海的一家設計公司 Yang-Design 所設計的公車亭，整座公車亭分成三個模組，各自可以拆開，所以可以因應不同的空間需求被組裝成不同的大小，下圖中左邊和右邊的模組，提供了可以讓等車人暫時靠著休息的凸條，中間的模組則提供了廣告和公車多久會到達的資訊，而且這整座公車亭的運作，皆是依靠安裝在頂部的太陽能板，所以並不需要額外的電力支援。

圖8.22　太陽能公車旁指示牌

太陽能交通號誌[17]

　　可適用於道路施工或停電時重要路口交通疏導，可以降低交通意外。

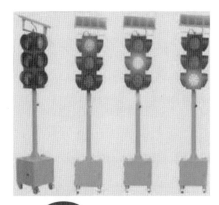

圖8.23 太陽能公車號誌

8.6 育

太陽能學習教育組-Solar Education Products[18]

可以了解太陽能板，串並聯後電壓電流的變化，從中學習太陽能對生活上的影響，增進未來美好的生活。

圖8.24 太陽能學習組

電子書[19]

LG Display Co.Ltd 於日前推出一款配備太陽能電池的電子書。電子書內的薄膜太陽能電池長、寬各 10 公分，內建在目前已經量產的 6 吋顯示面板的電子書，此太陽能電池厚度僅有 0.7 mm，比一張信用卡還薄，且重量只有 20 克，還不及一支鋼筆。

薄膜太陽電池是將電極長在玻璃或塑膠基板，目前普遍使用的是多晶矽太陽能電池採用的矽晶圓片。未來薄膜太陽能電池可以更加輕薄，在尺寸與形狀上多加變化易於搭配在各樣的應用產品上，如電子書或行動電話。

而此產品的能源轉換效率為 9.6%，若在太陽光的照射下 5 個小時，即可供應電子書的電池使用一整天而無須另外充電。此種特性允許長時間在戶外使用電子書，避免電池電力耗盡的困擾。

LG Display 的太陽能電池辦公室負責人 Ki Yong Kim 表示：「電子書吸引許多人的注意，因為它提供可以儲存上千本書的容量，且易於攜帶的優點。電子書結合太陽能電池的想法將提供長時間使用的效益。我們將持續提供使用者更佳方便、具附加價值，集中心力發展下一世代對環境友善的產品。」

LG Display 先前曾宣布計畫培育薄膜太陽能電池事業成為未來成長的動力。該公司目標在 2010 年提升能源轉換效率至 12%，且計畫在 2012 年後轉換效率達到 14% 時將之商品化。

圖8.25　LG 太陽能電子書

太陽能計算機[20]

太陽能電池成為我們身邊隨處可見的東西，是從 1980 年以後在計算機中應用開始的。太陽能計算機是將太陽能電池作為獨立電源來使用的，而太陽能電池可應用在計算機上的理由，主要是因為液晶顯示的計算機所消耗的電量小，即使在螢光燈下太陽能電池所產生的電量也能夠充分地驅動；且計算機只有在有亮光的地方才能使用。目前，計算機用的太陽能電池大部分用的是非晶矽太陽能電池。

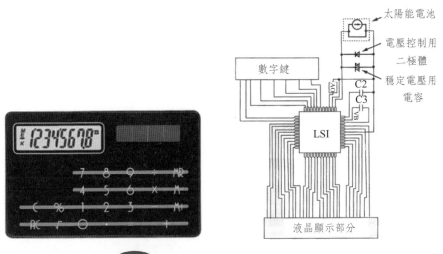

太陽能電池

電壓控制用
二極體

穩定電壓用
電容

數字鍵

LSI

液晶顯示部分

圖8.26 裝有非晶矽太陽能電池的計算機

太陽能計算機的電路構成如右上圖所示，就是將通常的計算機電源部分替換成太陽能電池。完全晴天的太陽光下最高亮度為約 12 萬 lux，而太陽能計算機通常是在室內照明下（200～800 lux）使用。飛機內的照明下最低亮度為 50 lux，此狀況下計算機也能工作。考慮到在這些不同的亮度下也能穩定工作的太陽能電池的特性，進行電路的設計。下圖表示的是在這些亮度下的太陽能電池的 I-V 特性和計算機阻抗決定的工作點。太陽能電池的設計，從驅動計算機必要的工作電壓、工作電流和在最低亮度 50 lux 時的太陽能電池的 I-V 特性這幾方面進行。特別是，非晶矽太陽能電池使用簡單，只用一個基板就可以得到高的電壓，作為計算機使用的太陽能電池是非常適合的。

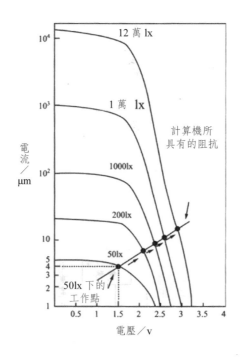

綠色寵物屋[21]

　　隨著社會變遷與經濟發展，人民生活水準提升，飼養寵物的潮流正逐漸發燒。現今大部分的人類將寵物飼養在家庭中最主要的理由是為了「陪伴」。但現代人工作忙碌，沒有時間清理寵物的居住環境，因此開發功能完善且兼具美觀與環保的寵物屋。這個寵物屋同時具備散熱系統、防盜照明、自動餵食、自動清潔以及自動保溫等功能，在電力供應上則是採用市電進行供電，並可利用一綠色能源「太陽能」進行輔助供電。

　　目前國內已有自動餵食器、金屬製寵物屋等相關產品於市面上販售。使用模組化設計方式，除了可依使用者需求自行選配外，若在使用過程中有任何一個功能出現異常，只需將該模組取下維修即可。在材料選用上，由於金屬板材熱傳導效果較佳，在冬天時會有寵物屋無法保暖的疑慮，因此在牆壁部分將以三明治鋁板作為材料，這類材料是於兩片金屬板件間夾有發泡材質或聚乙烯的板材，可藉由中間層之塑膠材質來達到熱絕緣，這樣就可以改善寵物屋牆壁冰涼之問題，同時確保屋內之保暖或冷氣系統之效果可以持久來降低電量的損耗。

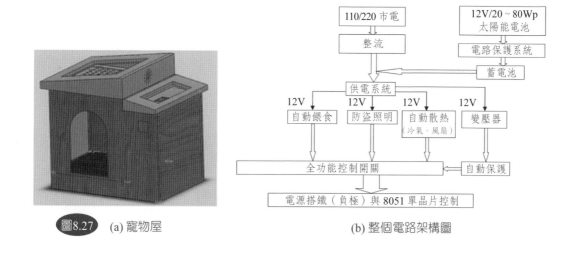

110/220 市電		12V/20〜80Wp 太陽能電池
整流		電路保護系統
		蓄電池

供電系統

12V	12V	12V	12V
自動餵食	防盜照明	自動散熱（冷氣、風扇）	變壓器

全功能控制開關　　　　　自動保護

電源搭鐵（負極）與 8051 單晶片控制

圖8.27　(a) 寵物屋　　　　　　　　(b) 整個電路架構圖

8.7　樂

太陽能小巧噴泉[22]

　　這樣的噴泉裝置適合放在有充足陽光照射的庭院，花園、草坪、公園！不需要牽線佈電，馬上就能在陽光下擁有一個清潔環保、免電費且不受電力設備影響的循環小噴泉！細細的水流，優美的弧度，想像鳥兒停下歇息喝水的模樣，想像孩子們想伸手一探，卻因遮住太陽能板，而使泉水縮回像變魔術一般的驚喜模樣！這是一款小孩喜歡，大人安心的環保安全綠色高性能產品。

圖8.28　太陽能小景觀

太陽能小飛機[22]

　　下圖中小飛機的小型馬達所需電壓約 3.3 伏特到 6 伏特，適合以由太陽能板轉換成電力直接輸出使用，而且所占體積也不會太大，可以當作太陽能電池的教材。

圖8.29　太陽能小飛機

太陽能收音機[22]

　　由於收音機的耗電量並不大，在小面積的太陽能面板操作下，就能夠擁有良好的工作效率。

圖8.30　太陽能收音機

太陽能二代風扇帽[22]

圖8.31　太陽能風扇帽

如圖 8.31 所示的風扇帽，使用上方便安全，質地佳不易變形，附隱藏式太陽眼鏡且免電池，帽簷上的太陽能片能有效的提供風扇的轉動功率。在太陽強烈照射情況下，帽簷下的風扇能保持空氣的流通，幫助熱的散發。

太陽能應用的飾品—小兔子[22]

如圖 8.32 中的「歡迎光臨」小兔子是利用太陽能供電，白天可利用陽光直射太陽能板，使其充電電池充電，晚上就可利用白天已蓄好的電使「welcome」的燈亮起。

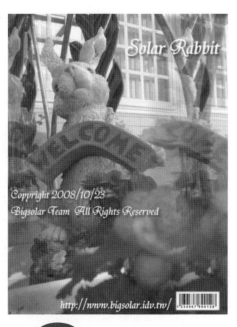

圖8.32　太陽能飾品—小兔子

太陽能應用的飾品—聖誕節燈具[22]

如下圖所示，在聖誕節的期間會有一些市售飾品使用太陽能的模組，在白天時吸收太陽光並加以儲存，以運用於夜晚的聖誕燈飾，使周圍圍繞著濃厚的過節氣氛。

圖8.33　太陽能聖誕節燈具

太陽能透明火車[23]

在這個透明火車中，可以看到太陽能電池是如何傳送電力到馬達上，使其火車有動力前進。除了育樂功能外，也可當作教材的範本。

圖8.34　太陽能透明火車

太陽能月球車[24]

透過下圖所示的月球車，可以了解太陽能車的爬坡力應用，此車利用四輪驅動，可在崎嶇地形爬行，爬坡度可達到仰角 50 度。

圖8.35　太陽能月球車

太陽能電影院[25]

　　如圖中所示，太陽能電影院是一個完全由太陽供電的微型電影院。相較於一般大型電影院而言，這是一個獨特的電影經驗，其中室內空間可以容納 8 個成年人的舒適座椅。由於電影院使用鋰電池電源日夜儲存來自太陽的能量。太陽能電池板利用陽光的照射下，即使電影正在播放的情況下，也不會有電力短缺的情形發生影響運行。此外，太陽能電影院是一個可以在居住社區舉辦的節日或慶典中放映短片的一個理想解決方案。

圖8.36　太陽能電影院

太陽能露營車[26]

　　荷蘭設計家瑪斯（Neville Mars）夢想中的太陽能森林，白天太陽能板隨著光源移，採集光能並儲存起來，樹蔭下就是最佳的停車場，並可供電車充電，可謂壯觀的能源森林，如下圖所示。

圖8.37　太陽能露營車 I

　　曾經在新聞報導中看到一個年輕人，為了環島夢想，騎著腳踏車不畏風雨日曬，走遍台灣的每個角落，紀錄精彩人生。但若不想汗流浹背、或想在國外想要實現長途旅行，就一定要開車了。別怕起伏不定的油價，太陽能露營車使用太陽能發電，車內還有許多驚人的裝備，讓您出門在外可以舒服的躺著睡、可以隨時展開遮陽板，排好桌椅，悠閒喝茶聊天。想到下個目的地，裝備收拾好，馬上就能出發！

圖8.38　太陽能露營車 II

　　如果在車頂另設空間，鋪上棉被就可以睡覺啦！還設有窗戶不會悶熱。若旅行個幾十天，還可以省下一筆可觀的住宿費；若是開車開到一半覺得累了，隨時都可以休息補充體力！「房間」的上方即是太陽能板，還附有追蹤儀器，讓等候的家人放心！車後座還有置物的空間，可收納摺疊桌椅，讓車內空間更寬敞。

門以拖拉方式打開，隱藏了直立式樓梯，可方便的到二樓房間。若在沿途有山水風光，想要下車好好欣賞，或是想要就地野餐，請展開車子二側的超大遮陽板，拿出車裡準備好的摺疊桌椅，好好享受渡假般的好心情吧！車子二側的超大遮陽板也能加裝太陽能板，增加太陽能的收集，以達到更加遠程的行駛電力。

太陽能盆栽[27]

下圖是日本風格的室內盆栽，樹葉與花瓣都是太陽能板，可彎曲、重量輕、色彩豐富，是日本廠商新開發的太陽能薄膜。由於太陽能電池顏色越深，吸收光能的效果更佳，相比之下，較淺色只能轉換成小功率能源，但相較之下，一般人較能負擔得起，且有美化室內功用，屬於大眾化的商品。此商品是利用太陽能驅動、不需電池，因無需澆水，無需打理，只要有一點光即可。

圖8.39　太陽能盆栽

下圖為常見的太陽能小花葉子，花盆底座設有太陽能 IC 接收口，直接將陽光或燈光轉換為太陽能，使葉子得到能源而扇動，與上面的盆栽一樣，平日無需打理，適合擺飾用。

圖8.40　太陽能盆栽飾品

太陽能晴天娃娃／搖頭娃娃／笑臉娃娃[28]

　　另一常見的擺飾為搖頭或笑臉或晴天娃娃，下圖所示為晴天娃娃，利用太陽能板吸收光能，使晴天娃娃在光強度即使不高的環境下，也能夠搖頭晃腦。

圖8.41　太陽能娃娃飾品

太陽能帽[29]

　　下圖所示為國際間獲獎無數，由紐西蘭研發出的太陽能帽。白天在大太陽底下戴上它，遮陽的同時也儲存太陽的照射能量，當夜幕低垂時，這頂充滿太陽能量的帽子就可發光，野外探險觀看地圖找路時，還可以避免晚上摸黑行走時所產生的危險。

圖8.42　太陽能帽

太陽能桌[30]

由加拿大研發的「太陽能桌」如下圖所示，本身可因應各種型態的氣候，適合擺放於室外空間使用。如果擺於室外，在充足太陽光的照射下，可儲存的電力約可替手機充 6,800 次、替數位相機充電 8,400 次，以及為筆記型電腦充上 168 次的電量。同時，拉開桌子抽屜，裡頭設計了 USB 插座、12 伏特的車用充電插座及一般三孔插座，以用來因應各款 3C 產品來使用。桌子也內建了藍芽傳輸功能，透過抽屜內嵌的小型 LCD 顯示器，可顯示充電的詳細狀況。這款已經上市銷售的太陽能桌，讓科技與大自然有了綠色環保的結合。

圖8.43　太陽能桌

8.8 其他

太陽能衛星[31]

　　太陽能電池應用中與太空科技有直接關係的要算是衛星上的太陽能板，現今幾乎所有的衛星的運作都得依賴太陽能電池板來提供電源。所以人造衛星給人的一般印象除了許多的天線外，便是一片片包附在衛星本體上的太陽能板，或是宛如翅膀一般展開的太陽能板。

　　太陽能在太空技術方面的應用，有一項引人注目的應用，即所謂的太陽能衛星。太陽能衛星的功用為將自太空中所獲得的太陽能，經由太陽能板轉換為電能後，再以微波的形式傳回地面上的接收站。原本太陽能衛星的構想是由美國的彼得‧克雷沙於 1968 年所提出，當時的時空背景恰巧適逢能源危機，因此各國莫不積極的尋找替代能源。不過當危機解除後，美國政府對太陽能衛星的態度也趨於冷淡。然而到了最近，因為環保意識的抬頭，與石化能源逐漸枯竭。因此許多外國政府又漸漸的將注意力移到太陽能衛星上。

　　而目前較有名的研究計畫有日本的 SPS2000 太陽能衛星研究實驗計畫。不過此種衛星尚在研究與實驗的階段，因為受限現今的太空運輸技術。太陽能衛星在太陽能發電效益上要比地面太陽能發電效能高上十倍。其原因除了單位面積所接收的太陽能強度較高外，最大的原因為太陽能衛星較不受日夜變化而影響發電效能；而地面太陽能發電的缺點除了易受氣候因素影響，即設置的地點要有充足日照外，夜間不能發電更是太陽能發電的一項致命傷。不過對於太陽能發電衛星而言，這些問題都可以迎刃而解。因為位於太空中的太陽能衛星沒有受氣候影響的問題，除了進入地球陰影處而無法發電外，幾乎可以全年無休的提供源源不絕的無限能源。不過太陽能衛星至今仍無法實現的因素除了建造與運輸費用昂貴外，另一項因素是地面接收站的建設問題。基本上地面站的設計需要極為寬廣的土地，如此才足以安排接收自衛星傳送過來的微波接收天線網。不過這些技術問題相信在數十年後將得以解決，再加上石化能源枯竭的日子漸漸逼近，因此太陽能衛星的利用是潛力無窮而且是具有前瞻性的。

圖8.44　太陽能衛星

習題

1. 試列舉並簡要說明太陽能在「食」方面的應用實例。

2. 試列舉並簡要說明太陽能在「衣」方面的應用實例。

3. 試列舉並簡要說明太陽能在「住」方面的應用實例。

4. 試列舉並簡要說明太陽能在「行」方面的應用實例。

參考文獻

1. 南台科技大學機械工程系，可攜式太陽能電池，上網日期：2012 年 1 月 28 日，網址：http://www.tsint.edu.tw/academics/fuelcell/PDF/10.pdf。

2. 台灣一川工程股份有限公司，太陽能水泵，上網日期：2012 年 1 月 28 日，網址：http://ichuan.com.tw/c/product05.htm。

3. 元懋科技有限公司，電子式自動灑水器，上網日期：2012 年 1 月 28 日，網址：http://22225253.com.tw/watertimer/t168.htm。

4. IT 產業趨勢中心，廂式貨車製冷可用太陽能空調，上網日期：2012 年 1 月 28 日，網址：http://spiderman186.pixnet.net/blog/post/54018267-2011-04-08-%E5%B B%82 %E5%BC%8F%E8%B2%A8%E8%BB%8A%E8%A3%BD%E5%86%B7%E5%8F%AF %E7%94%A8%E5%A4%AA%E9%99%BD%E 8%83%BD%E7%A9%BA%E8%AA%B F。

5. 福音城，日本發明家推出時尚太陽能服裝，上網日期：2012 年 1 月 30 日，網址：http://jgospel.net/news/tech/% E6%97%A5%E6%9C%AC%E7%99%BC%E6%98%8E%E5%AE%B6%E6%8E%A8%E5%87%BA%E6% 99%82%E5%B0%9A%E5%A4%AA%E9%99%BD%E8%83%BD%E6%9C%8D%E8%A3%9D._gc27682.aspx。

6. YAHOO 部落格，太陽能背心，上網日期：2012 年 1 月 30 日，網址：http://tw.myblog.y ahoo.com/fate1961/article?mid=21572。

7. 痞客邦，太陽能比基尼，上網日期：2012 年 1 月 30 日，網址：http://iedn.pixnet.net/blog/post/63684499-%E5%A4% AA%E9%99% BD%E8%83%BD%E6%AF%94%E5%9F%BA%E5%B0%BC。

8. 部落格，太陽能帳篷，上網日期：2012 年 1 月 30 日，網址：http:// www.dailylohas.com/profiles/blogs/tai-yang-neng-zhang-peng-gei。

9. 中華民國建築師公會，光電建築的設計與探討，上網日期：2012 年 1 月 30 日，網址：http://www.taipeibex.com.tw/files/news_file/20081202190129A.pdf。

10. 國立中興大學，太陽能電池新突破 興大、交大研究成果刊登科學雜誌，上網日期：2012 年 1 月 30 日，網址： http://www.nchu.edu.tw/news-detail.php?id=16610。

11. PV001 光伏網，供應太陽能檯燈，上網日期：2012 年 1 月 30 日，網址：http://www.pv001.net/33/0/409.html。

12. 華麗光電科技，太陽能汽車，上網日期：2012 年 1 月 30 日，網址：http://www.color.yes.ms/?GoldWeb=color&A=903。

13. 玉光電能有限公司，太陽能導航燈，上網日期：2012 年 1 月 30 日，網址：http://www.yu-kuang.com.tw/tc/product_detail.php?id=10。

14. Crave 科技瘋，太陽能電板道路會取代柏油？上網日期：2012 年 1 月 30 日，網址：http://taiwan.cnet.com/crave/0,2000088746,20140853,00.htm。

15. 痞客邦，一閃一閃亮晶晶台北市基隆路忠孝東路口 LED 號誌，上網日期：2012 年 1 月 30 日，網址：http://gishileh.pixnet.net/blog/post/28968902-%E4%B8%80%E9%96%83%E4%B8% 80%E9%96%83%E4%BA%AE%E6%99%B6%E6%99%B6-%E5%8F% B0%E5%8C%97%E5%B8%82% E5%9F%BA%E9%9A%86%E8%B7%AF%E5%BF%A0%E5%AD%9D%E6%9D%B1%E8%B7%AF%E5%8F%A3led。

16. 痞客邦，太陽能公車亭，上網日期：2012 年 1 月 30 日，網址：http://ecofans.pixnet.net/blog/post/5609481-%E5%A4%AA%E9% 99%BD%E8%83%BD%E5%85%

AC%E8%BB%8A%E4%BA%AD。

17. 移動式太陽能交通號誌,上網日期:2012 年 1 月 30 日,網址:http://www.qqydt. com/supply/Detail/13740。

18. 7net-大大陽再生能源,太陽能教育學習組,上網日期:2012 年 1 月 28 日,網址: http://www.bigsolar.url.tw/solare.htm。

19. 材料世界網,LG Display 推出搭載太陽能電池的電子書,上網日期:2012 年 1 月 28 日,網址:http://www.materialsnet.com.tw/Doc View.aspx?id=8139。

20. 濱川圭弘編,2009 年 8 月,光電太陽能電池設計與應用,初版,台北:五南。

21. 南台科技大學專題成果,綠能寵物屋,上網日期:2012 年 1 月 28 日,網址:http: eshare.stut.edu.tw/EshareFile/2011_12/2011_12_932ba980.doc。

22. 大太陽,太陽能應用組,上網日期:2012 年 1 月 30 日,網址:http://www.bigso-lar.url.tw/。

23. 太陽能透明火車,上網日期:2012 年 1 月 30 日,網址:http://www.solar-i.com/ sctr.htm。

24. 太陽能月球車,上網日期:2012 年 1 月 30 日,網址:http://www.solar-i.com/S&Y/ moon.html。

25. 太陽能電影院,上網日期:2012 年 1 月 30 日,網址:http://www.thesolcinema.org/ index.html。

26. 太陽能發電露營車,上網日期:2012 年 1 月 30 日,網址:http://mobile.autonet. com.tw/cgi-bin/file_view.cgi?a8110604081121。

27. PCHOME 商店街,太陽能盆栽,上網日期:2012 年 1 月 30 日,網址:http:// www.pcstore.com.tw/funbox/M07895111.htm。

28. GoMy 線上購物,太陽能晴天娃娃／搖頭娃娃／笑臉娃娃,上網日期:2012 年 1 月 30 日,網址:http://www.gomy .com.tw/showgoods.asp?G_Category=1175&M_ID =3793&G_ID=287411&Affiliate_ID=1。

29. LED 照明研究中心,太陽能 LED 發光帽,上網日期:2012 年 1 月 30 日,網址: http://led.ee.ncku.edu.tw/index.php?option=com_content&view=article&id=156:led-ledledled&catid=46:2009-09-17-08-54-51&Itemid=178。

30. Crave 科技瘋,在陽台上用太陽能桌給電腦充電,上網日期:2012 年 1 月 30 日, 網址:http://taiwan.cnet.com/crave/0,2000088746,20128881,00.htm。

31. 新華網，地球能源供應或可借力太空發電站上網日期：2012 年 1 月 30 日，網址：http://big5.xinhuanet.com/gate/big5/news.xinhuanet.com/energy/2011-11/24/c_122324314.htm。

第 **9** 章

奈米檢測技術

太陽能電池的效率表現，取決於製程過程中材料選擇、良率、到封裝的整體表現。因此我們在研究如何提高太陽能電池效率時，改進良率與提升可靠度，就成了必要的課題，因此也就需要有良好且完善的量測與分析技術。

在太陽能電池的研究中，常見的分析技術可分為：

(1) **表面或材料內部的顯微結構影像分析**：包括掃描式電子顯微鏡（Scanning Electron Microscope, SEM）、穿透式電子顯微鏡（Transmission Electron Microscope, TEM）、原子力顯微鏡（Atomic Force Microscope, AFM）等用以檢測材質顯微影像的儀器。

(2) **晶體結構與成分分析**：包括 X 光繞射分析儀（X-ray Diffraction, XRD）、能量散射光譜儀（Energy Dispersive Spectrometer, EDS）等用以對晶體進行分析的儀器。

(3) **光學特性分析**：包括光譜分析儀（Spectroscope）、拉曼光譜儀（Raman Spectrometer）等測試光學特性的儀器。

(4) **電性分析**：包括霍爾量測（Hall Measurement）、直流電性量測系統（I-V Measurement）、光電轉換效率量測系統（Incident Photo to Current Conversion Efficiency, IPCE）等測試太陽能電池光電轉換特性的儀器。

下面將對以上各種常用的分析機台的應用、基本架構、工作原理進行說明。

9.1 表面或材料內部的顯微結構影像分析

9.1.1 掃描式電子顯微鏡（Scanning Electron Microscope, SEM）

掃描式電子顯微鏡由於具有高解析，景深長的特點，常用於材料表面形貌與微結構之觀察，了解材料表面的起伏與結構尺寸。

(1) 基本架構

掃描式電子顯微鏡之基本架構圖，如圖 9.1。主要由真空系統，電子束系統以及成像系統這三大系統所組成。經由電子槍發射電子束，經過透鏡聚焦後，由聚光孔徑調整電子束尺寸，再透過物鏡聚焦打在試片上。試片上側的訊號接收器用以擇取二次電子與背向散射電子而成像。

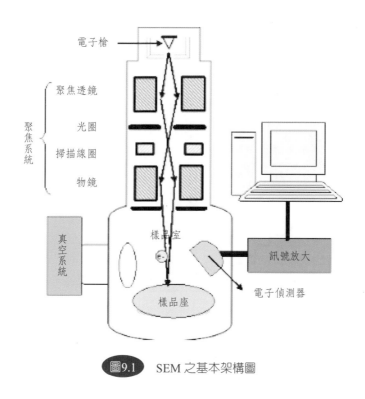

圖9.1　SEM 之基本架構圖

掃描式電子顯微鏡波長，由 De Broglie 關係式可得知：

$$\lambda = \frac{12.26}{\sqrt{V(\text{Å})}} \qquad (9\text{-}1)$$

目前電子槍主要由以下兩種方式發射電子：

① 陰極加熱燈絲，材料有鎢燈絲與硼化鑭（LaB_6）兩種；及

② 場發射效應，材料有鎢 310 與鎢絲鍍氧化鍺。

雖然場發射式電子槍具有較高的解析度，但由於所需的真空度較高，考慮了燈絲熔點、汽化壓力、機械強度等因素後，鎢絲為最便宜的材料。

由於掃描式電子顯微鏡之試片，需要導引電子束轟擊，因此樣品必須是導電材質。金屬樣品無需特殊處理即可觀察，但非導體就需要鍍上一層金屬膜或碳膜幫助導電才可觀察。

(2) 工作原理

當電子束打在試片上時，如圖 9.2 所示，會產生穿透電子、散射電子、繞射電子、吸收電子、二次電子、背向散射電子、歐傑電子、X 光、陰極發光等訊號。各類訊號各有其特性與應用，其中二次電子來自於入射電子照射試片後，激發試片原子的價電子使其脫離試片。由於只有表面約 5～50nm 深度的電子能脫離試片，且數目與試片深度成反比，所以掃描式電子顯微鏡以偵測二次電子作為試片表面形貌的手段。

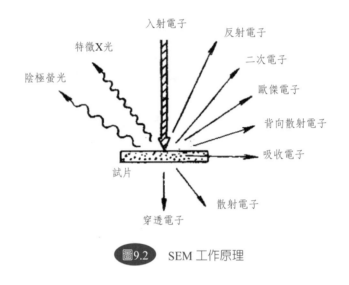

圖9.2　SEM 工作原理

此外，入射電子除了和價電子，也會與原子核產生作用，這種情況下的散射電子稱為背向散射電子。由於這種交互作用會和原子核的大小有關，因此電子顯微鏡也可以偵測表面元素的分布情形。

9.1.2　穿透式電子顯微鏡（Transmission Electron Microscope, TEM）

穿透式電子顯微鏡在表面觀察上提供了高解析的晶格影像，還可藉電子繞射圖形分析晶格結構，可用以判斷材料相貌與材料的結晶狀態。

(1) 基本架構

穿透式電子顯微鏡之基本架構圖，如圖 9.3，主要可分為電子槍系統、電磁透鏡系統、試片室、影像偵測記錄系統四大部分。首先由電子槍發射電子束後，由電磁透鏡聚焦成散度小、亮度高且尺寸小的電子束。此電子束經過試片後，經過物鏡、投影鏡最後在底片上成像。

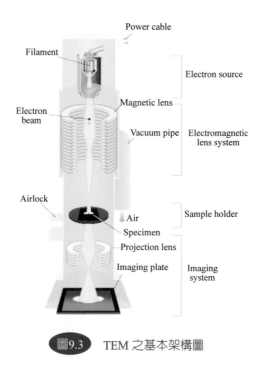

Power cable

Filament

Electron source

Electron beam

Magnetic lens

Vacuum pipe | Electromagnetic lens system

Airlock

Air

Sample holder

Specimen

Projection lens

Imaging plate | Imaging system

圖9.3　TEM 之基本架構圖

① 電子槍系統：和掃瞄式電子顯微鏡相似，分為鎢絲、硼化鑭（LaB_6）的加熱燈絲和場發射式。其電子源的亮度比大致為鎢絲：LaB_6：場發射＝$1：10：10^3$。

② 電磁透鏡系統：包含聚光鏡、物鏡、中間靜、投影鏡。

③ 試片室：可分為上方置入試片基座和側面置入試片基座，依實驗所需可配備具加熱、加壓、可施應力之特殊基座。

④ 影像偵測記錄系統：以螢光幕或底片成像。目前儀器大多配備有 CCD（Charge Coupled Device）系統，以取代舊式底片成像。

(2) 工作原理

穿透式電子顯微鏡主要分析穿透電子或是彈性散射電子成像，利用其電子繞射圖進行晶體結構分析。通常利用電子成像的繞射對比，作成明視野或暗視野影像。

驗掃描式電子顯微鏡不同的是，穿透式電子顯微鏡是接收通過試片的透射電子成像，因此和掃瞄式電子顯微鏡的影像會呈現深淺相反。

9.1.3 原子力顯微鏡（Atomic Force Microscope, AFM）

原子力顯微鏡應用於材料表面的微觀檢測，具有原子及的解析度，是各種薄膜粗糙度檢測與微觀表面結構研究的重要工具。

(1) 基本架構

原子力顯微鏡結構圖如圖 9.4，主要可分為探針、偏移量偵測器、掃瞄器、回饋電路、電腦控制系統五大部分。

原子力顯微鏡的探針直徑介於 20～100nm 之間，當探針針尖與試片表面接觸時，針尖與試片表面原子的作用力會使懸臂上下偏移，回饋電路收到此一訊號後記錄為 Z 軸方向的函數。當電腦控制系統驅動 X、Y 軸完成掃描，即可得到原子力顯微鏡影像。

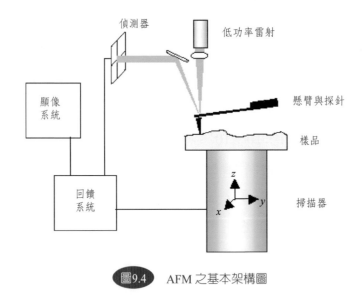

圖9.4 AFM 之基本架構圖

(2) 工作原理

原子力顯微鏡在探針對試片的交互作用模式大致可分為接觸式、非接觸式、輕敲式三種。

① 接觸式：在接觸式模式下，探針尖端和試片接觸，由試片表面的原

子和探針尖端原子相斥感測。此模式具有較高的解析度，但是接觸試片時過大的作用力，也可能損壞試片表面。

② 非接觸式：非接觸式模式下，利用原子間的凡得瓦力運作。此方式可解決接觸式會傷害試片表面的缺點，但非接觸式對距離的變化需要再增強雜訊比，才可得到較佳的解析度。

③ 輕敲式：輕敲式是將前兩種加以改良，收取探針敲擊試片的振幅，以取得高低差影像。

9.2　晶體結構與成分分析

9.2.1　X 光繞射分析儀（X-ray Diffraction, XRD）

由於 X 光波長接近原子間距，在進入晶體後會產生繞射，可以藉此對材料進行晶體結構、晶格常數變化、元素種類晶界及差排缺陷的分析。

(1) 基本架構

X 光繞射分析儀基本架構圖如圖 9.5，X 光由 X 光管發射後，經過聚焦鏡或單色光器射出單一波長的 X 光打在試片上。由於晶體的每一晶面都會產生繞射，因此繞射線在試片後方的屏幕上將會在不同的位置出現，之後由底片上的圖形即可判斷晶體結構。

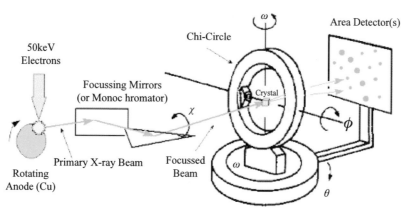

4-Circle Gonoimeter (Eulerian or Kappa Geometry)

圖9.5　XRD 之基本架構圖

(2) 工作原理

當波長接近晶格間距的 X 光入射晶體時，由布拉格定律（Bragg's Law）可以得知，不同的晶面間距會造成不同的繞射角，布拉格定律關係式如下：

$$2d\sin\theta = n\lambda \qquad (9\text{-}2)$$

其中 d 為晶格間距；θ 為入射線或反射線與晶面的夾角；λ 為入射光波長；n 為整數的反射級數。在 X 光繞射下，不同的結晶會產生不同的繞射圖譜，藉此我們就可由 XRD 得知試片的材料組成。

9.2.2　能量散射光譜儀（Energy Dispersive Spectrometer, EDS）

能量散射光譜儀藉由分析材料不同能階下釋出的 X 光，可以分析出試片的材料組成。由於操作簡單、不須對準、聚焦等優點，大多數掃描式電子顯微鏡和穿透式電子顯微鏡都會附屬此儀器做 X 光偵測器。

(1) 基本架構

能量散射光譜儀結構示意圖如圖 9.6，當試片受電子束轟擊產生特性 X 光，這道 X 光會由矽或鋰偵測器接收，經過放大器和多道脈衝高度分析器（MCA）後，即可產生 X 光光譜的強度－能量圖形。

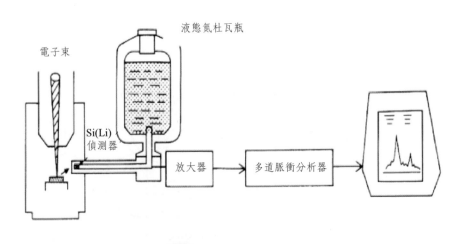

圖9.6　EDS 結構示意圖

(2) 工作原理

當原子內層電子受到外來激發脫離原子時，外層電子就會填補內層電子的空缺並釋放能階差的能量，被釋出的能量可能會放出 X 光，或是激發另一層的電子脫離原子。由於各元素能階差不同，因此分析 X 光的能量與波長頻譜，就可以辨別試片的元素成分。

9.2.3 二次離子質譜儀（secondary ion mass spectrometer, SIMS）

二次離子質譜儀應用在薄膜成份檢測、材料表面成份檢測以及縱深成份分佈的檢測。特點在於可分析至 ppm 等級、分析週期表上所有元素、區分同位素、分析不導電試片等優點，但也存有受質量因素干擾、需標準品定量、需要平坦表面、破壞性量測等缺點。較常應用於表面研究、縱深元素分佈、與離子佈值的結合應用等。

(1) 基本架構

二次離子質譜儀基本構造可分為下列四大部份：(1) 照射激發用的一次離子束的離子槍；(2) 區別由試品產生的二次離子能量過濾器；(3) 進行質量選擇的質譜儀；(4) 放大、檢測經質量選擇後的二次離子檢測輸出信號。

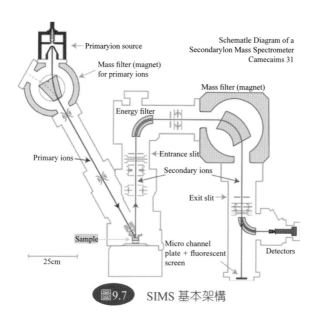

圖9.7 SIMS 基本架構

(2) 工作原理

　　二次離子質譜儀利用一道高能量的粒子束撞擊試片，撞擊產生的帶電二次粒子有可能是光子、原子、離子、分子等粒子，再經過電場加速進入質譜儀進行分析，以分辨試片的表面元素組成。圖 9.8 為二次離子質譜之基本原理示意圖。

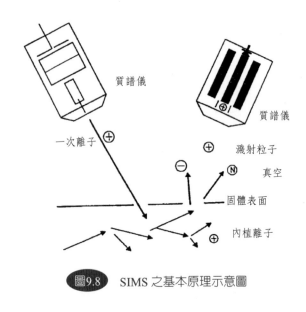

質譜儀

質譜儀

一次離子 ⊕

⊕ 濺射粒子

⊖　Ⓝ　真空

固體表面

⊕ 內植離子

圖9.8　SIMS 之基本原理示意圖

9.3　光學特性分析

9.3.1　光致發光光譜儀（Photoluminescence Measurement system, PL）

　　光致發光光譜儀藉由照射樣品產生電子電洞對，觀察樣品發出的螢光光譜分析樣品的結晶品質、元素密度、晶體缺陷、化學鍵結狀態等資訊。此外，分析PL光譜峰值的位置和強度，還可以得知樣品的參雜雜質的種類與濃度。

(1) 基本架構

　　光致發光光譜儀架構如圖 9.9 所示，基本由光源、準直器、分光儀、放大器、偵測器所組成。PL 光譜儀基本使用雷射光作為光源，以取得較好的解析度。經過準直器聚焦後透過分光儀將雷射光打入試片，由放大器和偵測器紀錄放出的螢光。

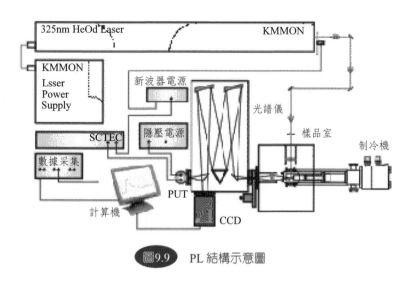

圖9.9　PL 結構示意圖

(2) 工作原理

　　當激發光源照射在待測樣品上，利用入射光子能量大於半導體材料之能隙，將電子由價帶（valence band）激發到導帶（conduction band）。而在非常短的時間之內，大部分的高階電子（電洞）會藉由釋放聲子或其他過程，蛻化到傳導帶（價電帶）的最低能階，之後再藉由電子電洞對再結合而放出螢光。另外，許多 PL 量測系統會使用變溫系統降低溫度，減少非輻射耦合，增加訊號強度。

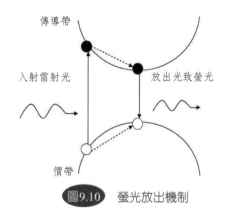

圖9.10　螢光放出機制

這種非破壞式的檢測技術，讓我們可以經由PL光譜的峰值位置計算能階，分析試片內樣品組成。而PL光譜所記錄的不同峰值位置，也可藉由對應不同躍遷機制得知參雜雜質組成。

9.3.2 光譜分析儀（Spectroscope）

光譜分析儀泛指接收通過試片的反射、穿透、繞射光，進行分析的儀器。經過接收、分析這些光譜訊號，我們可以從中得知試片的反射率、穿透率、霧度等資訊。

(1) 基本架構

光譜分析儀依量測目的不同，也會增減許多不同的儀器，不過大致上的共通處包括有光源、光路、載台、接收器、運算系統這幾個部分。

現今光源大多使用氙燈，以提供太陽光紫外到紅外波段的訊號。氙燈光源之後會通過反射鏡與透鏡或是光纖的光路，將光訊號送至載台上的試片。載台會隨著不同目的的分析，可能還會加裝積分球來收集所需的信號。最後接收器來讀取經過試片的光譜，交給電腦紀錄並運算出我們所需要的資料。

(2) 工作原理

光譜分析儀是為了觀察太陽能電池的材料、元件在日光下工作環境會有何表現。因此使用能仿製太陽光的全波段光源作為訊號，以各式各樣儀器去接收經過試片的反射、穿透、繞射光譜，最後再利用不同的分析方法對接收到的光譜進行運算。除了簡單的反射穿透量測外，其他還有計算扣除一階反射／穿透與全部反射／穿透比值的霧度分析；讀取反射頻譜後和資料庫比較的折射率、吸收係數的分析等等。

9.3.3 拉曼光譜儀（Raman Spectrometer）

拉曼光譜儀主要是藉由拉曼光譜學鑑定材料種類、晶體方向，具有簡單、快速、可重複、無損傷分析的優點。讓許多太陽能電池的材料都會使用拉曼光譜儀分析材料與結晶性。

(1) 基本架構

　　拉曼光譜儀在圖 9.11 中大致可分為雷射光源、分光儀、能量偵測器三大部分。雷射光源目的在提供一道單色、高強度的訊號,常用的有 Ar 雷射光源與 HeNe 雷射光源。分光儀用作接收打在試片的散射光並將之過濾。最後由偵測器接收,交由電腦分析訊號。

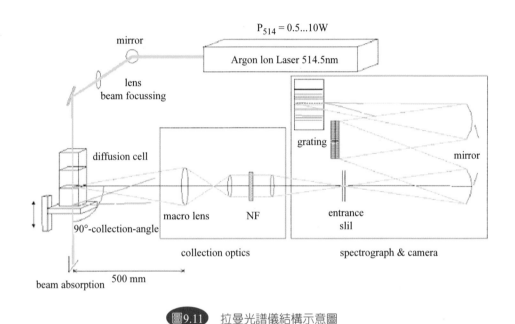

圖9.11 拉曼光譜儀結構示意圖

(2) 工作原理

　　當光束入射到物質時,會以穿透、吸收、散射的行式放出,而散射又可分為彈性散射和非彈性散射。其中彈性散射指的是入射光子和物質中原子作彈性碰撞而無能量交換,此時光子的動量不會改變,只會改變入射光行進方向。彈性散射又可依入射光波長分為:波長接近晶格間距(如 X 光)的布拉格散射;以及波長遠大於晶格間距(如可見光)的雷利散射。

　　另一種非彈性散射指的是入射光子打入物質時,光子會和被震動的晶格吸收放出聲子,使得散射的光子有一小部分($\sim 10^{-4}$)會偏移入射雷射光波長,這種由分子震動相互作用所產生的散射,就被稱作拉曼散射。

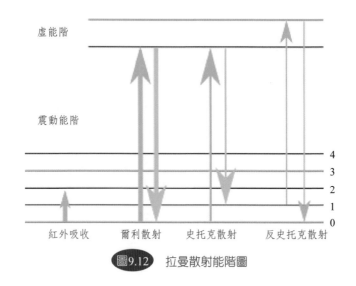

虛能階

震動能階

4
3
2
1
0

紅外吸收　爾利散射　史托克散射　反史托克散射

圖9.12　拉曼散射能階圖

　　圖 9.12 為拉曼散射能階圖，其中有分為較低能量（長波長）的史托克值（Stoke peak）以及較高能量（短波長）的反史托克值（Anti-stoke peak）。每一種材料的特徵聲子震動（或化學鍵震動）頻譜皆不相同，拉曼光譜儀可由此鑑定材料成分。

9.4 電性分析

9.4.1 霍爾量測（Hall Measurement）

　　霍爾（Edwin H. Hall）在 1879 年，在磁場中將一個導體通入和磁場方向垂直的電流，此時導體內的導電載子會受到勞倫茲力而產生偏移，衍生出一個霍爾電壓。將這個特性運用在半導體中，n 型與 p 型半導體分別會有不同的霍爾電壓極性。由霍爾量測，我們可以得知半導體材料為 n 型或是 p型，以及半導體的電阻率、載子濃度以及載子遷移率。

(1) 基本架構

　　霍爾量測分析儀的基本架構，主要包括了產生磁場的電磁鐵，給予電流的電流源，以及量測霍爾電壓的電表三部分。

(2) 工作原理

由圖 9.13 所示，當半導體放置在 z 方向的磁場中，通以 x 方向的電流時，載子就會因勞倫茲力而沿 y 方向飄移。當載子分布在左右兩端，就會形成一個 y 方向的電場，這個電場最終會和勞倫茲力達成平衡，不再使載子漂移。這種效應就稱作霍爾效應，而 y 方向的電場則稱作霍爾電場。由於電表不會測出勞倫茲力，只會量測到 y 方向電場，霍爾電壓 V_H 即可得知。

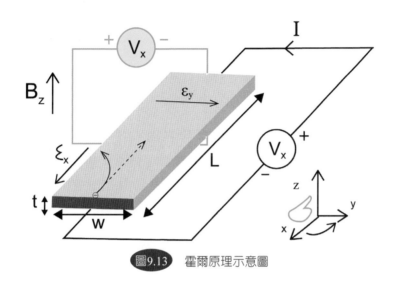

圖9.13　霍爾原理示意圖

其中，由於 n 型和 p 型半導體多數載子不同，受勞倫茲力影響的偏移方向也會因此不同，因此可由霍爾電壓 V_H 的正負值判斷 n、p。另外也可觀察霍爾電壓的大小，求得半導體材料的電阻率、載子濃度與遷移率。

9.4.2　直流電性量測系統（I-V Measurement）

直流電性量測可廣泛應用於二極體、電晶體、積體電路的測量，並以圖示表示元件的直流參數和特性。在對太陽能電池的量測上，提供了直觀且明確的效率分析。

(1) 基本架構

直流電性量測系統大致可分為針座載台、探針、電壓電流計、電腦系統這幾個部分。首先將置於載台的試片以探針連接導電電極，讓電壓電流計提供試片電流觀察在歐姆定律下，試片的電性變化。若是應用在太陽能電池的效率量測，則還會有太陽光模擬系統作為光源。

(2) 工作原理

直流電性量測簡單的說就是觀察試片的電阻，在歐姆定律（$V = IR$）下，電流電壓為一次函數關係。利用一個可作為電流源的電流電壓計，即可得到試片的 IV 曲線。IV 曲線在太陽能電池的分析中，可讓人得知轉換效率、填充因子、開路電壓、短路電流、串聯電阻、並聯電阻等重要資訊。

9.4.3 光電轉換效率量測系統（Incident Photo to Current Conversion Efficiency, IPCE）

光電轉換效率量測系統是用於了解試片對入射光子的電流轉換效率，利用已知強度的光源觀察轉換出的電流訊號，是太陽能電池在效率分析上的重要儀器。

(1) 基本架構

光電轉換效率量測系統基本上是由多項儀器組合而成，大致可分為光源、分光儀、濾光片、電壓電流計、能量計、功率偵測計這些儀器。若是應用於多接面太陽能電池，還會有一組偏壓光源提供偏壓。

目前大多使用氙燈作為光源，它具有包含紫外光到紅外光的全波段光源。之後的分光儀和濾光片將氙燈光源的光分光成單一波長後入射試片，而後改變入射波長對試片進行全波段的效率轉換分析。最後再由能量計和功率偵測計計算結果。現在大部分的儀器都同時具有偵測功率和能量的功能，再經由電腦分析，即可得到試片的光電轉換效率。

(2) 工作原理

光電轉換效率分析的是材料或是元件的外部量子轉換效率，外部量子轉換效率簡單的說，就是照光後產生的電子電洞對和入射光子的比值。相較於無法被測量的內部量子轉換效率（產生的電子電洞對／激發能階的光子），光電轉換效率量測系統可以直接量測偵測計接收的光電流和入射光能量的比值，藉此計算外部量子轉換效率。

習題

1. 簡述 SEM 與 TEM 的工作原理與主要差異。

2. 請劃出 AFM 工作原理示意圖，並簡述其三種工作模式，並比較其優缺點。

3. 大多數掃描式電子顯微鏡和穿透式電子顯微鏡都會附屬 EDS 設備，以利分析材料成分，簡述 EDS 的原理。

4. 簡述拉曼光譜儀的原理。

參考文獻

1. 國科會精密儀器中心，《奈米檢測技術》，全華圖書股份有限公司。

2. 楊德仁，《太陽能電池材料》，五南圖書股份有限公司。

3. 馬振基，《奈米材料科技原理與應用》，全華圖書股份有限公司。

4. 國立中央大學光電科學與工程學系，《光電科技概論》，五南圖書股份有限公司。

索 引

解答

第一章

1. 太陽能、風能、地熱能、生質能以及氫氧燃料電池

2. (1) 沒有可動部分，為安靜的能源轉換，因為使用光電轉換之量子效應，故不需要傳統發電原理上的可動機械裝置，因此無噪音與爆炸等危險，可說是安靜的能源；(2) 容易維修與無人化自動運作，因為沒有迴轉機械與高溫高壓裝置，亦不會產生機械磨耗，像人造衛星及無人看守燈塔之電源一般，容易維修且系統簡單自動化；(3) 無污染之能源，不需向火力或核能發電，有輻射洩漏及爆炸等危險，更不會產生 CO_2 等造成溫室效應之氣體，是無公害之乾淨能源。(4) 構造模組化，富量產特性且易於放大，太陽電池系統為模組化構造，量產只是增加其串連電池數量，雖然會因串連阻抗而使效率稍微下降，但比其他發電系統模組放大的難度降低不少，且量產大時容易用連續自動化製造來降低成本。

3.

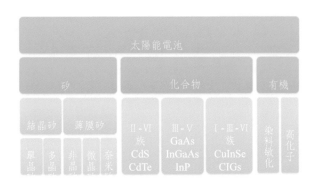

4. 聚光型太陽能電池（Concentrator Photovoltaic, CPV）配上高聚光鏡面菲涅爾透鏡（Fresnel Lens）和追日系統（Sun Tracker）的組合，其太陽能能量轉換效率可達 35% 到 46%，轉換效率高且向陽時間長，過去用於太空產業，現在搭配太陽光追蹤器可用於發電產業。電池主要材料是砷化鎵，也就是三五族（III-V）材料，效率較高，適合大型的電廠。若以多接面 InGaP/GaAs/Ge 太陽電池為例，可吸收寬域波長之能量，轉換效率因此大幅提高。目前業界最高轉換效率接近 40%。此外，搭配著菲涅爾透鏡與追日系統的設計，將可有效縮小太陽能電池之吸光面積、降低發電成本，加速相關應用面的推廣。傳

統太陽能業者面臨多晶矽原料的轉換效率無法有效提升，故發電成本一直無法明顯降低，而聚光型太陽能電池的發電技術則是因擁有高轉換效率將能有效降低發電成本。除了實際成本，也能使用能源回收期（Energy Payback Time）的概念來比較各項太陽能技術的成本，該指標以轉換效率表示利用太陽能發電回收太陽能電池製造及維護管理消耗能源的「回收期」。能源回收期對於太陽能發電非常重要。如果能源回收期長於太陽能電池系統的產品壽命，那麼製造太陽能電池就是浪費能源，對於能源問題的解決完全沒有意義。

第二章

1. 銻（五族），可得 $N_d = 10^{16}$ 的 n 型摻雜，因為 $N_d \gg n_i (= 1.45 \times 10^{10} \text{cm}^{-3})$，我們有 $n = N_d = 10^{16} \text{cm}^{-3}$，對於本質矽，

$n_i = N_c \exp[-(E_c - E_{Fi}) / k_B T]$，

然而對於有摻質的矽，

$n = N_c \exp[-(E_c - E_{Fn}) / k_B T] = N_d$

其中 E_{Fi} 和 E_{Fn} 是本質和 n- 型矽的費米能量，將兩運算式相除，

$N_d / n_i = \exp[(E_{Fn} - E_{Fi}) / k_B T]$

所以

$E_{Fn} - E_{Fi} = k_B T \ln(N_d / n_i) = (0.0259\text{eV})\ln(10^{16} / 1.45 \times 10^{10}) = 0.348\text{eV}$

當晶片更進一步摻入硼，受體濃度 $N_a = 2 \times 10^{17} \text{cm}^{-3} > N_d = 10^{16} \text{cm}^{-3}$，半導體是補償摻雜，同時由於補償作用，會將半導體反轉成 p- 型矽，因此 $p = N_a - N_d = (2 \times 10^{17} - 10^{16}) = 1.9 \times 10^{17} \text{cm}^{-3}$。

對於本質矽，

$p = n_i = N_v \exp[-(E_{Fi} - E_v) / k_B T]$

然而對於有摻質的矽，

$p = N_v \exp[-(E_{Fp} - E_v) / k_B T] = N_a - N_d$

其中 E_{Fi} 和 E_{Fp} 各是本質和 p- 型的矽的費米能量，將兩算式相除，

$p / n_i = \exp[-(E_{Fp} - E_v) / k_B T]$

所以

$E_{Fp} - E_{Fi} = -k_B T \ln(p / n_i) = -(0.0259\text{eV})\ln(1.9 \times 10^{17} / 1.45 \times 10^{10})$

$\qquad\qquad = -0.424\text{eV}$

2. 負載的 I-V 特性是方程式 (3) 的負載線

$$I = -\frac{V}{30\Omega}$$

這條直線的斜率為 $1/(30\Omega)$，並畫在圖 6.8(b)，它切太陽能電池的 I-V 特性在 $I' = 14.2\text{mA}$ 和 $V' = 0.425\text{V}$，這是在圖 6.8(a) 中光伏電路的電流和電壓，傳送到負載的功率為

$$P_{out} = I'V' = (1.42 \times 10^{-3})(0.425\text{V}) = 0.006035\text{W}\ \text{或}\ 6.035\text{mV}$$

這並不是從太陽能電池得到的最大功率，太陽光的輸入功率為

$$P_{in} = （陽光強度）（表面積）= (600\text{Wm}^{-2})(0.01\text{m})^2 = 0.060\text{W}$$

效率為

$$\eta = 100 \frac{P_{out}}{P_{in}} = 100 \frac{0.006035}{0.060} = 10.06\%$$

假如負載被調整到從太陽能電池得到最大功率，那麼效率會增加，但當在圖 6.8(b) 中的矩形面積 $I'V'$ 已經接近最大值時，這個增加會很小。

3. 照光下的 I-V 特性由方程式 (2)，對於開路，我們設 $I = 0$，得到

$$I = -I_{ph} + I_o[\exp(eV_{oc}/nk_BT) - 1] = 0$$

假設 $V_{oc} \gg nk_BT/e$，重新整理上面的方程式，我們得到 V_{oc} 為

$$V_{oc} = \frac{nk_BT}{e} \ln\left(\frac{I_{ph}}{I_o}\right)$$

方程式 (5) 的光電流決定於照光強度 I，即 $I_{ph} = KI$，在某一溫度下，V_{oc} 的改變量為

$$V_{oc2} - V_{oc1} = \frac{nk_BT}{e} \ln\left(\frac{I_{ph2}}{I_{ph1}}\right) = \frac{nk_BT}{e} \ln\left(\frac{I_2}{I_1}\right)$$

短路電流是光電流，所以照光強度變成兩倍的短路電流為

$$I_{sc2} = I_{sc1}\left(\frac{I_2}{I_1}\right) = (16.1\text{mA})(2) = 32.2\text{mA}$$

假設 $n = 1$，新的開路電壓為

$$V_{oc2} = V_{oc1} + \frac{nk_BT}{e} \ln\left(\frac{I_2}{I_1}\right) = 0.485 + 1(0.0259)\ln(2) = 0.503\text{V}$$

相對於照光強度與短路電流增加 100%，開路電壓只有增加 3.7%。

第四章

1. 非晶矽材料原料充足，加上薄膜太陽能電池對材料需求不多，是非常適合的太陽能電池產業材料；而在製程上可以採 Roll To Roll 且低溫的低資本額的生產方式製作，並採用玻璃基板等大面積的便宜基板。

此外矽原料對環境以及人體健康的傷害非常的小。

優點：(1) 材料量使用非常少；(2) 可大面積生產；(3) 彈性的模組製作；(4) 能源回收期短；(5) 全年發電量較高。

缺點：(1) 電池轉換效率不夠高；(2) 光劣化效應

2. 氫化非晶矽薄膜本質上是矽氫合金，因此材料、光學及電學等特性受到矽氫原子比例及其鍵結型態之影響。非晶矽的原子排列，不具有如結晶矽般的規則性，但它仍具有某種程度上短距離的次序，在這種狀況之下，大部的矽原子還是傾向於跟其他 4 個矽原子鍵結在一塊。但它無法維持長距離的規則性，因此它會產生許多鍵結上的缺陷，例如懸浮鍵（dangling bond）的出現。

3. 非晶矽太陽能電池之製程是利用一層層薄膜沉積方式製作，因此用到多數薄膜沉積製程機台，例如：電漿輔助化學氣相沈積系統、多功能真空濺鍍系統、電子束金屬蒸鍍系統。

4. 為了提高非晶矽薄膜太陽能電池的轉換效率，一方面可以針對各層材料的沉積品質提升著手，例如讓材料中的載子缺陷數目下降，或是改善層與層在堆積時所產生的能帶匹配問題，以及降低在材料表面懸浮鍵結。另一方面就是有效增加主動吸收層的厚度，讓元件可以擁有相對越長的吸收距離。因此必須在不導入更多缺陷的前提而讓進入元件的光線有更高效率的應用，也就是堆疊型太陽能電池的應用以及光捕捉技術的使用，針對非晶矽太陽能電池光捕捉技術尤其有其獨特的重要性。

5. 優點：可改變堆疊薄膜的材料，將不同波長的光由不同材料的薄膜吸收，來達到拓展整體吸收頻譜，充分利用太陽入射光譜的結果。

因為是堆疊型的結構，等同將多個不同的太陽能電池元件直接串聯，故太陽能電池的電壓可直接疊加，成為一高開路電壓（V_{oc}）之元件。

因為非晶矽薄膜存在光劣化效應，當我們導入堆疊型結構後，各主動層之厚度將可以相對減少，當厚度減少後主動層間的內建電場增強，此效果可以有效減緩光劣化的效應。

面臨問題：堆疊電池上下層之間的複合穿隧層的優化

堆疊電池底層吸收層之材料選取與製備

6. 有效增加主動吸收層的厚度，讓元件可以擁有相對越長的吸收距離，不過非晶矽太陽能電池所使用的材料由於鍵結的關係先天上比起其他的材料往往具備更多的缺陷，如果我們直接增加主動層的實質厚度，由於缺陷的關係元件的電流將會下降的非常厲害，如此一來反而降低了元件的轉換效率。因此必須在不導入更多缺陷的前提而讓進入元件的光線有更高效率的應用。

近年來，由於奈米技術的突飛猛進，利用結構性上的漸變結構，達到光學的折射率漸變效果，此種結構的尺度都小於一個波長，因此稱為次波長結構。這種結構由於小於一個波長，對入射光而言，會因為空間中介質的疏密比例造成折射率的改變，而由於其折射率漸變的效果，就可以降低入射光因為折射率差異而造成的反射。在奈米尺度下製作次波長的奈米結構，將可以得到全波段抗反射效果，且在大角度入射下，依然有很低的反射率。

7. 電子束顯影、奈米壓印，以及奈米球顯影術。

第五章

1.

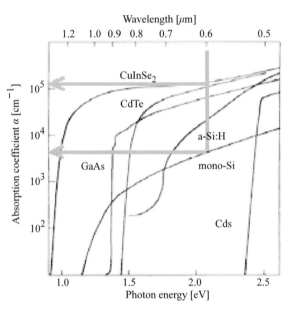

非晶矽：大約 5×10^3。

CuInSe$_2$：大約 10^5。

2.

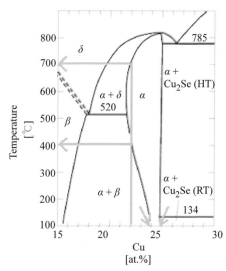

(1) 400°C～700°C。

(2) 24%～25%。

3. $E_g = 1.010 + 0.626*0.2 - 0.167*0.2(1 - 0.2) = 1.10848$ eV。

4.

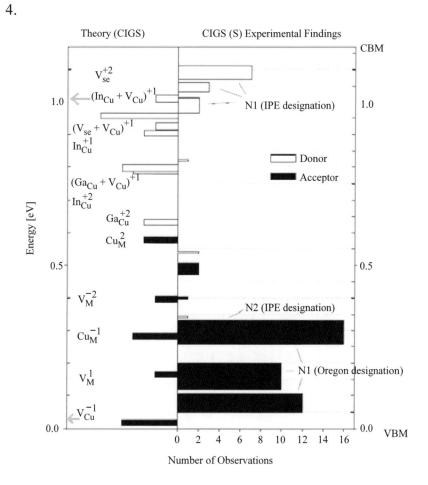

V_{Cu} 為受體，能階位置在高於價帶 25meV 處；$(In_{Cu} + V_{Cu})^{+1}$ 為施體，能階位置在低於導帶 150meV 處。

第六章

1. 大。因為下層的材料能隙越小，截止波長越長，可將上層吸不完全的光再次吸收，進而增加電池效率。

2. 一為自發性極化（spontaneous polarization, Psp）；另一個則是壓電性極化（piezoelectric polarization, Ppz）。自發性極化是因為晶體中的正負電荷的中心位置不一致而產生偶極矩，正電荷或者負電荷往單一方向偏移累積。壓電性極化是由於晶格間不匹配所產生的應力效應，而有壓電性極化現象的產生。極化效應為自發性極化和壓電性極化效應相加，與成長磊晶基板面有相關性。

3. 分子束磊晶法採用真空蒸鍍的方式，因為磊晶環境須於超高真空度下執行，蒸發源亦須精準地控制，並搭配即時厚度監控系統，故 MBE 技術可精準地控制化學組成和摻雜剖面，進而生長出傳統真空蒸鍍法所無法獲得的高品質薄膜磊晶成長。

4. 由於成長高銦含量氮化銦鎵塊材容易會有銦析出的問題，為了提高銦含量，降低氮化銦鎵太陽能電池的能隙，故使用量子井結構，可提高吸收層的銦含量。

5. 代入 x = 0.7 進入公式 $Eg(x) = 1.351 + 0.643x + 0.786x^2$ 中。

第七章

1. 優點：具有漸變式抗反射效果。
   具有全方向性的（各個角度）抗反射效果。
   缺點：奈米結構有很多缺陷會導致載子複合機率變高。
   紫外光照射下吸收不佳。

2. 在長波長下可以提供抗反射效果。
   在短波長下具有光子下轉換效果（提高紫外光與短波長的吸收）。
   增加表面載子收集機率（減少載子複合機率）。

3. 當量子點在太陽能電池表面上，經由紫外光與短波長光照射下，量子點會有效地吸收紫外光與短波長光，同時間轉成可見光讓太陽能電池內部而吸收，此機制稱為光子下轉換效應。
   由於量子點在太陽能電池表面上，可以有效地提供折射率匹配的關係，以減少太陽能電池表面光的反射機率進而提升太陽能電池光的吸收，此機制稱為抗反射效應。

第八章

1. 攜式冰箱

   太陽能水泵

   廂式貨車製冷可用太陽能空調

2. 太陽能褲子與外套

   太陽能背心

   太陽能比基尼

3. 太陽能帳篷

   市電併聯型系統

   太陽能檯燈

4. 太陽能車

   太陽能導航燈

   太陽能電板道路

   太陽能 LED 道路指示牌

   太陽能交通號誌

第九章

1. SEM 工作原理

利用電子束打在試片上時，產生穿透電子、散射電子、繞射電子、吸收電子、二次電子、背向散射電子、歐傑電子、X 光、陰極發光等訊號。其中二次電子來自於入射電子照射試片後，激發試片原子的價電子使其脫離試片。由於只有表面約 5～50nm 深度的電子能脫離試片，且數目與試片深度成反比，所以掃描式電子顯微鏡以偵測二次電子作為試片表面形貌的手段。

TEM 工作原理

穿透式電子顯微鏡主要分析穿透電子或是彈性散射電子成像，利用其電子繞射圖進行晶體結構分析。通常利用電子成像的繞射對比，作成明視野或暗視野影像。

差異

穿透式電子顯微鏡是接收通過試片的透射電子成像，因此和掃瞄式電子顯微鏡的影像會呈現深淺相反。

補充：特性上 SEM 會希望樣品本身具有導電性，避免電荷在表面累積的影響，而 TEM 因是透過穿透量測，因此樣品需可盡量磨薄，因此一般會搭配 FIB 系統。

2. AFM 工作示意圖

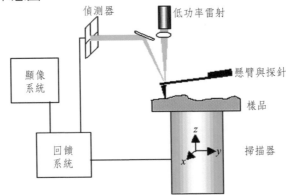

接觸式：在接觸式模式下，探針尖端和試片接觸，由試片表面的原子和探針尖端原子相斥感測。此模式具有較高的解析度，但是接觸試片時過大的作用力也可能損壞試片表面。

非接觸式：非接觸式模式下，利用原子間的凡得瓦力運作。此方式可解決接觸式會傷害試片表面的缺點，但非接觸式對距離的變化需要再增強雜訊比才可得到較佳的解析度。

輕敲式：輕敲式是將前兩種加以改良，收取探針敲擊試片的振幅，以取得高低差影像。

3. 當原子內層電子受到外來激發脫離原子時，外層電子就會填補內層電子的空缺並釋放能階差的能量，被釋出的能量可能會放出 X 光，或是激發另一層的電子脫離原子。由於各元素能階差不同，因此分析 X 光的能量與波長頻譜，就可以辨別試片的元素成分。

4. 利用入射光子打入物質時，光子會和被震動的晶格吸收放出聲子，使得散射的光子有一小部分（~10^{-4}）會偏移入射雷射光波長，這種由分子震動相互作用所產生的非彈性散射就被稱作拉曼散射。其中有分為較低能量（長波長）的史托克值（Stoke peak）以及較高能量（短波長）的反史托克值（Anti-stoke peak）。每一種材料的特徵聲子震動（或化學鍵震動）頻譜皆不相同，拉曼光譜儀可由此鑑定材料成分。

國家圖書館出版品預行編目資料

太陽能光電技術／郭浩中等著. ──初
版.──臺北市：五南，2012.10
　面；　公分
ISBN 978-957-11-6887-6（平裝）
1.太陽能電池
448.167　　　　　　　　101020863

5DF4

太陽能光電技術
Solar Photovoltaics Technologies

作　　者 ─ 郭浩中　賴芳儀　郭守義　蔡閔安

發 行 人 ─ 楊榮川

總 編 輯 ─ 王翠華

主　　編 ─ 穆文娟

責任編輯 ─ 楊景涵

文字編輯 ─ 許宸瑞

封面設計 ─ 簡愷立

出 版 者 ─ 五南圖書出版股份有限公司

地　　址：106台北市大安區和平東路二段339號4樓

電　　話：(02)2705-5066　　傳　　真：(02)2706-6100

網　　址：http://www.wunan.com.tw

電子郵件：wunan@wunan.com.tw

劃撥帳號：01068953

戶　　名：五南圖書出版股份有限公司

台中市駐區辦公室/台中市中區中山路6號

電　　話：(04)2223-0891　　傳　　真：(04)2223-3549

高雄市駐區辦公室/高雄市新興區中山一路290號

電　　話：(07)2358-702　　傳　　真：(07)2350-236

法律顧問　元貞聯合法律事務所　張澤平律師

出版日期　2012年10月初版一刷

定　　價　新臺幣520元